Raspberry Pi – Das Handbuch

25

Klaus Dembowski

Raspberry Pi – Das Handbuch

Konfiguration, Hardware, Applikationserstellung

Klaus Dembowski
Technische Universität Hamburg-Harburg
Hamburg, Deutschland

ISBN 978-3-658-03166-4 ISBN 978-3-658-03167-1 (eBook)
DOI 10.1007/978-3-658-03167-1

Die Deutsche Nationalbibliothek verzeichnet diese Publikation in der Deutschen Nationalbibliografie; detaillierte bibliografische Daten sind im Internet über http://dnb.d-nb.de abrufbar.

Springer Vieweg

Gedruckt auf säurefreiem und chlorfrei gebleichtem Papier

Springer Vieweg ist eine Marke von Springer DE. Springer DE ist Teil der Fachverlagsgruppe Springer Science+Business Media.
www.springer-vieweg.de

Vorwort

Der Raspberry Pi begeistert. Selten hat eine Schaltung so viel Aufmerksamkeit und Enthusiasmus erregt und das nicht nur bei Systementwicklern, sondern auch bei Hobby-Programmierern und Elektronik-Bastlern weltweit. Mittlerweile sind über eine Million Stück dieser kleinen "Platine" verkauft worden.

In der Vergangenheit gab es bereits ähnliche Mini-Computer, es werden auch weiterhin neue entwickelt. Gleichwohl bleibt der Raspberry Pi für das, was er zu leisten vermag, nach wie vor preislich und funktionstechnisch unerreicht. Für ca. 30 € kann man weder die dazugehörige Platine herstellen noch die darauf verwendeten Bauelemente einzeln kaufen und erst recht nicht das System bestücken und testen.

Neben dem preislichen Aspekt spielt seine universelle Verwendbarkeit eine große Rolle, die durch den Einsatz von Linux als Betriebssystem sichergestellt wird, wodurch kaum Berührungsängste bei Computeranwendern entstehen. Im Gegensatz zu leistungsfähigeren Systemen, die ebenfalls mit einem ARM-Prozessor arbeiten, sind für die Applikationserstellung mit dem Raspberry Pi weder Profikenntnisse bei der Prozessorprogrammierung noch beim Schaltungsentwurf notwendig.

Generell eignet sich der Raspberry Pi aufgrund des Open-Source-Betriebssystems Linux und der Schnittstellenvielfalt hervorragend für die Systementwicklung. Obwohl es die ursprüngliche Intention der Raspberry Pi-Entwickler an der Universität in Cambridge war, den Studenten sowie allen Interessierten ein kostengünstiges System an die Hand zu geben, um ihnen das Programmieren von Computern näher zu bringen, kann der Raspberry Pi durchaus in Profianwendungen (Embedded Systems) bestehen. Hierfür gibt es bereits einige Industrielösungen, wie beispielsweise die funkbasierten Z-Wave-Produkte für die Hausautomation.

In diesem Handbuch geht es in erster Linie darum, den Raspberry Pi optimal einsetzen zu können. Es wird darauf Wert gelegt, dass das Zusammenspiel der Software mit der Hardware deutlich wird. Dabei wird zunächst mit der Software-Grundausstattung des Raspberry Pi gearbeitet, ohne dass alle möglichen zusätzlichen Tools vorausgesetzt werden und zu installieren sind. Das hier vorgestellte Zubehör – die Hardware – bleibt in dem finanziellen Rahmen, den der Raspberry Pi selbst absteckt.

Der Schwerpunkt des Buches liegt auf der Hardware mit den Schnittstellen (LAN, WLAN, GPIO, SPI, I²C), die für die Kommunikation und den Datenaustausch mit anderen Einheiten prädestiniert sind. Es geht weniger darum, Linux oder eine bestimmte Programmiersprache zu erlernen oder um den Einsatz spezieller Peripherie. Dies sind gewissermaßen alles nur »Hilfsmittel«, um auf dieser Basis die Verwirklichung eigener Applikationen mit dem Raspberry Pi zu ermöglichen.

Geesthacht, im Juli 2013

Klaus Dembowski

Hinweis für die E-Book-Ausgabe: Die beiden Umschlagseiten mit der Schnellübersicht der Raspberry Pi-Befehle und die Signalbelegungen des GPIO-Ports stehen auf der Internetseite zum Buch unter http://www.springer.com/978-3-658-03166-4

Inhaltsverzeichnis

Einführung 1

1 Schnellstart 7

1.1 Auspacken 9
1.2 Die SD-Karte 10
1.3 Anschließen 11
1.3.1 Netzteil 11
1.3.2 Tastatur und Maus 13
1.3.3 Monitor 14
1.4 Einschalten und booten 17
1.5 Grundlegende Konfigurierung 23
1.5.1 Information 23
1.5.2 Kapazitätsbeschränkung aufheben – Expand Root Partition 23
1.5.3 Monitorabstimmung – Change Overscan 23
1.5.4 Tastatureinstellungen – Set Keyboard Layout 24
1.5.5 Password ändern – Change Password 25
1.5.6 Nationale Zeichensätze – Set Locale 25
1.5.7 Gebiet und Zeitzone – Set Timezone 26
1.5.8 Speicheraufteilung – Set Memory Split 27
1.5.9 Übertakten – Configure Overclocking 27
1.5.10 Secure Shell aktivieren – SSH Enable 29
1.5.11 Desktop automatisch starten – Boot Behaviour 31
1.5.12 Config-Aktualisierung – Update 31

2 Software 33

2.1 Dateisystem und erste Software-Installation 33
2.2 Verzeichnisstruktur 37
2.3 Linux-Orientierung und Befehle 40
2.4 Zugriffsrechte 45
2.5 Verwaltung und Paketmanager 47
2.6 Firmware 50
2.6.1 Bootvorgang – Firmware und Kernel 51
2.6.2 Aktualisierung – Updates 52

3 Hardware 55

3.1 ARM-Prozessor BCM2835 55
3.2 ARM-Architektur 56

3.2.1 Cores und Typen ... 57
3.3 Speichereinheiten ... 62
3.3.1 SD-Karten ... 64
3.4 Grafikeinheit ... 68
3.4.1 HDMI und DVI ... 68
3.4.2 Composite Video ... 72
3.5 Audio ... 74
3.6 General Purpose Input Output ... 74
3.7 Ethernet und USB ... 80
3.7.1 LAN9512 ... 81
3.7.2 PHY und MAC ... 82
3.7.3 Netzwerkverbindung ... 84
3.7.4 TAP- und USB-Controller ... 85
3.7.5 Polyfuses ... 86
3.8 Spannungsversorgung und Taktung ... 87
3.8.1 Taktung ... 89
3.9 Reset-Schaltung ... 90
3.10 DSI- und CSI-Schaltung ... 92

4 Konfigurierung und Optimierung ... 95

4.1 Betriebssysteme ... 95
4.2 Systeminstallation ... 97
4.3 Audio aktivieren und einsetzen ... 99
4.4 Videoplayer und Lizenzen ... 104
4.5 Mediacenter ... 106
4.6 Externe Laufwerke ... 110
4.7 Drucken ... 114
4.8 Netzwerkverbindungen ... 117
4.8.1 Übersicht und Analyse ... 119
4.8.2 Netzwerkadressen ... 120
4.8.3 Konfigurationsdatei ... 123
4.8.4 Adressenumsetzung – Domain Name Service ... 123
4.8.5 Einstellungen ... 124
4.8.6 Verbindungen ... 125
4.8.7 Secure Shell – SSH ... 126
4.8.8 Virtual Network Computing – VNC ... 128
4.8.9 File Transfer Protocol – FTP ... 130
4.9 WLAN ... 133
4.9.1 Standards und Kompatibilität ... 134

4.9.2 Topologien 135
4.9.3 Raspberry Pi für das WLAN konfigurieren 138

5 Programmierung 143

5.1 Hardware-nahe Programmierung 145
5.1.1 Assembler 145
5.1.2 Turbo Pascal 148
5.2 Skriptsprachen 149
5.3 Java 150
5.4 Microsofts .NET 151
5.4.1 Mono 151
5.5 Standard Tools auf dem Desktop 152
5.6 Programmieren mit Python 154
5.7 Programmieren mit C 160

6 Hardware-Kommmunikation 165

6.1 OnBoard-LED ansteuern 166
6.1.1 Trigger 166
6.1.2 Heartbeat 167
6.1.3 Mit Brightness schalten 167
6.1.4 Python-Programm 168
6.2 Einsatz des GPIO-Ports 169
6.2.1 Erweiterungsplatinen 169
6.2.2 Software 173
6.2.3 Kernel GPIO-Unterstützung 175
6.2.4 GPIO mit Python 177
6.3 Serial Peripheral Interface – SPI 178
6.3.1 Chip-Kommunikation 181
6.3.2 Linux-Treiber und Anwendung 182
6.4 Inter Integrated Bus – I^2C 185
6.4.1 Betriebsarten 185
6.4.2 Bus-Kommunikation 187
6.4.3 Adressen 190
6.4.4 Programmierung 192
6.4.5 Applikation 194

Stichwortverzeichnis 201

Einführung

Der Raspberry Pi ist ein kleines preiswertes System, welches aus einer Platine von ca. 9 x 6 cm besteht, auf der sich alle notwendigen Komponenten befinden, um es als Computer verwenden zu können. Es ist lediglich noch eine SD-Karte als Speichermedium einzusetzen und ein Netzteil für die Spannungsversorgung anzuschließen. Je nach Einsatzzweck kann dies bereits die minimale Ausstattungsform dieses Single Board-Computers sein, wenn das System zuvor entsprechend für eine bestimmte Aufgabe programmiert worden ist, was gemeinhin unter einem *Embedded System* verstanden wird.

Der Raspberry Pi ist ein kleines Computerboard mit einem bis dato ungewöhnlich großem Leitungsumfang zu einem kleinen Preis.

Außerdem lassen sich an das Board ein Monitor und als Eingabegeräte eine USB-Tastatur sowie eine USB-Maus anschließen. Eine Netzwerk- und eine Audioverbindung komplettieren den Raspberry Pi hardwaretechnisch zu einem üblichen und bedienbaren Computer. Als Betriebssystem wird hierfür eine spezielle Linux-Distribution eingesetzt, die sich im Gegensatz zu anderen Systemen – insbesondere zu Windows – als recht genügsam darstellt, um mit relativ begrenzten Hardware-Ressourcen in puncto Prozessorleistung, Speichergröße und Grafiksystem umgehen zu können, die bei einem derartigen Single Board-Computer nun mal systemimmanent sind.

Die Intention und wie es begann

Der Ursprung des Single Board-Computers reicht in das Jahr 2006 an die Universität Cambridge zurück. Die Intention war dabei, den Studenten sowie allen Interessierten ein kostengünstiges System an die Hand geben zu können, um ihnen hiermit das Programmieren von Computern näher zu bringen.

Fast jeder kennt den Umgang mit Personal Computern und in erster Linie mit dem Betriebssystem Windows. Im Laufe der Jahre ist es jedoch immer schwieriger und unübersichtlicher geworden, einen PC zu durchschauen und programmieren zu können, was insbesondere für die Hardware und die Programmierung derselben für eigene Anwendungen gilt. Selbst unter dem Gesichtspunkt, dass PCs für das, was sie leistungs- und funktionstechnisch bieten, immer günstiger geworden sind, kosten sie verhältnismäßig viel Geld.

In früheren Zeiten war es für viele PC-Benutzer eigentlich selbstverständlich, dass auch eigene Programme und Hardware-Erweiterungen für den Computer umgesetzt wurden, weshalb der PC damals noch als ein Gerät für Spezialisten wie Informatiker oder Elektroniker angesehen wurde. Diesen Status hat er schon lange nicht mehr.Dass er sich prinzipiell intuitiv von jedermann für alle möglichen Aufgaben einsetzen lässt, ist letztendlich der für den Anwender immer einfacher erscheinenden Software geschuldet.

Für die Programmiererseite führt diese Anwenderfreundlichkeit zu immer aufwendigeren Prozessen, was nicht nur das entsprechende Know-How, sondern auch eine Vielzahl spezieller Tools, Entwicklungsumgebungen und Programmiersprachen erfordert. Nicht selten entsteht beim Windows-Betriebssystem und den entsprechenden Programmen der Eindruck, dass hier geradezu eine Unmenge an überflüssigem Programmcode »mitgeschleppt« wird, der selten bis nie aufgerufen wird, was teilweise an der durchgängigen Kompatibilität des Personal Computers mit Windows liegt, so dass selbst jahrzehntealte Programme möglichst noch mit der neuesten Windows-Version funktionieren, was zu recht hohen Leistungs- und Speicheranforderungen führt. Aus diesen Gründen erscheint ein üblicher PC als Lern-, Experimentier- und Programmiersystem für Einsteiger ungeeignet.

An der Universität in Cambridge wurde Anfang der achtziger Jahre ein Heimcomputer mit 6502-CPU (2 MHz) entwickelt, der in britischen Schulen als Lehrmodell fungierte und in einer Sendereihe von der BBC unterstützt wurde. Hergestellt wurde dieser Heimcomputer, der als *BBC Micro* bezeichnet wurde, von der englischen Firma Acorn, die später als ARM (siehe Kapitel 3.2) von sich reden machte. Einer der Entwickler war Jack Lang, der auch an der Raspberry Pi-Entwicklung beteiligt war, was verdeutlicht, dass hier ebenfalls der Gedanke für die Schaffung eines »Lehrsystems« Pate gestanden hat.

Der Computer BBC Micro ist ursprünglich ebenfalls für Lehrzwecke von der Universität Cambridge konzipiert worden. © en.wikipedia.org

Im Gegensatz zum *BBC Micro* sollte der Raspberry Pi jedoch wesentlich günstiger sein, was mit einem Preis von ca. 25 € (Modell A) sicher auch gelungen ist. Außerdem ist der Raspberry Pi von vornherein dafür vorgesehen, auch Büroanwendungen und Spiele ausführen zu können. Aktuelle Features wie die Möglichkeit eines Internet-Zuganges und die Videowiedergabe in High Definition-Qualität lassen erkennen, dass es sich dabei um einen »richtigen« Computer im Kleinformat handelt.

Die Entwicklung basierte maßgeblich auf den Vorstellungen von David Braben, der bereits als Student in Cambridge 1984 das bekannte Weltraumspiel »Elite« entwickelt und das Entwicklerstudio *Frontier Developments* gegründet hatte. Zusammen mit zwei weiteren Informatikern aus Cambridge (Alan Mycroft, Rob Mullins) und Eben Upton, einem Cambridge-Absolventen, der mittlerweile Technical Director bei der Firma Broadcom war, sowie dem Unternehmer Pete Lomas (Norcott Technologies, Electronic Design), ebenfalls ein Cambridge-Absolvent, wurde die *Raspberry Pi Foundation* als gemeinnützige Stiftung gegründet, um das Projekt zu finanzieren und Entwickler von Open-Source-Software mit auf den Plan zu rufen.

Die Foundation wollte bei der Namensgebung für den Single Board-Computer die Tradition weiterverfolgen Computer nach Obstsorten zu benennen, wie Acorn (Eichel) oder Apricot (Aprikose), beide mit Cambridge/ARM-Tradition, wobei die bekannteste Frucht sicherlich Apple ist, deren Produkte wie iPad oder iPhone interessanterweise ebenfalls mit ARM-Prozessoren (Kapitel 3.2) arbeiten. Nach längeren Diskussionen einigte man sich dann auf Raspberry (Himbeere) mit dem Zusatz Pi, der nicht für Pie, also Torte oder Kuchen, stehen soll, sondern für die Kennzeichnung der Hauptprogrammiersprache des Systems, Python, gedacht ist.

Entgegen der ursprünglichen Idee wurde der Vertrieb der Raspberry Pi-Boards nicht selbst von der Foundation übernommen, sondern an die beiden weltweit agierenden Distributoren RS-Components und Farnell übertragen. Nach dem Verkaufsstart am 29.2.12 konnten die Distributoren innerhalb einer Stunde über 10.000 Boards verkaufen. Der Andrang war so groß, dass der Verkauf ausgesetzt werden musste und Interessenten sich erst für ein einziges Exemplar pro Käufer zu registrieren hatten, bevor es dann Wochen bis Monate später wieder erhältlich war. Innerhalb eines Jahres (2012) haben die beiden Firmen dann über 800.000 Stück davon verkauft.

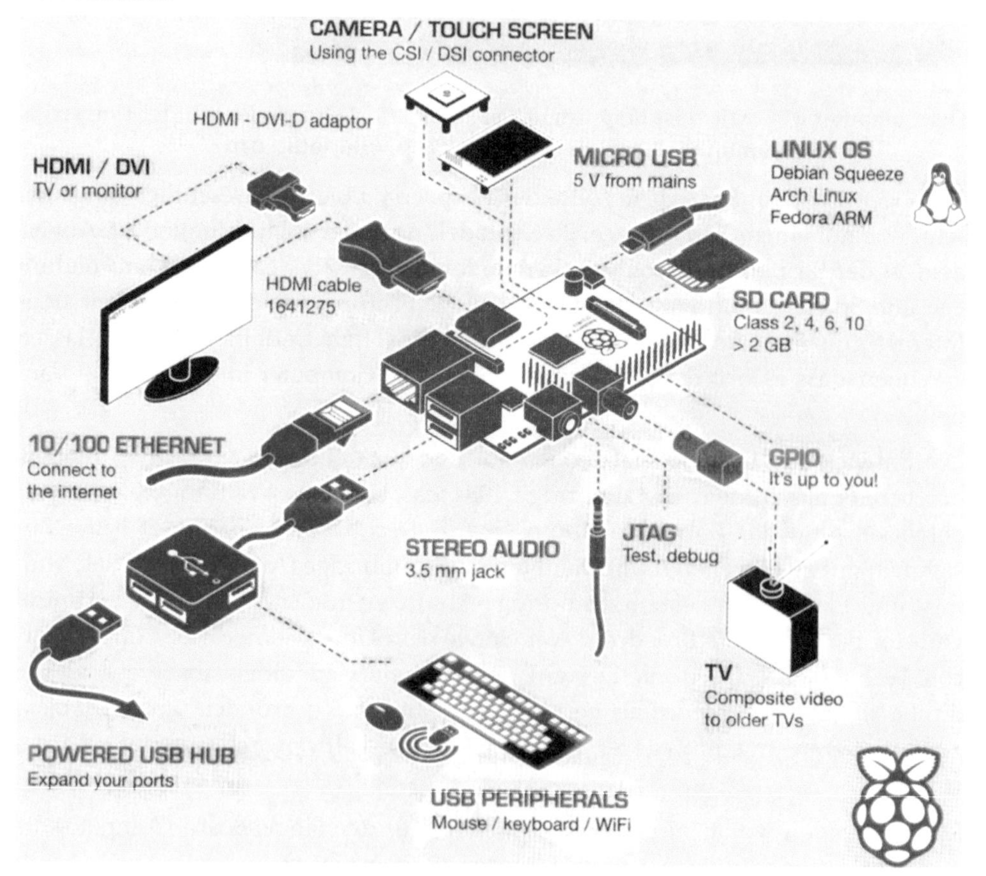

Der Raspberry Pi erlaubt die Verbindung mit verschiedener Peripherie, was vielfältige Einsatzmöglichkeiten gestattet.

Der Raspberry Pi hat weltweit einen »Hype« ausgelöst, was nicht nur am günstigen Preis liegt, sondern wohl eher am Gesamtkonzept, bei dem nicht der maximale Profit das Streben ist, sondern die Tatsache, dass hier maximale Leistung bei minimalem Preis mit dem Open-Source-Gedanken verbunden wird, so dass sich auch jeder interessierte (junge) Mensch – mit schmalem Geldbeutel – dem Programmieren und Experimentieren auf aktueller Hardware leisten und regen Austausch mit anderen Entwicklern in der Open-Souce-Gemeinde betreiben kann. Es ist tatsächlich beachtlich, wie viele Anwendungen und Applikationen für den Raspberry Pi in kürzester Zeit entstanden sind, die – dank Open Source – kein Geld kosten und laufend weiterentwickelt werden.

Arduino

Das erste bekannte Open-Source-Projekt, welches Software mit Hardware kombiniert, ist als Arduino bekannt. Hiermit wird ebenfalls versucht, auch Laien einen einfachen, relativ kostengünstigen Zugang zur Programmierung und Hardware-Entwicklung zu ermöglichen. Arduino ist im Gegensatz zum Raspberrry Pi nicht als Computer mit eigenem Betriebssystem ausgelegt, welches alle möglichen Anwendungen (Office, Mediacenter, Web-Server) ausführen kann. Demnach kann der Raspberrry Pi auch ohne eigenes Programmieren »nur« als Mini-PC eingesetzt werden.

Das Leonardo-Board ist das erste Arduino-Board, welches einen Mikrocontroller mit integriertem USB verwendet.

Bei Arduino wird demgegenüber stets ein Mikrocontroller (der Firma Atmel) für eigene Projekte programmiert. Arduino bietet eine integrierte Software-Umgebung, die auf einem Java-Dialekt (Processing) basiert und auf Windows-, Linux und Mac OS-Computern eingesetzt werden kann. Die mit einem vereinfachten C-Dialekt (Wiring) erstellten Programme werden bei Arduino über eine serielle oder eine USB-Schnittstelle auf die Arduino-Hardware übertragen und dort vom Mikrocontroller (z.B. ATmega 2560, ATmega 32u4) ausgeführt.

Systeme für »Nichtspezialisten«

Ausgelöst durch Arduino und Raspberry Pi werden momentan von allen möglichen Firmen und Herstellern verschiedene Mikrocontroller- und Computer-Boards (Gnublin, mbed, Carambola, chipKIT) für »Nichtspezialisten« vorgestellt. Selbst Microsoft ist mit einer eigenen Lösung – Gadgeteer – mit dabei. Gadgeteer benötigt ein geeignetes Board, welches nicht von Microsoft selbst, sondern von verschiedenen Hardware-Herstellern angeboten werden soll. Momentan stehen ausschließlich Boards der Firma GHI Electronics (FEZ Spider Kit) zur Verfügung. Üblicherweise verwenden die Gadgeteer-Boards einen Prozessor mit ARM-Architektur (Kapitel 3.2), wie es gleichermaßen beim Raspberry Pi der Fall ist.

Peripherie wird an ein Gadgeteer-Board, welches scheinbar nur aus Steckpfosten besteht (der Prozessor befindet sich auf der Platinenrückseite), über einzelne Flachbandkabel angeschlossen.

Die Gadgeteer-Boards können mit verschiedenen Erweiterungs-Boards (Sockets) verbunden werden, was dem Konzept von Arduino entspricht, wo die Erweiterungsplatinen als *Shields* bezeichnet und direkt auf das Controller-Board gesteckt werden, während die *Sockets* über Flachbandkabel mit dem Gadgeteer-Board verbunden werden. Die Gadgeteer-Programme werden in C# mithilfe des Microsoft Visual Studios erstellt und laufen auf der Hardware unter dem *.NET Micro Framework,* was die ganze Sache (Microsoft-typisch) letztlich wieder recht komplex und undurchsichtig macht und auch dem Arduino- sowie dem Rasberry Pi-Ansatz (Open Source) zuwiderläuft, von dem relativ hohen Preis für ein Gadgeteer-Board einmal abgesehen.

1 Schnellstart

Den Verkauf der Raspberry Pi-Boards hat die *Raspberry Pi Foundation* den beiden direkten Vertriebspartnern Distributoren RS-Components und Farnell (Element 14) übertragen. Mittlerweile sind die Boards auch bei anderen Firmen wie etwa bei Amazon, Reichelt oder Pollin erhältlich, wobei die Preise keineswegs identisch sind und die Kosten für Transport und Verpackung ebenfalls unterschiedlich ausfallen.

Momentan sind zwei Versionen des Raspberry Pi-Boards erhältlich: das Modell B, mit dem der Verkauf startete. Seit Anfang des Jahres 2013 wird auch das Modell A, verkauft. Beide Board-Typen unterscheiden sich lediglich dadurch, dass das Modell B über einen SDRAM-Speicher von 512 MByte verfügt, das Modell A hingegen lediglich 256 MByte, nur einen einzigen USB-Port und keinen Ethernet-Anschluss besitzt. Die erste Revison des Modell B, die eigentlich nicht mehr verkauft wird, besaß auch nur einen SDRAM-Speicher von 256 MByte.

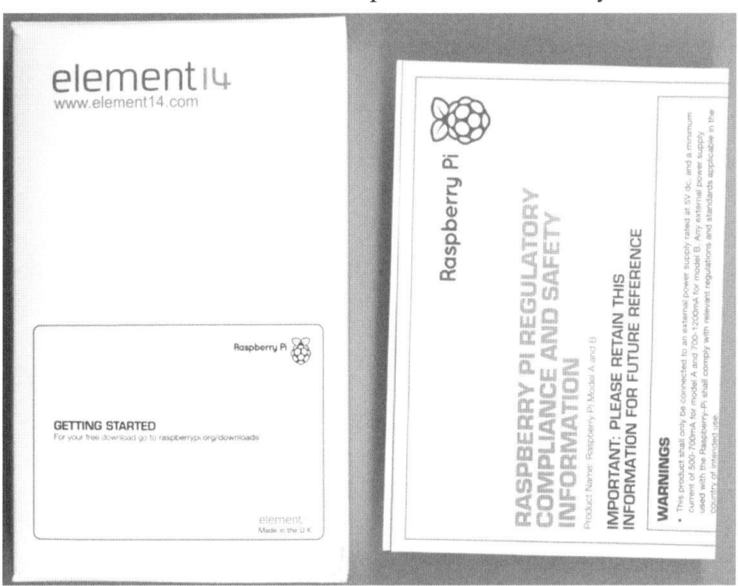

Abbildung 1.1: Der Raspberry Pi wird in einer schmucklosen Pappverpackung nur mit einem kleinen Merkzettel für den bestimmungsgemäßen Gebrauch geliefert.

Bei etwas genauerer Betrachtung (siehe auch Kapitel 3) fallen zwar noch andere Unterschiede zwischen Revision 1.0 und Revision 2.0 beim Modell B-Board auf, wie ein leicht geändertes Platinenlayout, das Fehlen von zwei Polyfuses für die USB-Verbindungen sowie einiger Kondensatoren und die Tatsache, dass die Steckerleiste für das JTAG-Interface (P2) nicht mehr bestückt ist, was für den bestimmungsgemäßen Einsatz jedoch ohne Bedeutung ist.

Abbildung 1.2: Das Raspberry Pi-Board des Modells B

Kurzdaten der Raspberry Pi-Boards:

- System on Chip (SoC) BCM2835 der Firma Broadcom mit integrierter CPU, GPU, DSP und SDRAM.
- CPU: *Central Processing Unit* ARM1176JZF-S, getaktet mit 700 MHz.
- GPU: *Graphic Processing Unit* Broadcom Video Core IV, Open GL ES2.0, 1080p30, H264/MPEG-4 AVC High Profile Decoder (Blu-Ray-Qualität).
- DSP: Integrierter *Digitaler System Prozessor*, der systemintern für Grafik, Video und Audio genutzt wird und (noch) nicht separat (per API) programmierbar ist.
- Speicher von 512 MByte SDRAM beim Modell B Revison 2 sowie 256 MByte SDRAM beim Modell B Revision 1 und beim Modell A Revision 1.
- Grafik/Video-Ausgänge: Composite RCA und HDMI.
- Audio-Ausgang: 3,5 mm Stereo-Klinkenbuchse und per HDMI-Connector.
- Tastatur- und Mausanschluss über die vorhandenen USB 2.0-Ports. Das Modell B verfügt über zwei, das Modell A nur über einen USB-Anschluss.
- Spannungsversorgung (5 V) mit externem Netzteil über microUSB-Anschluss. Leistung mindestens 3,5 W (700 mA für Modell B) und 2,5 W (500 mA für Modell A)
- SD-Karten-Slot für SD- (max. 2 GByte) und SDHC-Cards (max. 32 GByte) als Programm- und Datenspeichermedium (für Betriebssystem).

- Ethernet-Anschluss mit RJ45-Connector für 10 und 100 MBit/s (autodetect). Ist nicht beim Modell A vorhanden.
- WLAN-Adapter (Wi-Fi) und weitere optionale Peripherie wird über die USB-Ports angeschlossen, was den Einsatz eines separaten USB-Hubs mit eigenem Netzteil nahelegt.

1.1 Auspacken

Die Platine des Raspberry Pi steckt in einer Antistatikhülle. Grundsätzlich sollte beim Umgang mit elektronischen Bauelementen und Baugruppen an die statische Aufladung gedacht werden, die insbesondere im Zusammenhang mit kunststoffhaltigen Teppichen oder Kleidungsstücken auftritt. Falls man dadurch aufgeladen ist und Leiterbahnen oder Bauelemente auf der Platine berührt, kann dies eine irreparable Zerstörung zur Folge haben. Um diesem Phänomen zu begegnen, gibt es so genannte Antistatikarmbänder, die um ein Handgelenk gebunden und mit einer Masseleitung (Erde) verbunden werden, wodurch die statische Aufladung abgeleitet werden kann. Wer nur gelegentlich mit elektronischen Bauelementen hantiert und dabei stets etwas Vorsicht walten lässt, benötigt weder ein Antistatikarmband oder sonstige Zubehörteile (Antistatikmatte) für die Ableitung von elektrostatischer Energie; der potentiellen Gefahr sollte man sich aber bewusst sein.

Vorsicht im Umgang bedeutet, dass grundsätzlich nie direkt auf die Bauelemente oder Kontakte gefasst werden sollte. Bevor eine »Elektronik« in die Hand genommen wird, sollte man sich sicherheitshalber durch das Berühren eines (geerdeten) Metalls, wie an einem Heizkörper, an einer Metalllampe oder einem PC-Gehäuse, entladen.

Eine Antistatikhülle schützt somit elektronische Boards wie den Raspberry Pi vor derartiger Aufladung, so dass sie bei Nichtbenutzung darin am besten aufgehoben sind. Um elektronische Bauelemente oder Boards von elektrostatischer Aufladung zu schützen, gibt es neben speziellen Verpackungen (Stangen, Schachteln) die bekannten, meist schwarzen Matten, mit der beispielsweise integrierte Schaltungen geliefert werden. Was man damit auf keinen Fall machen sollte, ist ein Board im Betrieb auf eine derartige Matte (aus einer Antistatikverpackung) zu legen, denn die Matte ist wie andere Antistatikhilfsmittel leitend und legt quasi alle Komponenten auf das gleiche (Null-) Potential. Dies gilt natürlich auch für Antistatikhüllen und Ähnliches. Im schlimmsten Fall werden damit beim Betrieb eines Boards leitende Übergänge zwischen Komponenten hergestellt, die daraufhin irreparabel beschädigt werden. Diesen Fall habe ich bereits mehrmals erleben dürfen. Die jeweiligen Anwender meinten stets, doch besonders vorsichtig mit dem jeweiligen Board umgegangen zu sein.

1.2 Die SD-Karte

Neben dem Raspberry Pi-Board sollte auch gleich eine SD-Karte mitgekauft werden, auf der sich das passende Linux-Betriebssystem, typischerweise mit der Bezeichnung *Raspbian*, befindet. Dann kann sofort ohne Download und Erstellen eines Images mit dem Raspberry Pi gestartet werden.

Dem vermeintlichen Nachteil, dass es mittlerweile eine aktuellere Version gibt oder vielleicht doch eine ganz andere Version (Arch Linux, RISC OS) für die beabsichtigten Applikationen besser geeignet sein soll, steht der größere Vorteil gegenüber: Man kann sofort loslegen und ein Update ist ohnehin des Öfteren durchzuführen.

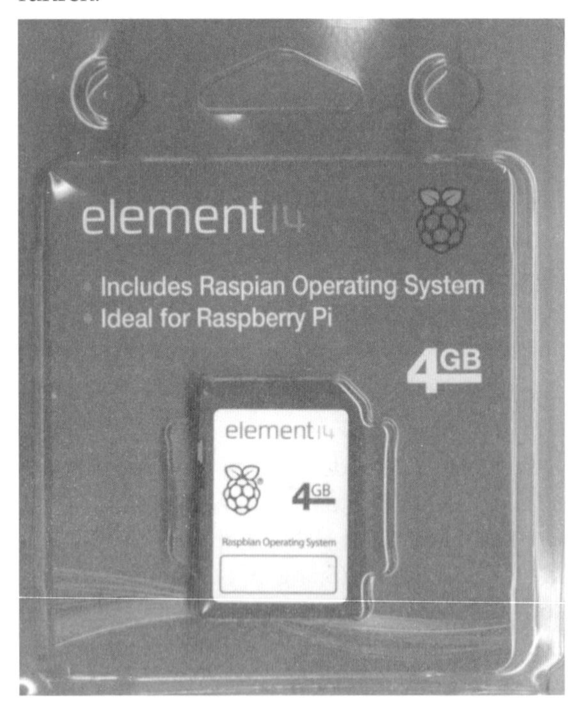

Abbildung 1.3: Diese SD-Karte ist explizit für den Raspberry Pi ausgelegt und wird in einer üblichen Blisterverpackung geliefert.

Insbesondere beim Einstieg in die Raspberry Pi-Thematik kann es einige Stolpersteine geben, so dass man bestimmte Dinge, wie eine nicht korrekt funktionierende SD-Karte, am besten gleich von vornherein ausschließen und wahrscheinlich auch nicht erst eine passende SD-Karte präparieren möchte. Im Kapitel 4 wird noch genau auf die verschiedenen Betriebssysteme und deren Installation eingegangen. Zunächst soll der Raspberry Pi einfach nur booten, womit bewiesen ist, dass das System grundsätzlich funktioniert.

Abbildung 1.4: Die SD-Karte wird in den Kartenslot auf der Platinenrückseite eingesetzt, wobei auf die abgeschrägte Kante zu achten ist, die den Pin 1 markiert. Ohne Gewalt lässt sich die Karte gar nicht falsch herum einsetzen.

1.3 Anschließen

Nach dem Einsetzen der SD-Karte (Abbildung 1.4) sind die folgenden Peripherie-Einheiten notwendig und mit dem Raspberry Pi-Board zu verbinden:

- Das USB-Netzteil
- Das USB-Spannungskabel für die Verbindung des USB-Netzteils mit der Micro-USB-Buchse des Raspberry Pi-Boards
- Die Tastatur mit dem USB-Anschluss
- Das HDMI-Kabel für die Verbindung mit einem geeigneten Monitor

1.3.1 Netzteil

Im Prinzip kann der Raspberry Pi für die Spannungsversorgung über ein entsprechendes USB-Kabel mit dem USB-Anschluss eines PCs oder eines USB-Hubs verbunden werden, was als erster Funktionstest sogar als eine ratsame Methode anzusehen ist. Für den üblichen Betrieb wird jedoch eher eine autarke Versorgung mit einem passenden USB-Netzteil sinnvoll sein.

Als Netzteil hat die Raspberry Pi Foundation einen gebräuchlichen Typ vorgesehen, wie er bei vielen Kleingeräten zum Einsatz kommt. Demnach ist es ein relativ kompaktes Steckernetzteil mit einem gewöhnlichen USB-Anschluss (Buchse Typ

A) und einem Verbindungskabel, welches mit einem USB-Typ-A Stecker auf der einen und mit einem USB-Micro-B-Stecker auf der anderen Seite versehen ist.

Das Netzteil sollte am besten 1 A (1000 mA, 5 W) liefern können, so dass noch etwas Reserve für später anzuschließende Peripherie gegeben ist. Wichtig ist, dass es sich um ein Netzteil mit einer geregelten Ausgangsspannung von 5 V handelt und dass es über einen Micro-USB-Anschluss verfügt, der dementsprechend mit der Power-Buchse (S1, siehe Abbildung 1.2) des Raspberry Pi-Board verbunden wird. Oftmals befindet sich das Verbindungskabel nicht im Lieferumfang des separat erworbenen Netzteils und muss möglicherweise dazugekauft werden.

Mitunter wird auch ein »Ladegerät« empfohlen, wie es für Smartphones eingesetzt wird. Bei den aktuellen Modellen, die mit einem Lithium-Akku arbeiten, entspricht das vermeintliche Ladegerät allerdings einem üblichen Netzteil, denn die eigentliche Ladeschaltung befindet sich innerhalb des Smartphones.

Grundsätzlich handelt es sich bei einem Ladegerät und bei einem Netzteil um zwei unterschiedliche Gerätetypen, so dass nicht das Ladegerät eines x-beliebigen Mobiltelefons verwendet werden kann. Ein »richtiges« Ladegerät liefert demgegenüber nicht eine konstante Spannung von 5 V, wie sie der Raspberry Pi benötigt, sondern startet typischerweise mit einem konstanten Ladestrom, der immer geringer wird, bevor am Schluss eine konstante Spannung (von vielleicht 5 V) für die Restaufladung des Akkus sorgt.

Aus Sicherheitsgründen sollten Spannungsverbindungen nur bei ausgeschaltetem Board vorgenommen werden, auch wenn der USB den Geräteanschluss bei aktivem Gerät erlaubt und HDMI dies ebenfalls vertragen sollte. Gleichwohl ist das Board mit den quasi freiliegenden Anschlüssen, insbesondere wenn es sich noch nicht in einem Gehäuse befindet, nicht gegen den unabsichtlichen Kontakt mit daneben liegenden Kabeln oder Werkzeugen geschützt.

In die Steckdose wird das Netzteil erst dann eingesteckt, wenn alle Verbindungen soweit hergestellt sind. Weil weder der Raspberry Pi noch die üblichen USB-Netzteile über einen Einschalter verfügen, empfiehlt sich der Einsatz einer schaltbaren Steckdosenleiste, die später auch das Netzteil für einen USB-Hub aufnehmen kann. Das Raspberry Pi-System kann somit mit einem einzigen Schalter komplett ein- und ausgeschaltet werden, ohne dass laufend die einzelnen Netzteile aus der Dose entfernt werden müssen. Es sei darauf hingewiesen, dass es keine praktikable Alternative ist, wenn stattdessen das Kabel für die Spannungsversorgung aus der Micro-USB-Buchse ständig eingesteckt und herausgezogen wird. Dieses Verfahren sollte schon gar nicht mit anderen Netzteilen, die später vielleicht noch dazukommen, praktiziert werden, weil Stecker durchaus verkanten können oder man gerät unglücklicherweise mit dem spannungsführenden Kabel an eine Stelle der Elektronik, die dies nicht verträgt.

Abbildung 1.5: Ein passendes USB-Netzteil mit dem notwendigen Verbindungskabel, welches separat zu erwerben ist.

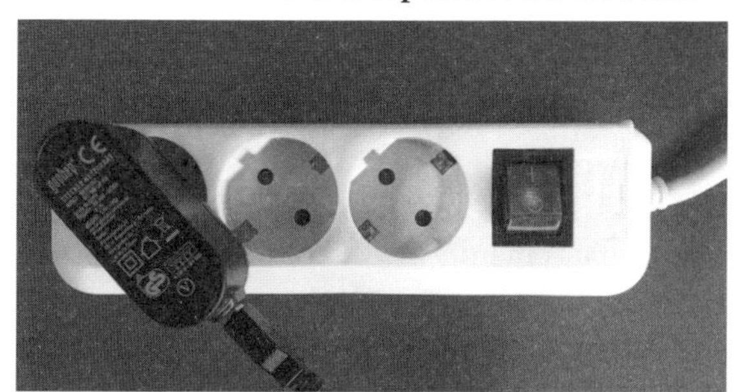

Abbildung 1.6: Nichts Besonderes ist eine simple schaltbare Steckdosenleiste, womit der Raspberry Pi ein- und ausgeschaltet wird, allerdings kann sie einen vor Missgeschicken mit der Spannungsversorgung bewahren.

1.3.2 Tastatur und Maus

Als Eingabegerät ist eine gewöhnliche Tastatur mit einem USB-Anschluss vorgesehen, die mit einer USB-Buchse des Raspberry Pi-Boards zu verbinden ist. Das Modell A verfügt nur über eine einzige USB-Buchse, so dass für eine Maus im Bedarfsfall ein USB-Hub mit eigenem Netzteil notwendig wird.

Abbildung 1.7: Die Eingabegeräte mit USB-Anschluss sollten einfacher Ausführung sein.

Eine Maus wird zunächst jedoch nicht benötigt, so dass sie für die erste Inbetriebnahme auch nicht anzuschließen ist. Beide Eingabegeräte sollten einer einfachen Standardausführung genügen, denn eine Tastatur mit beleuchteten Tasten oder eine Gaming-Maus verbrauchen nur unnötig viel Strom.

1.3.3 Monitor

Jeder aktuelle Computermonitor verfügt über einen DVI-Anschluss (siehe Kapitel 3.4.1), der vom Prinzip her auch HDMI (High Definition Multimedia Interface) unterstützt, was bedeutet, dass es durchaus Monitore gibt, die zwar DVI, nicht jedoch HDMI verarbeiten können. Mitunter gibt es fast baugleiche Modelle, wie beispielsweise den Typ HANNS.G HX191DP der Firma Hannspree, der kein HDMI unterstützt, während das neuere Modell HANNS.G HX191DPB dies sehr wohl kann, was einzig durch das »B« in der Bezeichnung ausgewiesen wird.

HDMI setzt für die digitale Bild- und Tonübertragung über HDMI einen Kopierschutz ein, der als *High bandwith Digital Content Protection* (HDCP) bezeichnet wird und auch vom Raspberry Pi unterstützt wird, etwa um Blu-Ray-Videos abspielen zu können. Wenn für einen Monitor lediglich DVI (ohne HDMI und/oder HDCP) spezifiziert wird, nützt auch kein DVI-HDMI-Adapter oder -kabel, er wird mit dem Raspberry Pi nicht funktionieren.

Falls ein Adapter oder auch ein Adapterkabel zwischen HDMI des Raspberry Pi und DVI bei einem Monitor eingesetzt werden soll, ist insbesondere darauf zu achten, wo sich der Buchsen- und wo sich der Steckkontakt bei den Anschlüssen befindet, was sich bei HDMI nicht so einfach wie bei anderen Anschlüssen feststellen lässt. Wenn man davon ausgeht, dass sich auf dem Raspberry Pi-Board eine Buchse befindet, führt diese in der Mitte einen Steg mit den Kontakten (vgl. Abbildung 3.13), so dass dementsprechend ein DVI-Kabel mit zwei Steckern (Abbildung 1.8) benötigt wird.

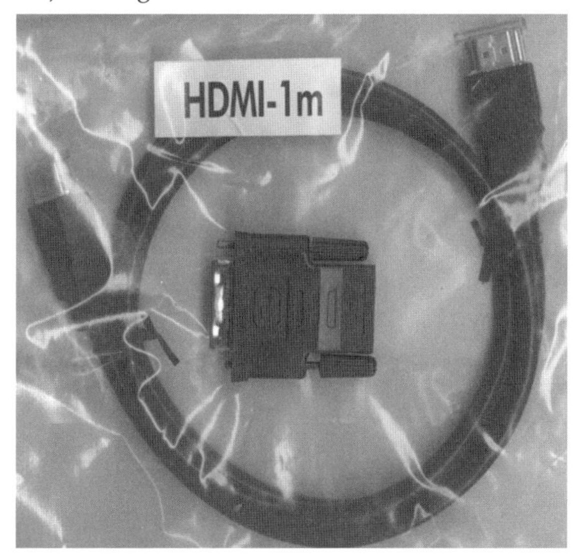

Abbildung 1.8: Ein HDMI-Kabel und ein optionaler Adapter von DVI auf HDMI (DVI-Stecker auf HDMI-Buchse)

Beim beabsichtigtem Einsatz eines Adapters, wie er beispielsweise in der Abbildung 1.9 zu erkennen ist, muss darauf geachtet werden, dass der Monitor hinten genügend Platz für den Adapter mit dem aufgesteckten HDMI-Kabel bietet, also beides hintereinander einsteckbar ist. Fall dies nicht gegeben sein sollte, ist ein Adapter für die andere Seite (am Raspberry Pi) oder ein Adapterkabel – DVI-Stecker auf HDMI-Stecker – notwendig.

Abbildung 1.9: Dieser Monitor verfügt über zwei Anschlüsse, wobei die DVI-Buchse mit einem Adapter (rechts) auf eine HDMI-Buchse umgesetzt werden kann.

Computermonitore haben oftmals zwei (oder mehr) verschiedene Anschlüsse, so dass es praktisch erscheint, einen für den üblichen PC und den anderen für den Raspberry Pi zu nehmen. Es ist dann möglich, zwischen den beiden Anschlüssen, VGA für den PC und DVI/HDMI für den Raspberry Pi, per Monitormenü umzuschalten, was in der Praxis – in Abhängigkeit vom jeweiligen Monitormodell – mehr oder weniger gut funktioniert, so dass u.U. ein Nichtfunktionieren des Raspberry Pi diagnostiziert wird, weil wider Erwarten kein Bild erscheint. Die Status-Leuchtdioden (PWR, ACT, siehe Abschnitt 1.4) auf dem Raspberry Pi-Board können diesen Zustand zwar grundsätzlich kenntlich machen, doch das bringt bei der Fehlersuche zunächst keinen Erfolg. Die LEDs leuchten bzw. blinken zwar, der Monitor bleibt jedoch schwarz.

Wenn das Umschalten am Monitor nichts bewirkt, sollte allein das DVI/HDMI-Kabel angeschlossen sein und sowohl der Raspberry Pi als auch der Monitor aus- und wieder eingeschaltet werden, erst den Monitor und dann den Raspberry Pi einschalten. Falls dennoch kein Bild erscheinen sollte, ist die Verbindung oder der Monitor am DVI/HDMI-Anschluss nicht in Ordnung, wenn der Monitor nicht grundsätzlich defekt ist und mit dem VGA-Anschluss einwandfrei funktioniert. Es sei erwähnt, dass die automatische Signalerkennung bei einem Monitor mitunter auch nicht optimal funktioniert, so dass der gewünschte Eingang explizit per Monitormenü (Abbildung 1.10) zu selektieren ist.

Abbildung 1.10: Im Monitormenü muss auf DVI umgeschaltet werden.

In der Regel wird der DVI/HDMI-Anschluss eines Monitors für den PC eingesetzt, weil dies eine bessere Bildqualität als VGA sicherstellt, was insbesondere für Spiele von Bedeutung ist. Deshalb wäre der VGA-Eingang für den Raspberry Pi theoretisch besser geeignet. Aufgrund der völlig unterschiedlichen Elektronik (VGA = analog, DVI = digital) ist es jedoch nicht möglich, den Raspberry Pi direkt über VGA zu betreiben. Gleichwohl gibt es hierfür eine Adapterlösung (Pi-View), die wegen der aufwendigen Konverterelektronik mit ca. 37 € zu Buche schlägt, was somit den Anschaffungspreis eines Raspberry Pi übersteigt.

Abbildung 1.11: Praktisch, aber verhältnismäßig teuer, der VGA- auf HDMI-Adapter Pi-View für den Raspberry Pi.

1.4 Einschalten und booten

Wenn die Verbindungen mit dem Netzteil, der USB-Tastatur und dem Monitor über HDMI hergestellt sind, wird zunächst der Monitor und dann die Steckerleiste mit dem USB-Netzteil eingeschaltet, woraufhin die PWR-LED leuchtet und kurz danach die ACT blinkt, was signalisiert, dass der Bootvorgang von der SD-Karte stattfindet. Dabei sollte auch das Bild auf dem Monitor erscheinen. Falls dies nicht passiert, sind die zuvor erläuterten Schritte noch einmal zu überprüfen.

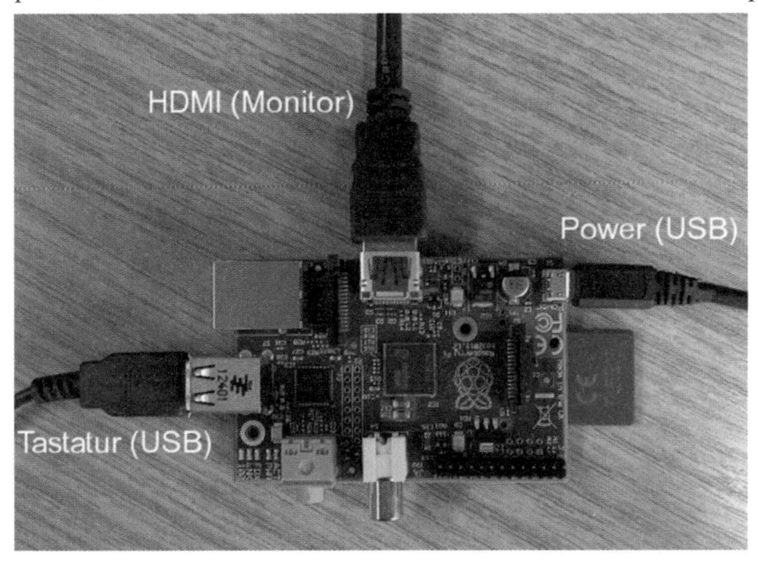

Abbildung 1.12: Diese Minimalkonfiguration funktioniert auf jeden Fall.

An dieser Stelle ist es wichtig, dass tatsächlich nur diese drei Verbindungen (siehe Abbildung 1.12) und keine weiteren hergestellt worden sind, auch kein Audio, kein Ethernet oder sonstiges. Es scheint keine Seltenheit zu sein, dass vor lauter Euphorie gleich am Anfang alle möglichen Dinge angeschlossen werden, wie bereits eine Ethernet-Verbindung, ein *Wi-Fi Dongle* für den Aufbau einer WLAN-Verbindung oder ein USB-Hub oder ein Erweiterungsboard (Piface, Gerboard), was beim ersten Start nur für unübersichtliche Verhältnisse sorgt und deshalb vermieden werden sollte.

Abbildung 1.13: Die Spannung liegt an (PWR-LED) und das System bootet (ACT-LED).

Auf dem Monitor erscheint als erstes das Logo – die Himbeere –, gefolgt von einem für Linux typischen Boot-Prozess, der die Ausführung der einzelnen Initialisierungsschritte ausweist. Was dies im Einzelnen bedeutet, ist im Moment (siehe hierfür Kapitel 4) nicht von Bedeutung, wichtig ist nur, dass der Vorgang ohne Fehler ausgeführt wird, woraufhin beim ersten Boot ein Dialog (Abbildung 1.14) erscheint, der es ermöglicht, einige Systemeinstellungen vorzunehmen. Dazu gehören Einstellungen für die Sprache, die Zeitzone, das Tastaturlayout und einige weitere Dinge. Eine Beschreibung der einzelnen Optionen ist im Abschnitt 1.5 angegeben.

```
[ ok ] Activating swap...done.
[   10.614442] EXT4-fs (mmcblk0p2): re-mounted. Opts: (null)
[....] Checking root file system...fsck from util-linux 2.20.1
/dev/mmcblk0p2: clean, 64869/237568 files, 354739/946531 blocks
done.
[   11.128084] EXT4-fs (mmcblk0p2): re-mounted. Opts: (null)
[ ok ] Cleaning up temporary files... /tmp.
[info] Loading kernel module snd-bcm2835.
[   11.917735] bcm2835 ALSA card created!
[ ok ] Activating lvm and md swap...done.
[....] Checking file systems...fsck from util-linux 2.20.1
done.
[ ok ] Mounting local filesystems...done.
[ ok ] Activating swapfile swap...done.
[ ok ] Cleaning up temporary files....
[ ok ] Setting kernel variables ...done.
[ ok ] Configuring network interfaces...done.
[ ok ] Cleaning up temporary files....
[ ok ] Setting up ALSA...done.
[info] Setting console screen modes.
[info] Skipping font and keymap setup (handled by console-setup).
[ ok ] Setting up console font and keymap...done.
[ ok ] Setting up X socket directories... /tmp/.X11-unix /tmp/.ICE-unix.
INIT: Entering runlevel: 2
[info] Using makefile-style concurrent boot in runlevel 2.
[ ok ] Network Interface Plugging Daemon...skip eth0...done.
[ ok ] Starting enhanced syslogd: rsyslogd.
Starting dphys-swapfile swapfile setup ...
want /var/swap=100MByte, checking existing: keeping it
done.
[ ok ] Starting periodic command scheduler: cron.
[ ok ] Starting system message bus: dbus.
[ ok ] Starting NTP server: ntpd.
[ ok ] Starting OpenBSD Secure Shell server: sshd.
```

Abbildung 1.14: Ein Ausschnitt aus dem Bootvorgang

Das Konfigurationsprogramm (raspi-config) kann grundsätzlich mit der folgenden Befehlszeile aufgerufen werden, so dass im Grunde genommen jederzeit entsprechende Anpassungen an den Bootoptionen und der Systemkonfiguration durchgeführt werden können:

```
pi@raspberrypi ~ $ sudo raspi-config
```

Falls noch keine deutsche Tastaturbelegung festgelegt wurde, ist statt des Minus-Zeichen »-« die Taste mit dem Zeichen »ß« (? \) einzugeben.

Das Konfigurationsprogramm lässt sich ausschließlich mit der Tastatur bedienen, weil es zu diesem Zeitpunkt (und generell im Textmodus) keine Mausunterstützung gibt. Für die Selektierung werden die Pfeiltasten und für das Ausführen der jeweiligen Option die Eingabetaste eingesetzt. Mithilfe der Leertaste lassen sich bei einigen Optionen (z.B. change locale) mehrere Optionen markieren, was durch das

Zeichen »*« kenntlich gemacht wird. Über die Tab-Taste wird zu den verschiedenen Auslöse-Buttons (Ok, Cancel, Select, Finish) geschaltet.

Das Konfigurationsprogramm bietet im Prinzip lediglich eine Bedienoberfläche und ruft je nach ausgewählter Option ein weiteres Programm auf, welches die eigentliche Funktion übernimmt und was je nach Komplexität eine geraume Zeit (bis zu mehrere Minuten) in Anspruch nimmt.

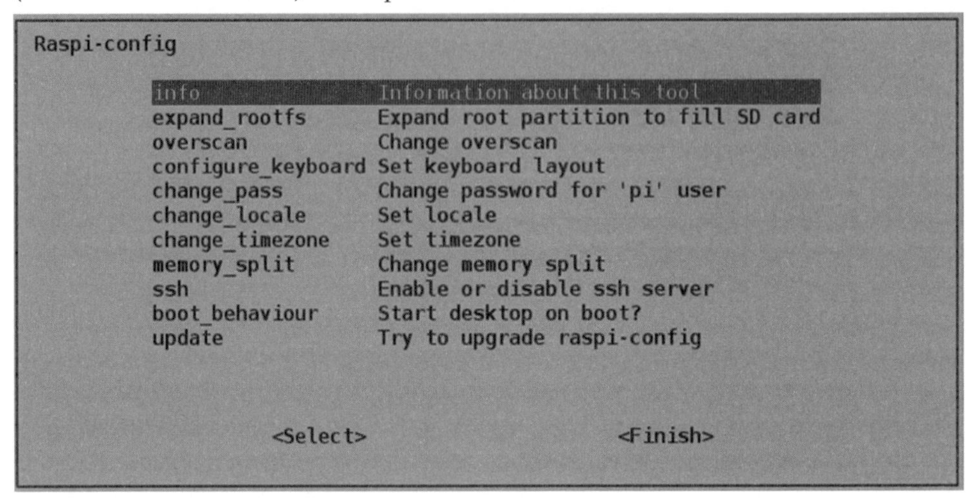

Abbildung 1.15: Dieser Konfigurationsbildschirm erscheint automatisch beim ersten Bootvorgang.

Die an dieser Stelle wichtigste Festlegung betrifft die Länder- und Tastatureinstellung, denn in der Voreinstellung wird davon ausgegangen, dass eine englisch/amerikanische Tastatur zum Einsatz kommt. Falls zunächst keine Konfigurierung erfolgen soll, wird dieser Vorgang einfach durch *Finish* beendet. Es erscheint der *Raspberry Login* (Abbildung 1.16), so dass hier eine Anmeldung verlangt wird. Der zunächst einzige Benutzer lautet pi und das dazugehörige Password: *raspberry*, wobei beim englisch/amerikanischen Layout stattdessen rasberrz einzugeben ist:

```
pi@raspberrypi ~ $ Raspberrypi login: pi
pi@raspberrypi ~ $ Password: raspberrz
```

Jede ausgegebene Kommandozeile beginnt mit `pi@raspberrypi ~ $`, was als Command Prompt zu verstehen ist, und `raspberrypi` ist der so genannte Hostname, der im Bedarfsfall in der Datei `/etc/hostname` geändert werden kann.

Auf dieser Kommandozeilenebene ist die Linux-übliche Bedienung und Ausführung von Kommandos und Programmen gegeben, mit den Besonderheiten der Debian-Distribution. Nach dem Start des grafischen Desktops ist dort eine *Debian Reference* zu finden, die das System und seine Bedienung hinreichend erläutert.

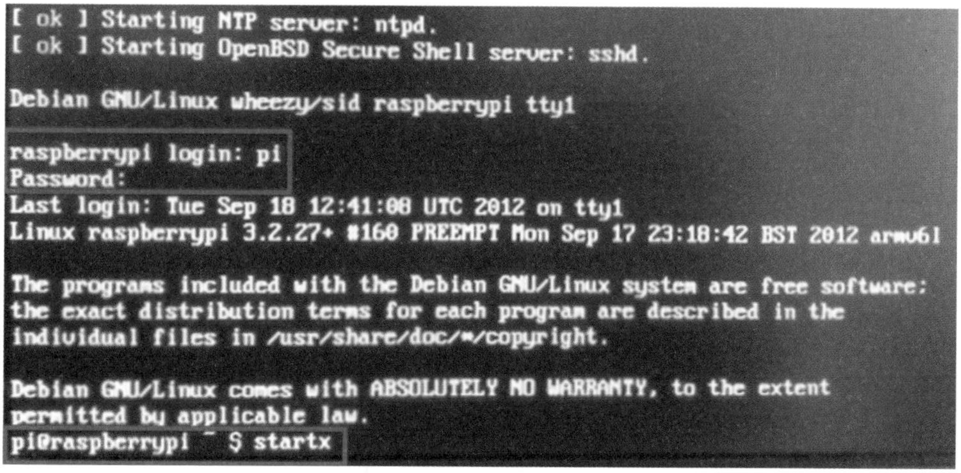

```
[ ok ] Starting NTP server: ntpd.
[ ok ] Starting OpenBSD Secure Shell server: sshd.

Debian GNU/Linux wheezy/sid raspberrypi tty1

raspberrypi login: pi
Password:
Last login: Tue Sep 18 12:41:08 UTC 2012 on tty1
Linux raspberrypi 3.2.27+ #160 PREEMPT Mon Sep 17 23:18:42 BST 2012 armv6l

The programs included with the Debian GNU/Linux system are free software;
the exact distribution terms for each program are described in the
individual files in /usr/share/doc/*/copyright.

Debian GNU/Linux comes with ABSOLUTELY NO WARRANTY, to the extent
permitted by applicable law.
pi@raspberrypi ~ $ startx
```

Abbildung 1.16: Einloggen und Starten des Desktops

Der Desktop wird als LXDE bezeichnet, was für *Lightweight X11 Desktop Environment* steht und eine freie Desktop-Umgebung für Linux und andere verwandte (UNIX) Betriebssysteme darstellt. Bekanntere Umgebungen sind KDE oder Gnome, die allerdings höhere Anforderungen an die Hardware stellen. LXDE ist explizit als »schlankes«, energiesparendes und schnelles System ausgelegt, bei dem die einzelnen Komponenten nur geringe Abhängigkeiten voneinander haben, so dass einzelne Module leicht anpassbar sind. Der Desktop wird gestartet mit:

```
pi@raspberrypi ~ $ startx
```

Daraufhin erscheint der Raspberry Pi-Desktop mit der Himbeere als Mittelpunkt, der sich am besten mit einer Maus bedienen lässt, so dass jetzt der richtige Zeitpunkt gekommen ist, eine Maus an die zweite USB-Buchse anzuschließen. Falls es sich um eine gewöhnliche Standard-USB-Maus (Abbildung 1.7) ohne Adapter und Sonderfunktionen handelt, wird sie üblicherweise sofort erkannt und kann unmittelbar verwendet werden. Die (zusammengewürfelt wirkenden) Programme auf dem Desktop sind typischerweise die folgenden:

- *Scratch*: Eine grafisch orientierte Programmiersprache für Kinder.
- *IDLE*: Eine Entwicklungsumgebung (IDE: Integrated Development Environment) für die Programmiersprache Python.
- *Debian Reference*: Eine recht ausführliche Beschreibung der Debian Linux Distribution.
- *Python Games*: Verschiedene einfache Spielprogramme (Tetris, Sokoban etc.), die an die Klassiker der achtziger Jahre anknüpfen.
- *Midori*: Ein einfacher Web Browser, der auch Private Browsing unterstützt.
- *IDLE3*: Eine neuere Version (3) der Python-Entwicklungsumgebung.

- *WiFi Config*: Konfigurationsprogramm zum Einrichten eines WLAN-Zugangs, was die entsprechende Hardware (WiFi Dongle, Router) erfordert.
- *LXTerminal*: Das Lightweight-Terminal-Programm für die direkte Ausführung von Linux-Kommandos.

Abbildung 1.17: Der LXDE-Desktop

Der Desktop wird durch die Selektierung von Logout (rotes Symbol in der rechten Ecke der Taskleiste) beendet, wodurch man wieder zur die Kommandozeilenebene gelangt. Weil der Raspberry Pi über keinen Ein/Aus-Schalter verfügt, bleibt nur das Ausschalten über eine schaltbare Steckdosenleiste, was meist nicht mit späteren Nachwirkungen (bootet nicht mehr, Daten und oder Programme sind beschädigt) verbunden ist, solange dies von der Kommandozeilenebene aus erfolgt und nicht gerade explizit Programme ausgeführt werden. Besser ist es jedoch, wenn das System vor dem Ausschalten ordnungsgemäß herunter gefahren wird, was beispielsweise mit dem Kommando `halt` ausgelöst wird.

```
pi@raspberrypi ~ $ sudo halt
```

Danach schaltet sich der Raspberry Pi ab und es leuchtet nur noch die Power-LED, so dass jetzt auch die Spannungsversorgung abgeschaltet werden kann.

Bei einigen Befehlen wird `sudo` vorangestellt, was man sich als »super user **do**« vorstellen kann, also dass der betreffende Befehl quasi von einem *Superuser* ausgeführt wird. Ein grundlegendes Prinzip von Linux ist es, dass es als Multiuser-System ausgelegt ist und demnach verschiedene Benutzer kennt, denen unterschiedliche Rechte zugewiesen werden können. Dabei existiert mindestens ein Superuser (Administrator), der als *root* fungiert und dem sämtliche Rechte am System zustehen, d.h., er kann standardmäßig sämtliche Befehle und Konfigurationsarbeiten ausführen, was einem »gewöhnlichen« Benutzer verwehrt bleibt.

Da ein Superuser demnach auch (unabsichtlich) nicht gewollte Systemänderungen vornehmen kann, ist es bei Linux eben nicht üblich, dass jeder Benutzer mit Root-Rechten arbeitet. Statt entweder nur als User oder als Root zu arbeiten, wird es mithilfe von *sudo* ermöglicht, dass bestimmte Anwender Kommandos ausführen können, die Root-Rechte erfordern. Es ist demnach keine vollständige Root-Funktionalität für das System erforderlich. Bei der Distribution, wie sie hier beim Raspberry Pi eingesetzt wird, gehört der Anwender *Pi* automatisch zur sudo-Gruppe, der durch *sudo -s* zum Benutzer »root« befördert werden kann.

1.5 Grundlegende Konfigurierung

Im vorherigen Abschnitt ist kurz das Konfigurationsprogramm `raspi-config` (Abbildung 1.15) erwähnt worden, welches einige wichtige Einstellungsoptionen, wie Länder- und Tastatureinstellungen und einige weniger wichtige (z.B. Boot Behaviour) bietet, die an dieser Stelle der Reihe nach erläutert werden.

1.5.1 Information

Unter *Info* (Information about this Tool) wird lediglich ein Text ausgegeben, der kurz die Funktion des Programms angibt.

1.5.2 Kapazitätsbeschränkung aufheben – Expand Root Partition

Standardmäßig wird das Root-Dateisystem auf maximal 2 GByte beschränkt, demnach kann die durch eine SD-Karte zur Verfügung gestellte größere Kapazität nicht ausgenutzt werden. Durch Selektierung der expand_rootfs-Funktion (Expand root Partition) wird diese Beschränkung aufgehoben, so dass nach einem Neustart der gesamte Speicherplatz der Karte zur Verfügung steht.

1.5.3 Monitorabstimmung – Change Overscan

Overscan stellt eine Abstimmungsfunktion für den Monitor dar, damit die Raspberry Pi-Darstellung auf dem jeweiligen Monitor möglichst optimal erfolgt und das Bild einerseits nicht abgeschnitten und andererseits nicht zu klein wird.

Üblicherweise ist diese Option nur für die Videowiedergabe bzw. bei der Ausgabe über Composite-Video (nicht bei HDMI) von Bedeutung. Bei Overscan passt nicht das gesamte Bild auf den Monitor (es ist zu groß), während bei Underscan nicht die volle Bildschirmgröße ausgenutzt wird (es ist zu klein), so dass ein schwarzer Rahmen um das Bild entsteht.

Die Overscan-Funktion ist direkt im Konfigurationsprogramm verfügbar, während weitere Funktionen für die Video-Anpassung in der Datei /boot/config.txt zugänglich sind. Der Bildbereich kann mit der Overscan-Funktion auch vergrößert werden, indem negative Werte eingegeben werden, bis der Rahmen nicht mehr sichtbar ist.

1.5.4 Tastatureinstellungen – Set Keyboard Layout

Wie erwähnt, wird vom Betriebssystem zunächst davon ausgegangen, dass eine Tastatur mit englisch/amerikanischer Belegung verwendet wird, so dass eine Reihe von Tasten in ihrer Funktion nicht mit der jeweiligen Beschriftung übereinstimmen. Nach der Selektierung von *Configure Keyboard* vergeht eine kurze Zeit, bis eine recht lange Liste mit verschiedenen Tastaturmodellen erscheint. Hier stehen ca. 100 verschiedene Modelle zur Auswahl, wobei man mit dem Typ *Generische PC-Tastatur mit 105 Tasten* (Intl), meist nichts (grob) Falsches ausgewählt hat.

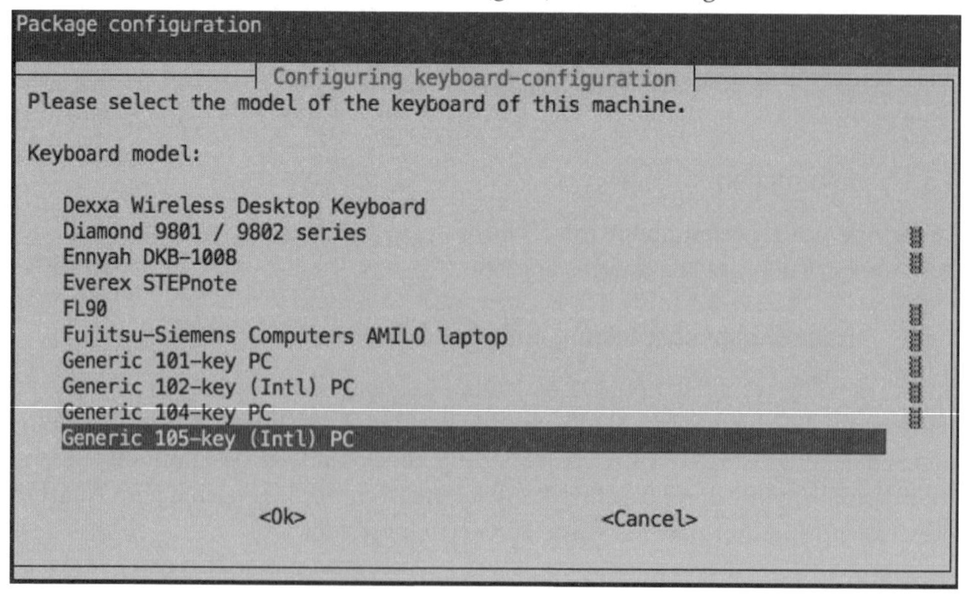

Abbildung 1.18: Auswahl der Tastatur

Danach wird nach der Tastaturbelegung gefragt, die einfach mit *Deutsch* ausgewählt wird, woraufhin noch einige Sonderbelegungen festgelegt werden können, oder es wird einfach *Der Standard für die Tastaturbelegung* und nachfolgend *Keine Compose-Taste* gewählt.

Wichtiger erscheint noch die letzte Möglichkeit an dieser Stelle, nämlich ob die Tastenkombination Strg+Alt+Entf zum Beenden des X-Servers und damit zum Herunterfahren des LXDE-Desktops führen soll, was letztendlich Geschmackssache ist, gleichwohl eine vertraute Funktion darstellt und deshalb mit *Ja* selektiert werden kann, womit die Tastatur-Konfigurierung beendet ist.

1.5.5 Password ändern – Change Password

Mit dieser Option kann das Password für den Benutzeruser *Pi,* welches von Hause aus *raspberry* lautet, geändert werden. Die Eingabezeilen erscheinen dabei unterhalb des Menübildschirmes.

Grundsätzlich ist bei Linux die Groß- und Kleinschreibung zu beachten. Sonderzeichen sollten zumindest in der Experimentierphase nicht verwendet werden, weil dies möglicherweise mit einer abweichenden Tastaturbelegung (englisch/amerikanisch) zu Problemen führen kann. Nachdem das neue Password, an das keine besonderen Komplexitätsanforderungen gestellt werden, eingegeben worden ist, ist noch eine Bestätigung notwendig, womit dieser Vorgang beendet ist.

1.5.6 Nationale Zeichensätze – Set Locale

Diese Option (change locale, set locale) trägt eine vielleicht etwas unklare Bezeichnung, denn sie ist für das Laden von nationalen Zeichensätzen zuständig, also für die Ländereinstellungen, die hier nicht für die Tastatur (siehe Configure Keyboard), sondern für Anwendungen und Menütexte mit dem LXDE-Desktop von Bedeutung sind, was auch als Standortfestlegung bezeichnet wird. Dabei sind mehrere Zeichensätze mit der Leertaste selektierbar. Im Bedarfsfall kann dann später zwischen ihnen umgeschaltet werden.

Die Umschaltung ist sofort auf der zweiten Menüseite der Change locale-Option möglich oder unter dem LXDE-Desktop mit einem optionalen Displaymanager (Slim). Der passende Zeichensatz für Deutschland ist: *de_DE.UTF-8 UTF-8*. Nach der entsprechenden Konfigurierung und dem Start des LXDE-Desktops erscheint dieser dann automatisch mit deutschen Bezeichnungen.

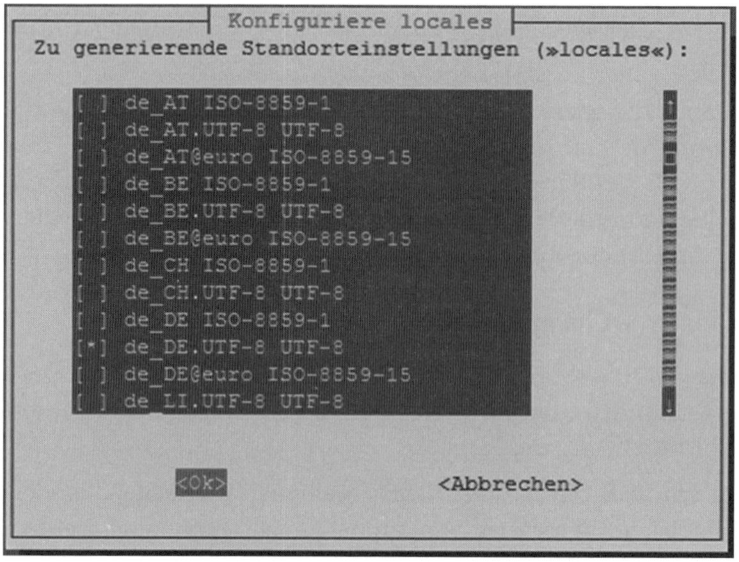

```
Konfiguriere locales
Zu generierende Standorteinstellungen (»locales«):

[ ] de_AT ISO-8859-1
[ ] de_AT.UTF-8 UTF-8
[ ] de_AT@euro ISO-8859-15
[ ] de_BE ISO-8859-1
[ ] de_BE.UTF-8 UTF-8
[ ] de_BE@euro ISO-8859-15
[ ] de_CH ISO-8859-1
[ ] de_CH.UTF-8 UTF-8
[ ] de_DE ISO-8859-1
[*] de_DE.UTF-8 UTF-8
[ ] de_DE@euro ISO-8859-15
[ ] de_LI.UTF-8 UTF-8

<Ok>                    <Abbrechen>
```

Abbildung 1.19: Auswahl des deutschen Zeichensatzes

1.5.7 Gebiet und Zeitzone – Set Timezone

Auf der ersten Seite dieser Option (Change Timezone, Set Timezone) wird das geografische Gebiet (Europa) und auf der zweiten die Zeitzone (Berlin) ausgewählt. Die Möglichkeit für das Stellen der Uhr oder des Datums ist an dieser Stelle hingegen nicht zu finden, weil der Raspberry Pi keine Echtzeituhr besitzt, diese müsste auch im ausgeschalteten Zustand weiterlaufen, wofür kein Akku oder eine Batterie vorhanden ist. Im Kapitel 6.4 ist eine Applikation gezeigt, die eine Echtzeituhr beinhaltet.

Datum und Uhrzeit lassen sich anzeigen mit:

```
pi@raspberrypi ~ $ date
```

Dabei hat diese Angabe zunächst einmal nichts mit den aktuellen Zeitdaten zu tun. Gleichwohl sind Datum und Zeit wichtige Kriterien, auf die sich Installationen sowie alle möglichen Dateien (Logdaten) und Programmfunktionen beziehen. Ein manuelles Stellen ist möglich, etwa mit:

```
pi@raspberrypi ~ $ sudo date -s "11 march 2013 18:45:00"
```

Datum und Uhrzeit nach jedem Start des Raspberry Pi manuell setzen zu müssen, ist umständlich und ungenau. Die Lösung hierfür ist eine Internet-Verbindung (siehe auch Kapitel 4.8), die die Daten nach jedem Boot automatisch von einem Zeitserver (z.B. NTP) bezieht. Eine spezielle Konfigurierung ist hierfür nicht notwendig.

1.5.8 Speicheraufteilung – Set Memory Split

Der Raspberry Pi verfügt über 256 MByte oder über 512 MByte an SDRAM-Speicher, der automatisch zwischen dem Prozessor (CPU) und der Grafikeinheit (GPU) aufgeteilt wird. Standardmäßig werden 192 MByte für die CPU und 64 MByte für die CPU reserviert, und zwar möglicherweise auch dann, wenn nicht nur 256 MByte eingebaut sind, sondern sogar 512 MByte. In diesem Fall liegt die Hälfte des Speichers brach, was dann an einem veralteten Boot-Loader liegt, der nur die ältere 256 MByte-Version (das erste Modell B) kennt. Deshalb ist eine Aktualisierung notwendig, mit der sich auch noch einige weitere Probleme aus der Welt schaffen lassen, was durch ein Firmware-Update (siehe Kapitel 2.6.2) zu bewerkstelligen ist.

Falls der Raspberry Pi für grafikintensive Anwendungen (CAD, Video, Blu-Ray-Wiedergabe) eingesetzt wird, empfiehlt es sich, dem Video Core mehr Speicher zuzuteilen, während der Raspberry Pi als Server nur relativ wenig Grafikspeicher benötigt und deshalb eher von mehr CPU-Speicher profitiert.

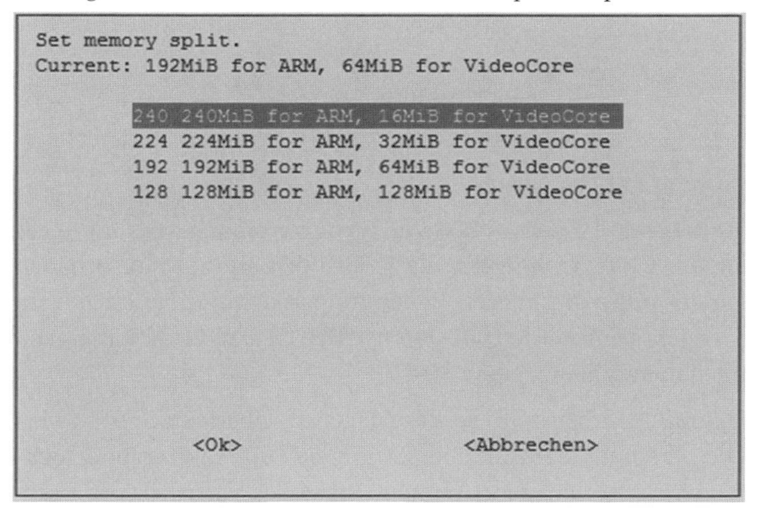

Abbildung 1.20: Aufteilung des internen Speichers zwischen CPU und GPU

1.5.9 Übertakten – Configure Overclocking

Das Übertakten eines Prozessors (Overclocking) ist gerade aus dem PC-Bereich eine bekannte, wenn auch nicht ungefährliche Methode, um eine schnellere Funktionsausführung zu ermöglichen. Deshalb mag es etwas verwunderlich sein, dass sich eine derartige Tuning-Maßnahme bei den grundlegenden Einstellungen befindet.

Der Standardtakt beträgt 700 MHz, der sich hier per Menüeinstellung in vier Stufen bis auf 1 GHz erhöhen lässt. Ausgehend von diesem Takt werden einzelne Komponenten (Core, SDRAM) des Broadcom BCM2835 ebenfalls mit einem unterschiedlich erhöhten Takt betrieben. Die einzelnen Frequenzen werden Chip-intern durch Taktvervielfachung alle aus dem externen Takt (Kapitel 3.8.1) von 19,2 MHz gewonnen.

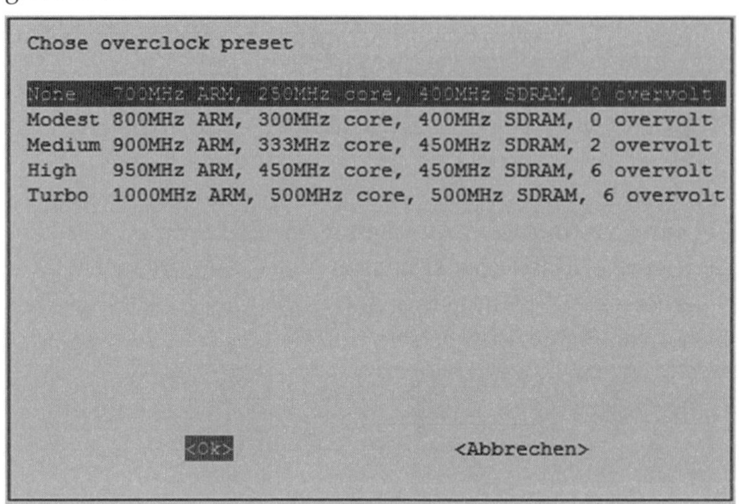

Abbildung 1.21: Optionen für das Übertakten

Generell bedeutet ein höherer Takt einen höheren Stromverbrauch, was mit einer stärkeren Erwärmung des Chips einhergeht, der jedoch erst ab ca. 85 °C Schaden nehmen kann. Außerdem muss die interne Versorgungsspannung bei einer Takterhöhung ebenfalls angehoben werden, die vom CPU-Treiber in Abhängigkeit von der Taktfrequenz dynamisch angepasst wird.

Mit den vom Konfigurationsprogramm vorgeschlagenen Übertaktungsoptionen geht man demnach kein besonderes Risiko ein. Wenn sich die Taktfrequenz dennoch als zu hoch erweisen sollte, was sich durch ein instabiles Verhalten des Raspberry Pi bemerkbar macht, ist beim erneuten Boot lediglich die Shift-Taste gedrückt zu halten, wodurch die Normaleinstellung wieder aktiviert wird. Zu beachten ist beim Übertakten und dem damit erhöhten Stromverbrauch, dass das angeschlossene USB-Netzteil den zusätzlichen Strom auch liefern kann und die 5 V-Spannung nicht zusammenbricht.

Benchmarks haben gezeigt, dass insbesondere die SDRAM-Speicherzugriffe von einem erhöhten Takt profitieren und dass Integer- und Floating-Point-Berechnungen bei 1 GHz fast doppelt so schnell wie bei 700 MHz ausgeführt werden, so dass es – je nach Anwendung – Sinn machen kann, sich (später) etwas intensiver mit dem Overclocking zu beschäftigen.

1.5.10 Secure Shell aktivieren – SSH Enable

SSH steht für *Secure Shell* und ist eine Standardapplikation für den sicheren Datenaustausch zwischen zwei Computern, in diesem Fall, um etwa mit einem PC auf den Raspberry Pi zugreifen zu können oder auch umgekehrt. SSH benötigt stets einen Server und als Gegenpart einen Client.

Mit der hier erläuterten SSH-Option kann der SSH-Server auf dem Raspberry Pi aktiviert (Enable) oder deaktiviert (Disable) werden. Um die Funktion nutzen zu können, ist natürlich eine Netzwerkverbindung zwischen den beiden SSH-Teilnehmern notwendig, der Ethernet- oder der (optionale) WLAN-Adapter muss über eine zugeteilte IP-Adresse verfügen. Wie die Netzwerkfunktionen eingestellt werden können, ist im Kapitel 4.8.5 genauer erläutert. An dieser Stelle wird deshalb nur eine kurze Erläuterung hierzu gegeben.

Standardmäßig wird dem Ethernet-Adapter des Raspberry Pi von einem im Netzwerk befindlichen Router oder Server automatisch eine IP-Adresse per DHCP zugeteilt. Im Privatbereich entspricht der Router typischerweise dem xDSL-Modem, welches außerdem einen Switch und eine Routerfunktion besitzt, während im professionellen Bereich DHCP (wenn überhaupt) von einem Server ausgeführt wird.

Im einfachsten Fall ist im Privatbereich deshalb nur sicherzustellen, dass die DHCP-Funktion tatsächlich im Router aktiviert ist, der Raspberry Pi wird lediglich über ein Twisted Pair-Kabel mit dem (Switch im) Router verbunden. Daraufhin werden möglicherweise gleich die drei Leuchtdioden (LNK, FDX, 100) für die Netzwerkstatusanzeige (siehe Abbildung 1.13) aktiv. Danach ist ein Neuboot des Raspberry Pi auszulösen (sudo reboot) und es erscheint am Ende des Bootvorgangs vor dem Login eine neue Zeile:

```
[ ok ] Starting OpenBSD Secure Shell server: sshd
My IP address is 192.168.0.50
```

Die per DHCP zugeteilte IP-Adresse ist demnach 192.168.0.50. Auf einem PC, der sich im gleichen LAN befindet wie der Raspberry Pi, ist noch ein Programm notwendig, welches als SSH-Client fungieren kann. Sehr verbreitet ist für Windows, welches keine eigene SSH-Funktionalität besitzt, das Programm Putty, bei dem zur Verbindung lediglich die IP-Adresse des Raspberry Pi einzugeben und der Open-Button zu betätigen ist, womit die Verbindung bereits hergestellt ist.

Dann lässt sich der Rasberry Pi bequemer vom PC aus über diese SSH-Verbindung bedienen und auch konfigurieren, denn alle üblichen Kommandozeilen-Programme funktionieren wie gewohnt, was auch für raspi-config gilt.

Für die korrekte (Sonder-) Zeichendarstellung im Terminalfenster ist möglicherweise noch eine Anpassung notwendig, die sich bei PuTTY über *Window - Transla-*

tion und beispielsweise der Auswahl von UTF-8 festlegen lässt. Die Ausführung der grafischen Oberfläche, also des LXDE-Desktop, ist allerdings nicht per SSH möglich. Wenn im Terminalfenster *startx* angeben wird, startet der LXDE-Desktop stattdessen auf dem Monitor des Raspberry Pi.

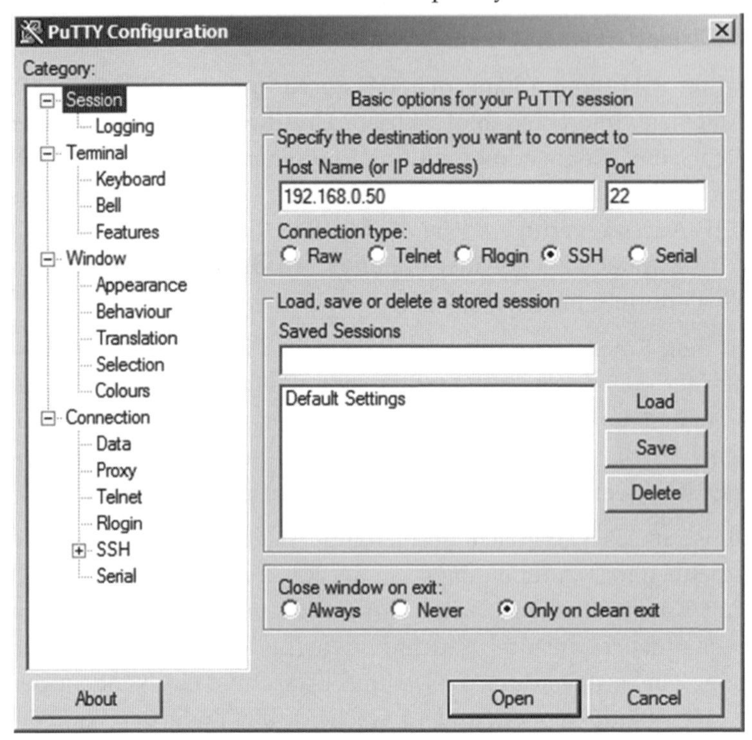

Abbildung 1.22: Auf einem Windows-PC wird mit dem Programm PuTTY eine Verbindung zum Raspberry Pi hergestellt.

Mithilfe von PuTTY ist es demnach einfach möglich, den Raspberry Pi auch ohne Monitor und Tastatur betreiben zu können. Falls es nicht ausreichen sollte, dass auf dem PC lediglich ein Textterminal zur Verfügung steht und der Raspberry Pi-Desktop inklusive Maus- und Tastaturfunktion ferngesteuert werden soll, ist ein Programm wie VNC (Virtual Network Computing) notwendig, und zwar auch wieder in einer Client- und einer Serverversion. Im Kapitel 4.8.8 wird diese Thematik näher behandelt.

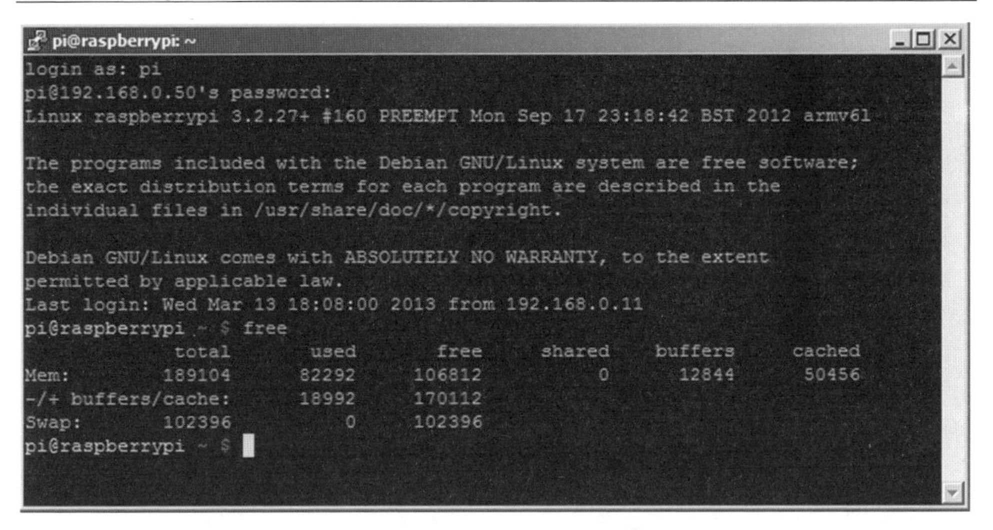

Abbildung 1.23: Der Raspberry Pi funktioniert im Terminalfenster genauso wie lokal. Hier wird zum Test der Befehl für die Ermittlung der Speicherbelegung angewendet.

1.5.11 Desktop automatisch starten – Boot Behaviour

In diesem Menü (Boot Behaviour/Start Desktop an Boot?) ist lediglich die Frage zu beantworten, ob der Desktop (LXDE) beim Boot gestartet werden soll oder nicht. Wenn ja, wird das Kommando *startx* automatisch aufgerufen und der Desktop geladen, was letztendlich davon abhängt, ob man eher auf der Kommandozeile oder mit dem Desktop arbeitet.

1.5.12 Config-Aktualisierung – Update

Die Update-Funktion (try to upgrade raspi-config) ist natürlich nur dann möglich, wenn eine Netzwerkverbindung mit einer Verbindung zum Internet vorhanden ist. Unmittelbar und ohne eine weitere Abfrage wird dann nach Betätigung dieser Option ein Update des Konfigurationsprogramms ausgeführt, wobei die bisher hiermit getätigten Einstellungen weiterhin gelten. Es handelt sich hier also lediglich um ein Update von raspi-config und nicht das Systems oder der Firmware, was im Kapitel 2.6.2 erläutert ist.

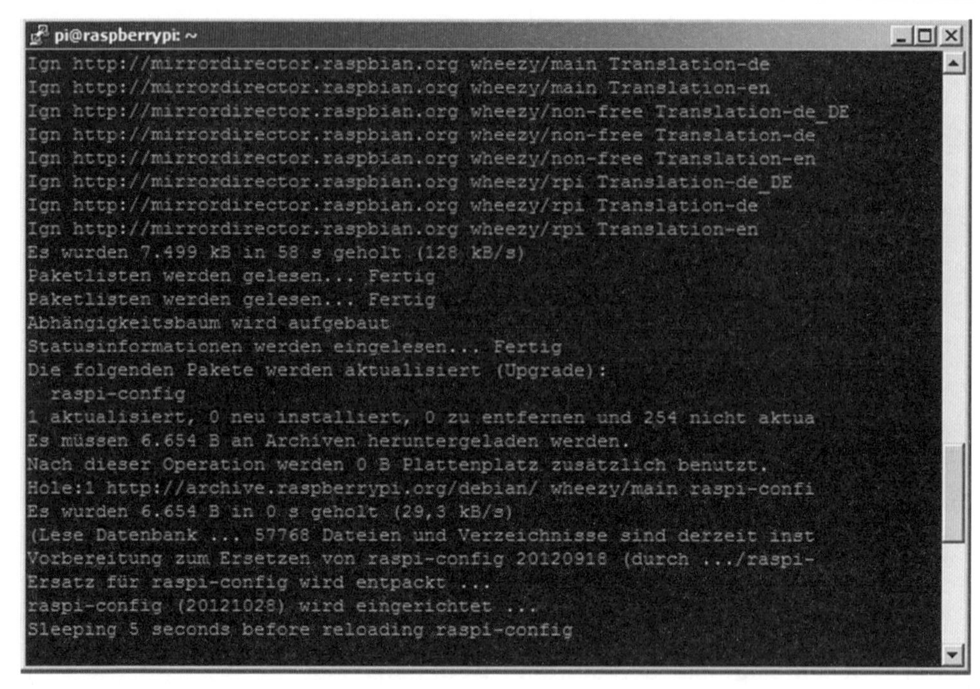

Abbildung 1.24: Ein Update von raspi-config ist schnell absolviert.

2 Software

In diesem Kapitel werden einige grundlegende Dinge für den Umgang mit Software für den Raspberry Pi erläutert. Als Festspeicher für die Software wird die eingesetzte SD-Karte (2 - 32 GByte) verwendet. Darauf befinden sich verschiedene Partitionen, die während der Installation des Betriebssystems angelegt worden sind. Das Standardbetriebssystem für den Raspberry Pi ist *Debian Wheezy*, bei dem es sich um eine speziell angepasste Version für den Raspberry Pi – mithin den Broadcom BCM2835 – handelt.

Debian Wheezy, auch als *Raspbian* bezeichnet, lässt sich verhältnismäßig einfach konfigurieren und einsetzen, wie es im vorherigen Kapitel gezeigt wurde. Es unterstützt auch die *Floating Point Unit* des BCM 2835 standardmäßig, was bei anderen Systemen, etwa bei Debian Squezze, nicht der Fall ist. Debian Wheezy stellt gewissermaßen das Allround-System für den Raspberry Pi ohne Spezialisierung auf bestimmte Applikationsschwerpunkte dar, während etwa Debian Squezze einer ursprünglicheren Debian-Version gleichkommt, die sich eher an den Linux-Experten richtet, der vorwiegend Hardware-orientierte Anwendungen verfolgt. Näheres zu den verschiedenen Betriebssystemen, die sich für den Raspberry Pi eignen. Für welche speziellen Anwendungen sie explizit vorgesehen sind, ist im Kapitel 4 erläutert.

2.1 Dateisystem und erste Software-Installation

Um sich einen ersten (groben) Überblick über das Dateisystem und die Daten auf der SD-Karte zu verschaffen, empfiehlt sich die Anwendung des Befehls *df*, was für *Disk Free* steht und mehrere Optionen kennt. Welche dies im Einzelnen sind, lässt sich durch das Voranstellen des Kürzels *man*, was für Manual, also Anleitung steht, herausfinden, was ganz allgemein für die üblichen Linux-Befehle gilt.

```
pi@raspberrypi ~ $ man df
DF(1)                          User Commands                         DF(1)

NAME
       df - report file system disk space usage

SYNOPSIS
       df [OPTION]... [FILE]...

DESCRIPTION
       This  manual  page  documents  the  GNU version of df.  df displays the
       amount of disk space available on the file system containing each  file
       name  argument.   If  no file name is given, the space available on all
       currently mounted file systems is shown.  Disk space  is  shown  in  1K
       blocks  by  default, unless the environment variable POSIXLY_CORRECT is
       set, in which case 512-byte blocks are used.

       If an argument is the absolute file name of a disk device node contain□
       ing  a  mounted  file system, df shows the space available on that file
       system rather than on the file system containing the device node (which
       is  always  the  root file system).  This version of df cannot show the
       space available on unmounted file systems, because  on  most  kinds  of
       systems  doing  so requires very nonportable intimate knowledge of file
       system structures.

OPTIONS
       Show information about the file system on which each FILE  resides,  or
       all file systems by default.

       Mandatory  arguments  to  long  options are mandatory for short options
       too.

       -a, --all
              include dummy file systems

       -B, --block-size=SIZE
              scale sizes by SIZE before printing them.   E.g.,   `-BM'  prints
              sizes in units of 1,048,576 bytes.  See SIZE format below.

       --total
              produce a grand total

       -h, --human-readable
              print sizes in human readable format (e.g., 1K 234M 2G)

       -H, --si
              likewise, but use powers of 1000 not 1024

       -i, --inodes
              list inode information instead of block usage
```

Abbildung 2.1: Zu jedem gewöhnlichen Linux-Befehl gibt es eine Erläuterung oder Hilfedatei, indem dem jeweiligen Befehl »man« vorangestellt wird.

Mit der Option *-h* wird beim df-Befehl eine einfache Ausgabe (human readable) erreicht, wie es in der Abbildung 2.2 zu erkennen ist. Die Überschrift der ausgegebenen Tabelle kennzeichnet die gesamte Größe einer Partition (in Gigabyte), *Be-*

nutzt gibt an, wie viel davon in Gebrauch sind, *Verf.* Zeigt, wie viel Speicher noch zur Verfügung steht, gefolgt von einer Prozentangabe für die aktuelle Verwendung (*Verw%*) und an welcher Stelle die Partitionen oder Verzeichnisse *eingehängt* sind. Der Begriff »eingehängt« soll besagen, an welcher Stelle des Dateisystems die Verzeichnisse oder Partitionen lokalisiert sind, es handelt sich dabei gewissermaßen um eine Pfadangabe, auch wenn es sich dabei nicht um Pfade oder Verzeichnisse handelt wie sie von DOS oder Windows her bekannt sind. Die Laufwerke werden unter Linux stets »gemountet«, d.h., sie werden in den Dateibaum unter Linux eingehängt (mount /dev/sdd1) und können dement-sprechend auch wieder aus dem Dateibaum herausgenommen werden (umount /dev/sdd1).

```
pi@raspberrypi ~ $ df -h
Dateisystem     Größe Benutzt Verf. Verw% Eingehängt auf
rootfs           3,6G    1,3G  2,2G   39% /
/dev/root        3,6G    1,3G  2,2G   39% /
devtmpfs          93M       0   93M    0% /dev
tmpfs             19M    232K   19M    2% /run
tmpfs            5,0M       0  5,0M    0% /run/lock
tmpfs             37M       0   37M    0% /run/shm
/dev/mmcblk0p1    56M     36M   21M   63% /boot
```

Abbildung 2.2: Die Belegung der 4 GByte-SD Card

Unter Linux werden alle Geräte wie Festplatten oder Schnittstellen als Dateien bzw. Verzeichnisse geführt. Die hierfür geltenden Bezeichnungen sind mehr oder weniger standardisiert. Es gibt hier generell kein Laufwerk A: (Diskettenlaufwerk) oder ein Laufwerk C: (Festplatte), sondern spezielle Bezeichnungen, wie beispielsweise */dev/fd0* für ein Diskettenlaufwerk oder /dev/hda für eine Festplatte. Beides ist beim Raspberry Pi nicht vorhanden, sondern nur die SD-Karte, die als */dev/root* und */dev/mmcblk0p1* auftaucht, wobei letzteres der Boot-Partition entspricht. Die Bezeichnung »mmcblk0p1« ist während der Installation des Betriebssystems angelegt worden und könnte auch eine einfachere Bezeichnung wie eben sdd1 oder sda tragen. Falls (später) weitere Laufwerke hinzugefügt werden, was beispielsweise ein USB-Stick sein kann, wird das zugrunde gelegte Bezeichnungsschema weitergeführt. Das Laufwerk erhält eine Bezeichnung wie *sdd2, sdb* oder eben *mmcblk0p2* und kann über das Mounten (mount /dev/sdd2) in den Linux-Dateibaum eingehängt werden.

Nur der Boot-Teil mit 56 MByte (vgl. Abbildung 2.2 und 2.3), wovon 36 MByte belegt sind, lässt sich auch unter einem anderen Betriebssystem wie Windows anzeigen. Einige Dateien (z.B. config.txt) können dann auch mit einem Editor gelesen und angepasst werden. Die Boot-Partition ist im üblichen FAT32-Format (File Allocation Table) angelegt, während der Rest von 3,64 GByte das – für Windows nicht lesbare – Linux-Format (ext4) verwendet.

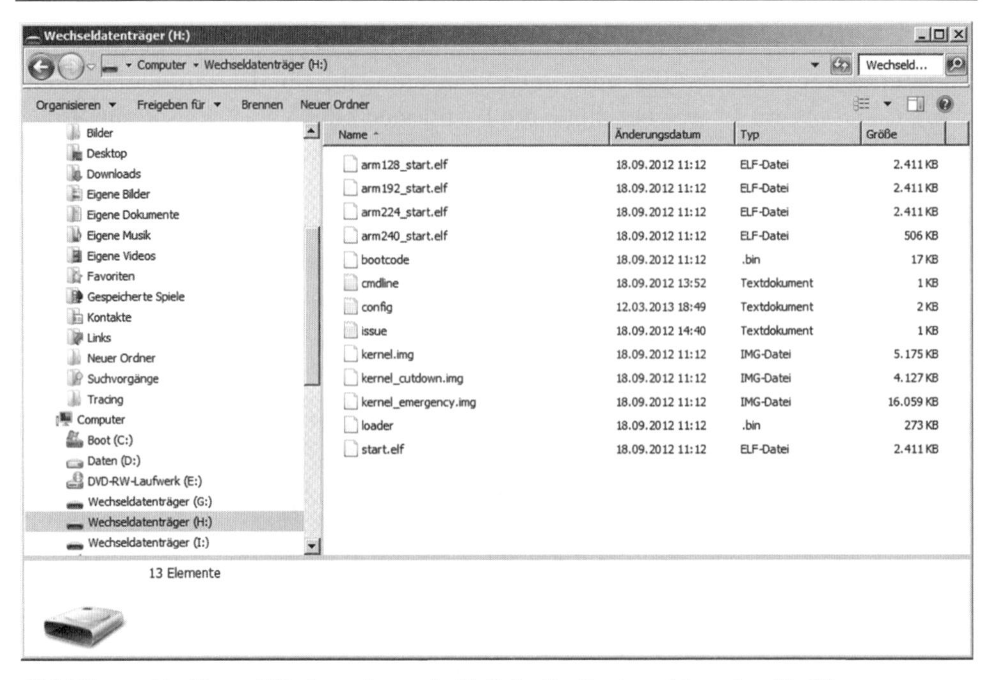

Abbildung 2.3: Unter Windows kann lediglich die Bootpartition der für Linux vorgesehenen SD-Karte angezeigt werden.

Neben der Boot-Partition gibt es demnach die Linux-Partition */dev/root* (Abbildung 2.2), dort sind mehrere tmp-Pfade »eingehängt«, wobei die mit »run« bezeichneten während der Laufzeit erzeugt werden; dies sind also keine physikalisch vorhandenen, sondern sie werden automatisch im SDRAM-Speicher erzeugt und verwaltet und entsprechend in den Linux-Dateibaum eingehängt. Alle weiteren Partitionen werden grundsätzlich unterhalb des Root-Verzeichnisses eingehängt, wodurch sich die Baumstruktur ergibt, die mit dem Befehl tree angezeigt werden kann. Standardmäßig ist *tree* bei Raspian nicht installiert, was mit der folgenden Zeile bei vorhandener Internet-Verbindung nachgeholt werden kann:

```
pi@raspberrypi ~ $ sudo apt-get install tree
```

Hier wird bereits ein neues Programm auf dem System installiert, was mithilfe des *Advanced Packaging Tool* (APT) erfolgt. Dies ist ein Paketmanager, der das Werkzeug schlechthin für das Hinzufügen, Aktualisieren und Entfernen von Software darstellt. Grundsätzlich sollte sich die Softwaredatenbank (*Repository* siehe Kapitel 2.5) stets auf aktuellem Stand befinden, damit Software-Installationen korrekt funktionieren, weshalb die folgende Zeile stets vor jedem Install-Vorgang auszuführen ist:

```
pi@raspberrypi ~ $ sudo apt-get update
```

der beide Zeilen bzw. Befehle werden zusammengefasst mit:

```
pi@raspberrypi ~ $ sudo apt-get update && apt-get install tree
```

Im Laufe des Buches wird dieses Tool noch des Öfteren eingesetzt, es wird auch noch etwas genauer darauf eingegangen (siehe Kapitel 2.5), während im Folgenden einige grundlegende Dinge zu Linux erläutert werden.

2.2 Verzeichnisstruktur

Wie jedes Betriebssystem kennt auch Linux Dateien und Verzeichnisse, wobei hier Ähnlichkeiten zu DOS nicht von ungefähr kommen, denn DOS stellt gewissermaßen ein stark abgemagertes UNIX dar – und Linux ist eine UNIX-Variante.

DOS kennt allerdings weder Multitasking noch einen Multiuser-Betrieb und bringt standardmäßig auch keinerlei Netzwerkunterstützung mit. Außerdem unterliegt Linux nicht der 8.3-Bezeichnungskonvention (d.h. die Bezeichnung einer Datei darf hier nur aus maximal 8 Buchstaben plus einer dreistelligen Endung wie etwa *.doc* oder *.com* bestehen). Es wird generell zwischen der Groß- und Kleinschreibung unterschieden, was DOS- und auch Windows-Anwender als Linux-Einsteiger immer wieder zu fehlerhaften Angaben verführt.

Spezielle Endungen (Extensions) für ausführbare Dateien gibt es bei Linux nicht, diese werden hier durch einen Stern (*) gekennzeichnet. Ein weiterer wichtiger Unterschied zu DOS ist die Angabe von Pfaden bzw. Unterverzeichnissen. Um unter DOS zu einem Unterverzeichnis *Briefe* im Verzeichnis Texte zu wechseln, wäre *cd \texte\briefe* einzugeben, während dies unter Linux mit *cd /texte/briefe* zu erledigen ist. Statt des Backslash »\« wird also der Schrägstrich »/« verwendet. Dies sollte man keineswegs verwechseln, da es schwerwiegende Konsequenzen haben kann, etwa bei der Verzeichnis-weisen Umbenennung von Dateien oder der Veränderung von Dateiattributen.

Die folgende Tabelle zeigt die bei Linux vorhandenen Verzeichnisse, wie sie auch bei Wheezy (Raspbian) vorhanden sind, mit einer kurzen Erläuterung zu den wesentlichen Inhalten. In Abhängigkeit von der jeweiligen Distribution kann es noch weitere Verzeichnisse geben, oder, es sind möglicherweise auch einige nicht vorhanden, oder einige sind auch leer, was für das grundlegende Verständnis aber keine Rolle spielt.

Tabelle 2.1: Verzeichnisse unter Linux und was sie im Wesentlichen beinhalten

Verzeichnis	Bedeutung	Bedeutung/Inhalt
/..	Verzeichnis	Das Hauptverzeichnis, welches alle anderen als Unterverzeichnisse enthält.
/bin	Binary	Enthält die für alle Benutzer zugänglichen Befehle sowie Binärfiles für den Desktop.
/boot	Boot	Bootsektorinformationen und die Kernel-Dateien. Im Grunde genommen sind hier alle Daten zu finden, die für den Systemstart benötigt werden.
/dev	Devices	Hier sind die Gerätedateien (Treiber) der Linux-Distribution abgelegt. Sie erlauben den direkten Zugriff auf bestimmte Hard- und Software-Funktionen (z.B. Sound, HDMI).
/etc	Ecetera	Enthält Informations- und Konfigurationsdateien, wie z.B. für die Hardware- und Benutzerverwaltung und die verschlüsselten Passwörter.
/home	Home Directories	Dieses Verzeichnis enthält für jeden im System eingerichteten Benutzer ein eigenes Unterverzeichnis. Standardmäßig existiert hier zunächst nur der User pi.
/lib	Library	Hier sind die verschiedenen Bibliotheken zu finden, die erst dann (zur Laufzeit) geladen werden, wenn sie von einer Anwendung benötigt werden.
/lost+found	Lost and Found	Dient als »Papierkorb« für Dateien, die noch im System vorhanden sind, aber deren Verzeichniseinträge gelöscht worden sind. Der direkte Zugriff ist automatisch nur dem User root gestattet.
/media	Media	Ein spezielles Verzeichnis für das Mounten von Wechseldatenträgern wie USB-Sticks oder CD/DVD-Laufwerken.
/mnt	Mount	Dies ist das allgemeine Verzeichnis für die Aufnahme von Dateisystemen, die im System »gemountet« werden.
/opt	Optional	Hier wird zusätzliche Software gespeichert, die nicht direkter Bestandteil des Betriebssystems ist.
/proc	Processes	Enthält Informationen über die Konfiguration (z.B. CPU-Typ, USB-Devices) und laufende Prozesse, die von Programmen ausgewertet werden können.
/root	Root	Das Verzeichnis des Benutzers root.

Verzeichnis	Bedeutung	Bedeutung/Inhalt
/run	Run	In diesem Verzeichnis werden zur Laufzeit benötigte Daten abgelegt, die in /tmp nicht sicher genug sind, weil sie dort versehentlich gelöscht werden könnten.
/sbin	System Binary	Programme für die System- und Benutzerverwaltung sowie diverse Systemdienste, die für die Administration (root) vorgesehen sind.
/selinux	Security Enhanced	Optionale spezielle Sicherheitsprogramme. Typischerweise ist dieses Verzeichnis leer.
/srv	Services	Hier befinden sich Daten, die von Diensten des Systems stammen. Falls keine Server-Dienste wie ein Web- oder FTP-Server genutzt werden, ist das Verzeichnis leer.
/tmp	Temporary	Ein temporäres Verzeichnis für die vorübergehende Ablage von Daten.
/usr	User	In diesem Verzeichnis ist der größte Anteil der installierten Software zu finden. Die hier lokalisierten Unterverzeichnisse wie /usr/bin oder /usr/lib entsprechen in ihren Funktionen in großen Teilen denjenigen Verzeichnissen, die auch direkt zugänglich sind, und ergänzen sich gewissermaßen.
/var	Variables	Dieses Verzeichnis enthält Konfigurationsdateien und auch veränderbare Anteile des Betriebssystems.

Wie erwähnt, stellt das Kommando *tree* den Verzeichnisbaum dar, der in Abhängigkeit von dem Verzeichnis, von dem er gerade aufgerufen wird, mehr oder weniger ausführlich erscheint, wobei es auch hierfür wieder einige Optionen (siehe *man tree*) gibt. Beispielsweise werden durch die Option *-d* nur die Verzeichnisse, nicht jedoch die darin befindlichen Daten angezeigt.

Die Textausgabe ist bei vielen Befehlen oftmals länger als eine Bildschirmseite, so dass der Text möglicherweise seitenweise »vorbeirauscht«, was dementsprechend auch für die Tree-Ausgabe gilt, Damit eine Ausgabe seitenweise erfolgt, kann dem jeweiligen Befehl das Zeichen »|« (Altgr + <) nachgestellt werden, woraufhin die Anzeige nach jeder Seite anhält (More) und erst durch eine Tastenbetätigung die nächste erscheint.

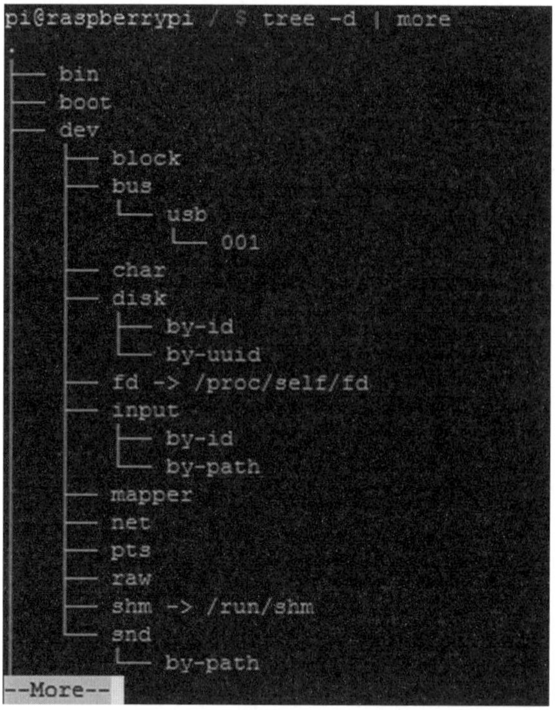

```
pi@raspberrypi / $ tree -d | more
.
├── bin
├── boot
├── dev
│   ├── block
│   ├── bus
│   │   └── usb
│   │       └── 001
│   ├── char
│   ├── disk
│   │   ├── by-id
│   │   └── by-uuid
│   ├── fd -> /proc/self/fd
│   ├── input
│   │   ├── by-id
│   │   └── by-path
│   ├── mapper
│   ├── net
│   ├── pts
│   ├── raw
│   ├── shm -> /run/shm
│   └── snd
│       └── by-path
--More--
```

Abbildung 2.4: Seitenweise Anzeige des Verzeichnisbaumes mit tree

2.3 Linux-Orientierung und Befehle

Das beim Raspberry Pi standardmäßig verwendete Betriebssystem ist Wheezy (Raspbian), welches einer angepassten Debian-Linux-Version (von Squezze Version 6) entspricht. Die verschiedenen Linux-Distributionen, wie beispielsweise Ubuntu, welches ebenfalls auf Debian basiert, oder Red-Hat oder auch SuSE haben alle einen gemeinsamen Linux-Kern, der in Abhängigkeit von der jeweiligen Distribution über unterschiedliche Programme, Werkzeuge und besondere Ausstattungsmerkmale verfügt.

Deshalb sind die meisten der grundlegenden Befehle auf der Kommandozeile (Terminalmodus) bei allen Linux-Versionen gleich und gehorchen dem zuvor erläuterten Partitions- und Verzeichnisgefüge, wodurch der Raspberry Pi für Linux-Kenner eine vertraute Umgebung bietet. Für alle anderen Benutzer werden in diesem Kapitel einige nützliche Linux-spezifische Dinge zusammengefasst dargestellt.

- *Kommandozeilen-Historie*: Die eingegebenen Kommandozeilen werden in einer Command History-Liste geführt, so dass sie ganz einfach über die Betätigung der Pfeil-Auf-Taste » ↑« erneut zur Verfügung stehen. Die Liste reicht mit ca. 100 Einträgen über verschiedene Sessions hinweg und ist als Datei *bash_history* unter */home/pi* zu finden. Mit der Pfeil-Ab-Taste » ↓« bewegt man sich in der Liste wieder in Vorwärtsrichtung.

- *Kommandozeilen-Komplettierung*: Kommandos sowie auch Pfade und Dateinamen müssen nicht stets ausgeschrieben werden, sondern es reicht die Eingabe der Anfangsbuchstaben und die Betätigung der TAB-Taste, woraufhin eine automatische Vervollständigung vorgeschlagen wird.
- *Hilfe*: Zu fast jedem Linux-Befehl existiert eine Hilfedatei, die dadurch aufgerufen wird, indem dem Kommando das Kürzel »man« vorangestellt wird (z.B. *man df*).
- *Programme oder Ausführung beenden*: Je nach Befehl bzw. Programm gibt es hierfür verschiedene Tastenkombinationen, fast immer funktioniert die Kombination Strg+C.
- *Terminal/Konsole wechseln*: Linux unterstützt gleichzeitig mehrere Terminalsitzungen, zwischen denen mithilfe Strg+Alt+F1 (erstes Terminal) bis Strg+Alt+F6 (sechstes Terminal) umgeschaltet werden kann. Das Ausloggen aus dem jeweiligen Terminal kann über Strg+d erfolgen.
- *Starten und Beenden des Desktops*: Mit *startx* wird der Desktop (LXDE) gestartet und beendet durch die Selektierung von Logout (rotes Symbol in der rechten Ecke der Taskleiste). Falls dies während der Konfiguration mit raspi-config festgelegt wurde, wird der Desktop außerdem über die Tastenkombination Strg+Alt+Entf beendet.
- *Ausführungsrechte*: Einige Befehle lassen sich nur mit Root-Rechten ausführen, die der gewöhnliche Benutzer nicht ausführen kann. Um nur für die Ausführung bestimmter Befehle Superuser-Rechte zu erlangen, wird dem jeweiligen Befehl *sudo* vorangestellt, was als »super user do« zu verstehen ist.
- *Beenden mit Reboot*: Um Linux zu beenden und unmittelbar danach einen Neuboot auszuführen, ist *sudo reboot* einzugeben oder die Tastenkombination Strg+Alt+Entf auszuführen.
- *Herunterfahren*: Eingabe von *sudo halt*.

Viele Arbeiten lassen sich unter Linux im Terminalmodus, also ohne grafische Oberfläche, durchführen, was demgegenüber meist schneller vonstatten geht. Wirklich wichtig für diese grundlegenden Linux-Operationen sind eigentlich nur recht wenige Befehle, die mit einigen Beispielen in der Tabelle 2.2 angegeben sind.

Tabelle 2.2: Wichtige Befehle und Tastenkombinationen für die Bedienung von Linux auf Konsolenebene

Befehl/Tasten	**Funktion**	**Einige Optionen und Beispiele**

cat	Dateiinhalte anzeigen	`cat /proc/cpuinfo`
		Informationen über den Prozessor anzeigen
		`cat /etc/hosts`
		Anzeige der Netzwerk-Hosts

cd /verzeichnis	Wechseln in das Verzeichnis	`cd ..` geht ein Verzeichnis zurück (hoch) `cd ~` geht in das Hauptverzeichnis zu beachten ist der Abstand zwischen cd und dem folgenden Zeichen!
chgrp	Ändern der Gruppenzugehörigkeit von Dateien oder Verzeichnissen	`chgrp donald /home/kd/*` alle Dateien im Verzeichnis /home/kd werden der Gruppe *donald* zugeordnet.
chmod	Zugriffsrechte für Dateien und Verzeichnisse ändern	`chmod g+x test` Ausführungsrecht (x) der Datei *test* der Gruppe (g) zuweisen (+)
chown	Eigentümer von Dateien ändern	`chown gruppe1 *.doc` alle doc-Dateien werden der *gruppe1* als zugehörig deklariert
clear	Bildschirm löschen	
cp	Kopieren von Dateien	`cp datei1 datei2` die Datei1 wird in die Datei2 kopiert -b, falls die Zieldatei bereits besteht, wird eine Sicherheitskopie erstellt.
df	Zeigt den freien Speicherplatz an.	-h, einfach lesbar in k-, M- oder GByte -k, Anzeige in kByte -T, zeigt auch den Typ (Filesystem) an
free	Zeigt die RAM-Größe der CPU an.	-h, einfach lesbar in k-, M- oder GByte -m, Anzeige in MByte
ls	Inhalt des aktuellen Verzeichnisses anzeigen	-a, versteckte Dateien mit anzeigen -l, erweiterte Anzeige, mit Zugriffsrechten
kill	Beenden von hängenden Prozessen	`kill 1222` den Prozess mit der PID (Prozess-ID) 1222 beenden (vgl. Abbildung 2.6).

Befehl/Tasten	Funktion	Einige Optionen und Beispiele
mkdir *verzeichnis*	Anlegen eines Verzeichnisses	`mkdir Texte` Anlegen des Verzeichnisses *Texte*
mount	Einhängen (mounten) von Dateisystemen, die Voreinstellungen sind in der Datei */etc/.fstab* zu finden	`mount /mnt/cdrom` mounten einer CD im Verzeichnis */mnt/cd*
rm datei	Löschen von Dateien	Das Löschen erfolgt ohne vorherige Sicherheitsabfrage – und es gibt keine Undelete-Funktion !
rmdir *verzeichnis*	Löschen eines Verzeichnisses	`rmdir Texte` Löschen des Verzeichnisses Texte, es muss aber leer sein
pwd	Anzeige des aktuellen Pfads	(falls der Überblick über das aktuelle Verzeichnis verloren gegangen sein sollte)
tail	Anzeige der letzten Zeilen einer Datei	`-f` Kontinuierliche Anzeige, bis die Ausgabe über Strg+C beendet wird. Hilfreich zur Analyse von Log-Dateien.
top	Zeigt die aktuellen CPU-Prozesse an	`-n zahl` Zahl = Anzahl der Wiederholungen (vgl. Abbildung 2.6)
tree	Anzeige des Verzeichnisbaumes	`-d` Es werden nur die Verzeichnisse und nicht die Dateien angezeigt.
umount	Unmounten (abhängen) von Dateisystemen, die Voreinstellungen sind in der Datei */etc/.fstab* zu finden.	`umount /mnt/CD-ROM` Unmounten der CD im Verzeichnis */mnt/cdrom* Das »n« ist im Befehl tatsächlich nicht vorhanden

```
pi@raspberrypi ~ $ top -n1
top - 16:30:15 up 43 min,  3 users,  load average: 0,02, 0,05, 0,06
Tasks:  78 total,   1 running,  77 sleeping,   0 stopped,   0 zombie
%Cpu(s):  2,1 us,  1,4 sy,  0,0 ni, 96,3 id,  0,1 wa,  0,0 hi,  0,0 si,  0,0 st
KiB Mem:    189104 total,   120236 used,    68868 free,    13340 buffers
KiB Swap:   102396 total,        0 used,   102396 free,    59172 cached

  PID USER      PR  NI  VIRT  RES  SHR S  %CPU %MEM    TIME+  COMMAND
 2233 pi        20   0  4644 1320  964 R  16,3  0,7   0:00.07 top
    1 root      20   0  2136  732  624 S   0,0  0,4   0:01.79 init
    2 root      20   0     0    0    0 S   0,0  0,0   0:00.00 kthreadd
    3 root      20   0     0    0    0 S   0,0  0,0   0:00.00 ksoftirqd/0
    4 root      20   0     0    0    0 S   0,0  0,0   0:00.02 kworker/0:0
    5 root      20   0     0    0    0 S   0,0  0,0   0:00.36 kworker/u:0
    6 root       0 -20     0    0    0 S   0,0  0,0   0:00.00 khelper
    7 root      20   0     0    0    0 S   0,0  0,0   0:00.00 kdevtmpfs
    8 root       0 -20     0    0    0 S   0,0  0,0   0:00.00 netns
    9 root      20   0     0    0    0 S   0,0  0,0   0:00.02 sync_supers
   10 root      20   0     0    0    0 S   0,0  0,0   0:00.00 bdi-default
   11 root       0 -20     0    0    0 S   0,0  0,0   0:00.00 kblockd
   12 root      20   0     0    0    0 S   0,0  0,0   0:00.55 khubd
   13 root       0 -20     0    0    0 S   0,0  0,0   0:00.00 rpciod
   15 root      20   0     0    0    0 S   0,0  0,0   0:00.00 khungtaskd
   16 root      20   0     0    0    0 S   0,0  0,0   0:00.00 kswapd0
   17 root      20   0     0    0    0 S   0,0  0,0   0:00.00 fsnotify_mark
   18 root       0 -20     0    0    0 S   0,0  0,0   0:00.00 nfsiod
   19 root       0 -20     0    0    0 S   0,0  0,0   0:00.00 crypto
   26 root       0 -20     0    0    0 S   0,0  0,0   0:00.00 kthrotld
   27 root       0 -20     0    0    0 S   0,0  0,0   0:00.00 VCHIQ-0
   28 root       0 -20     0    0    0 S   0,0  0,0   0:00.00 VCHIQr-0
   29 root       0 -20     0    0    0 S   0,0  0,0   0:00.00 dwc_otg
   30 root       0 -20     0    0    0 S   0,0  0,0   0:00.00 DWC Notificatio
   31 root      20   0     0    0    0 S   0,0  0,0   0:00.00 kworker/u:1
   32 root      20   0     0    0    0 S   0,0  0,0   0:06.45 mmcqd/0
   33 root      20   0     0    0    0 S   0,0  0,0   0:00.02 jbd2/mmcblk0p2-
   34 root       0 -20     0    0    0 S   0,0  0,0   0:00.00 ext4-dio-unwrit
  138 root      20   0  2872 1284  752 S   0,0  0,7   0:00.47 udevd
  310 root      20   0     0    0    0 S   0,0  0,0   0:00.01 flush-179:0
  608 root      20   0  2868  964  428 S   0,0  0,5   0:00.00 udevd
  609 root      20   0  2868  904  372 S   0,0  0,5   0:00.00 udevd
 1376 root      20   0  1736  512  420 S   0,0  0,3   0:01.47 ifplugd
 1435 root      20   0  1736  504  420 S   0,0  0,3   0:00.30 ifplugd
pi@raspberrypi ~ $
```

Abbildung 2.5: Anzeige der aktiven Prozesse mit »top«. Mit dem Befehl »kill« können hängende Prozesse (ausgewiesen durch PID) beendet werden.

Ein empfehlenswertes Programm für alle möglichen Aufgaben im Text-Modus stellt der *Midnight Commander* (Aufruf mit mc) dar. Dies ist ein typischer Dateimanager für das Anlegen, Kopieren, Löschen und Umbenennen von Dateien und Verzeichnissen sowie für das Editieren von Dateiattributen.

Jemand, der noch aus DOS-Zeiten den bekannten Norton Commander oder einen Windows-Ableger davon (Windows-, Total-Commander) kennt, kommt auch sofort mit dem Midnight Commander zurecht, mit dem sich im Übrigen recht komfortabel Dateiattribute und Besitzrechte ändern lassen. Falls der Midnight Commander mit einem Terminal (LXTerminal oder über SSH) vom Desktop ausgeführt wird, lässt er sich auch mit der Maus bedienen. Von »Hause« aus ist der Midnight Commander nicht installiert, was sich bei aktiver Internet-Verbindung mit der folgenden Zeile jedoch ganz einfach durchführen lässt:

```
pi@raspberrypi ~ $ sudo apt-get install mc
```

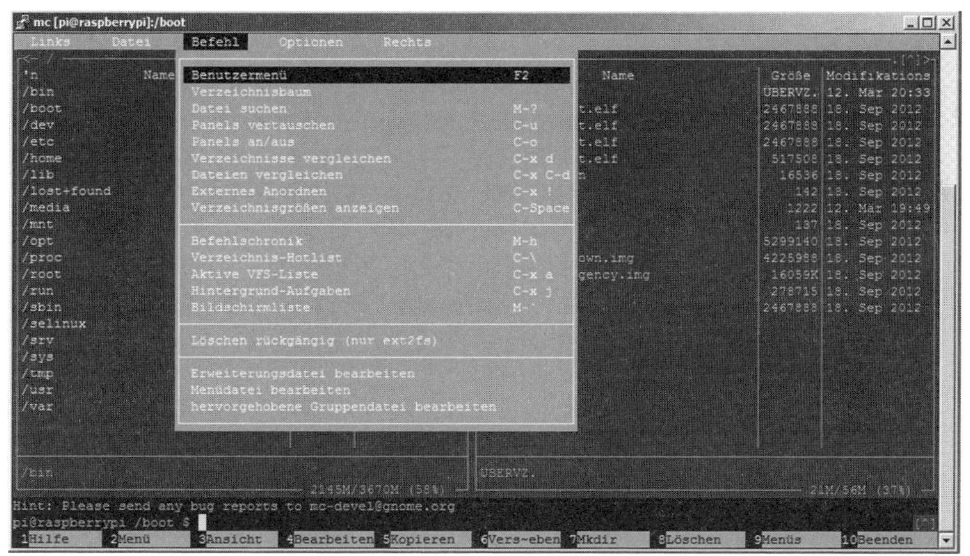

Abbildung 2.6: Der Midnight Commander ist ein sehr praktischer Dateimanager mit einer Vielzahl von nützlichen Funktionen.

2.4 Zugriffsrechte

Zur Anzeige eines Verzeichnisinhaltes kann der Befehl *ls* (vgl. auch Tabelle 2.2) verwendet werden, der auch einige Optionen kennt. Nach der Eingabe von *ls -l* erhält man eine erweiterte Anzeige (hier unter */home/pi*), beispielsweise in der folgenden Form:

drwxr-xr-x	2 pi	pi	4096	Sep	18	14:34	Desktop
drwxr-xr-x	3 pi	root	4096	Sep	18	14:45	Documents
drwxrw-xr-x	2 pi	pi	4096	Jul	20	20:12	python_games
drwxr-xr-x	2 pi	root	4096	Sep	18	14:44	Scratch

Anhand dieser Darstellung kann eine ganze Reihe von Eigenschaften abgelesen werden.

Erstes Zeichen (Typ):

d = Verzeichnis (directory)

- = Datei (data)

l = Verknüpfung (link)

Der Beispielanzeige nach handelt es sich jeweils um Verzeichnisse. Nach der Typangabe folgt unmittelbar die sogenannte *Rechtemaske,* die jeweils drei Stellen umfasst und die Rechte des Eigentümers, der Gruppe und aller weiteren Anwender (Andere) kennzeichnet:

Rechtemaske:

r = Leseerlaubnis

w = Schreiberlaubnis

x = Ausführungsrechte bei einer Datei bzw. das Recht zum Verzeichniswechsel bei einem Verzeichnis.

Eine Maske der Form -rwx -r-- --- bedeutet demnach, dass der Eigentümer die Datei (-) lesen, beschreiben und ausführen (rwx) kann, die Gruppe diese Datei nur lesen kann (r--) und alle anderen Benutzer mit dieser Datei gar nichts anfangen (---) können.

Ein Beispiel für eine Rechtemaske bei einer Datei:

Typ	**Eigentümer**			**Gruppe**			**Andere**		
-	r	w	x	r	-	-	-	-	-

Ein Beispiel für eine Rechtemaske bei einem Verzeichnis:

Typ	**Eigentümer**			**Gruppe**			**Andere**		
d	r	w	x	r	-	x	r	-	-

Mit Verzeichnissen und Links funktioniert dies analog zu einer Datei, lediglich der Typ ist dann ein anderer (d oder l). Ein »x« kennzeichnet in diesem Fall, dass die jeweiligen Benutzer (Eigentümer, Gruppe, Andere) in dieses Verzeichnis wechseln können.

Die auf die Rechtmaske folgende Zahl gibt die Anzahl der Verzeichniseinträge an, unter denen die Datei ansprechbar ist, d.h., falls die Zahl größer Eins ist, existieren Verknüpfungen, die auf diese Datei verweisen.

Danach folgen der Eigentümer- und der Gruppenname sowie die Größe der Datei in Byte. Die letzten Einträge kennzeichnen das Datum und die Uhrzeit der letzten Änderung und die Bezeichnung des Datei- oder eben auch des Verzeichnisnamens.

Jede Datei gehört demnach einem bestimmten Benutzer. Was andere mit dieser Datei anfangen können, wird eindeutig durch die Zugriffsrechte definiert. Für die Veränderung der Zugriffsrechte (oder auch der Attribute im DOS/Windows-Sinne) einer Datei gibt es den Befehl *chmod* (change mode), für die Veränderung des Besitzers den Befehl *chown* (change owner) und die der Gruppenzugehörigkeit *chgrp* (change group). Weil sich die Rechtezuordnung auch komfortabel mit dem Midnight Commander oder einen anderen Tool vornehmen lässt, wird hierauf nicht näher eingegangen.

Die Veränderungen können jedoch nur vom Eigentümer oder vom Benutzer root durchgeführt werden. Sie sollten stets mit Bedacht bei definitiv bekannten Dateien durchgeführt werden, denn die Rechteveränderung kann im Nachhinein durchaus zu Systemfehlern führen (keine Datenaktualisierung mehr möglich o.ä.), wenn man etwa aus Versehen alle Daten in einem Verzeichnis dem Zugriff des alleinigen Benutzers *root* entzieht oder schreibgeschützte Dateien danach nicht mehr geschützt sind.

Bei dieser Rechtzuordnung bleibt der so genannte Superuser (sudo) unberücksichtigt, denn er ist gewissermaßen nachträglich in Linux eingeführt worden, was keinen direkten Einfluss auf die Rechtezuordnung im Dateisystem zur Folge hat. Mit sudo können lediglich ganz bestimmte Befehle für ausgewählte Benutzer (z.B. pi), mit Root-Rechten ausgeführt werden.

2.5 Verwaltung und Paketmanager

Für das Betriebssystem Linux gibt es Programme und Tools für alle erdenklichen Aufgaben und Anwendungen. Einiges an Software wird bereits automatisch während der Installation mit »aufgespielt«, wobei einige Programme möglicherweise nicht benötigt werden und stattdessen andere Programme wünschenswert sind.

Dabei gibt es – je nach betreffender Software – einige Abhängigkeiten zu berücksichtigen, d.h., ein bestimmtes Programm setzt das Vorhandensein eines anderen Programms, einer Bibliothek oder eines bestimmten Projektes voraus, was das Software-Management in früheren Linux-Zeiten doch recht beschwerlich machte, zumal sich der Anwender im Fehlerfall auch noch mit dem Compiler und dem Linker beschäftigen musste.

Diese Zeiten sind erfreulicherweise vorbei, denn alle aktuellen Linux-Distributionen verfügen über einen so genannten *Paketmanager*, der das Herunterladen von Programmen aus dem Internet und deren Installation, nebst Beachtung der jeweiligen Abhängigkeiten, automatisiert, so dass sich das Software-Management als sehr einfach und schnell darstellt, wie es in dieser Form mit Windows nicht denkbar ist.

Der Paketmanager der Debian-Distributionen wird als *Advanced Packaging Tool* (apt) bezeichnet und für die Installation von Software mit *apt-get* gestartet, wie es bereits in den vorherigen Kapiteln bei der Installation von *tree* und dem *Midnight Commander* praktiziert worden ist. Apt-get bedient sich dabei eines vordefinierten Pools oder *Repository*. Der Link dorthin, wobei es mehrere davon – auch lokale – geben kann, wird in einer Liste (sources.list) geführt, die unter *etc/apt* zu finden ist. Neben der Installation von Paketen können mit dem apt-get-Manager auch Pakete gelöscht und aktualisiert werden.

```
pi@raspberrypi ~ $ cat /etc/apt/sources.list
deb http://mirrordirector.raspbian.org/raspbian/ wheezy main contrib non-free rpi
pi@raspberrypi ~ $
```

Abbildung 2.7: Die Sources-Liste besteht nur aus einem Eintrag

Die Suche nach bestimmten Paketen ist zwar ebenfalls möglich, allerdings muss der jeweilige Name hierfür bekannt sein, was oftmals nicht der Fall ist. Für die Suche wird nicht apt-get, sondern apt-file eingesetzt, welches ebenfalls auf einer Datenbank basiert und zunächst zu installieren ist:

```
pi@raspberrypi ~ $ sudo apt-get install apt-file
```

In der folgenden Tabelle sind die apt-get- und apt-file-Funktionen mit Beispielen als Überblick angegeben.

Tabelle 2.3: Umgang mit Software-(Paketen) mithilfe von von apt-get und apt-file.

Pakete/Software	Erläuterung/ Beispiel
Installieren: *sudo apt-get install mc*	Der Midnight Commander mc wird installiert.
Deinstallieren: *sudo apt-get purge mc*	Der Midnight Commander mc wird deinstalliert.
Softwaredatenbank aktualisieren: *sudo apt-get update*	Paketliste vom zentralen Server herunterladen und lokale apt-get-Liste aktualisieren. Dieser Befehl sollte vor jeder Programminstallation ausgeführt werden.
Programme aktualisieren: *sudo apt-get upgrade*	Aktualisierung der bereits mit apt-get installierten Programme.
Löschen temporärer Dateien: *sudo apt-get autoclean*	Die während eines Aktualisierungsvorgangs angelegten und nicht mehr notwendigen Dateien werden gelöscht.
Löschen überflüssiger Dateien: *sudo apt-get autoremove*	Dateien, die aufgrund geänderter Abhängigkeiten nicht mehr benötigt werden, werden gelöscht.
Datenbank aktualisieren: *sudo apt-file update*	Paket- und Abhängigkeitsliste für apt-file aktualisieren.
Pakete nach Namen suchen: *sudo apt-file -l search gpio*	Suchen nach Paketen, die gpio betreffen.

Bei der Suche mit apt-file ist zu beachten, dass der Suchbegriff keineswegs in den Namen der gefundenen Dateien vorkommen muss, sondern vielmehr haben diese Dateien »irgendetwas« mit dem Suchbegriff zu tun, der in einer dazugehörigen Bibliothek oder vielleicht auch nur als Aufruf in einer der gefundenen Daten vorkommt. Demnach ist apt-file zwar nützlich, erspart es einem jedoch nicht, sich genauer mit den Programmen und Daten beschäftigen zu müssen.

```
pi@raspberrypi ~ $ sudo apt-file -l search gpio
fso-deviced
libdc1394-22-doc
linux-doc-3.2
linux-headers-3.2.0-4-common
linux-headers-3.2.0-4-rpi
openwince-include
oss4-dkms
python-rpi.gpio
python3-rpi.gpio
raspberrypi-bootloader
smp-utils
pi@raspberrypi ~ $
```

Abbildung 2.8: Die Suche nach GPIO hat mehrere Dateien zutage gefördert.

Grundsätzlich ist es möglich, verschiedene Linux-Programme auf dem Raspberry Pi zu installieren, wobei jedoch die begrenzten Ressourcen des Systems zu beachten sind. Das macht sich bereits beim Browsen im Internet mit dem Standard-Browser Midori bemerkbar, denn der Aufbau der Seiten geht vielfach sehr gemächlich voran, zumal eine ganze Reihe von Seiten nicht korrekt angezeigt werden können und er auch kein HTML5 oder Flash unterstützt. Gebräuchliche Browser wie Chrome oder Firefox benötigen weit mehr Speicher als Midori, so dass es keinen Sinn macht, diese Programme auf dem Raspberry Pi zu installieren, solange es hierfür keine speziell angepassten Versionen gibt.

Die Raspberry Pi Foundation hat Ende des Jahres 2012 einen *Pi Store* etabliert, der spezielle Linux-Programme für den Raspberry Pi offeriert. Zurzeit ist der Store noch recht übersichtlich, was sich im Laufe der Zeit aber wahrscheinlich noch ändern wird. Um Programme hierüber beziehen und installieren zu können, ist ein Pi Store Client notwendig, der nach der Installation (sudo apt-get install pistore) als Link auf dem LXDE-Desktop erscheint.

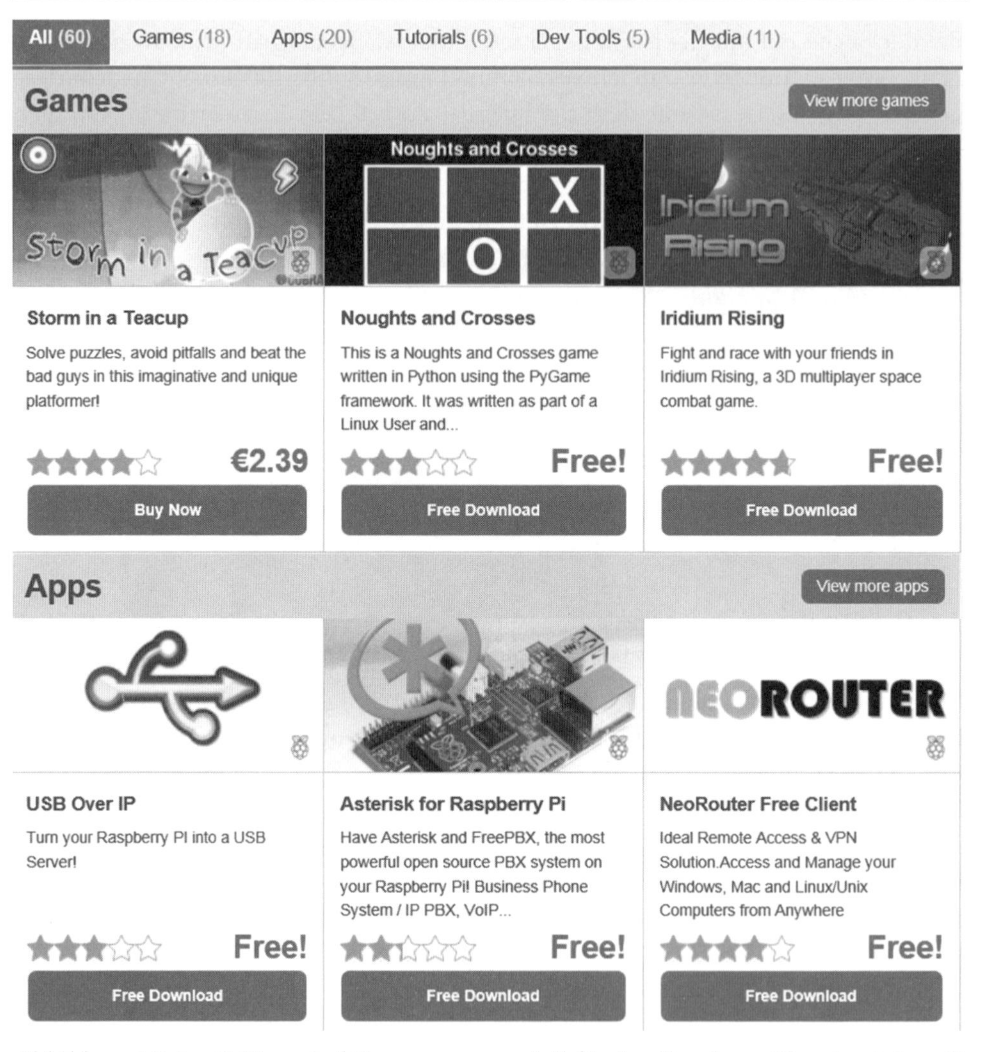

Abbildung 2.9: Im Pi Store sind Programme speziell für den Raspberry Pi zu beziehen. © http://store.raspberrypi.com

2.6 Firmware

Zur Software ist auch die so genannte *Firmware* zu rechnen, die üblicherweise in einem Chip der Elektronik abgelegt ist, wie es etwa bei einem PC der Fall ist, wo sich die Firmware (BIOS) in einem speziellen Speicherbaustein befindet. Von der ursprünglichen Definition her handelt es sich dabei um eine »feste Software«, die vom Hersteller erstellt und unveränderlich in den Speicherchip programmiert worden ist, was in früheren PC-Zeiten standardmäßig der Fall war, denn die Software befand sich in einem ROM (Read Only Memory). Seitdem stattdessen elektrisch löschbarer Speicher (EEPROM, Flash) für das PC-BIOS eingesetzt wird, ist es üblich geworden, dass hin und wieder ein BIOS-Update notwendig wird, um auf diese Art und Weise Herstellerfehler zu beseitigen oder auch neuere Funktionen hinzuzufügen.

Aus Leistungs- und Kostengründen gibt es beim Raspberry Pi weder ein BIOS, welches beim PC neben den grundlegenden Routinen für die Ansteuerung der Hardware auch über eine Setup-Funktion (BIOS Setup) für die Hardware-Konfigurierung verfügt, noch eine Firmware im klassischen Sinne. Vielmehr befinden sich die grundlegenden Hardware-Routinen in einer Datei auf dem einzigen Festwertspeicher, den es beim Raspberry Pi gibt, also auf der SD-Karte.

2.6.1 Bootvorgang – Firmware und Kernel

Der Broadcom SoC (BCM2835) ist derart entwickelt worden, dass er die Firmware direkt von der SD-Karte lesen kann, was in mehreren Stufen erfolgt. Nach dem Einschalten des Raspberry Pi sind die eigentliche ARM-CPU sowie das SDRAM zunächst inaktiv. Die GPU lädt die erste Stufe des Bootloaders vom ROM des SoC. Genau betrachtet, wäre dieser ROM-Code die eigentliche Firmware. Die Software im ROM kann nichts anderes, als auf die SD-Karte zuzugreifen, wo die zweite Stufe des Bootloaders in Form der Datei bootcode.bin (siehe auch Abbildung 2.3) von der FAT-Partition der SD-Karte geladen wird. Diese aktiviert das SDRAM und lädt die dritte Stufe (loader.bin) von der SD-Karte in das RAM, womit der Bootloadervorgang komplett ist, so dass jetzt die Firmware (start.elf) in das RAM geladen werden kann. Hierfür gibt es verschiedene Standardkonfigurationen, die mit den Dateien arm128_start.elf bis arm240_start.elf bestimmt werden und die SDRAM-Aufteilung zwischen CPU und GPU festlegen.

Danach folgen das Laden des Kernel Images (kernel.img) und die Konfigurationsdateien *config.txt* (GPU-Parameter, HDMI, Takt) sowie *cmdline.txt* (Kernel-Parameter, root, console) werden verarbeitet, woraufhin die GPU den ARM-Prozessor im SoC mit einem Offset-Sprung auf die Adresse 0x8000 startet. Dort befindet sich der Linux-Kernel, der nunmehr die weitere Ausführung übernimmt und das System vollständig bootet.

Der Boot-Vorgang

1. Bootloader-Schritt: Laden des SoC-ROM-Codes.
2. Bootloader-Schritt: Zugriff auf die SD-Card und die Datei *bootcode.bin* verarbeiten.
3. Bootloader-Schritt: Die Datei *loader.bin* in das SDRAM laden.
4. Die Firmware (*start.elf*) wird in das SDRAM geladen.
5. Laden des Kernel-Images (*kernel.img*).
6. Laden der Konfigurationsdateien *config.txt* und *cmdline.txt*.

2.6.2 Aktualisierung – Updates

Sowohl die Kernel-Software als auch die Firmware unterliegen laufenden Änderungen, so dass es sinnvoll sein kann, eine Aktualisierung vorzunehmen. Dabei gilt auch hier, wie generell für Software-Aktualisierungen, dass mit einem Update nicht zwangsläufig merkliche Verbesserungen erzielt werden. Es kann auch passieren, dass zuvor einwandfrei funktionierende Applikationen nicht mehr wie gewohnt agieren, weil sich gewissermaßen das »Fundament« des betreffenden Programms mit dem Update geändert hat. Deshalb ist es immer eine Überlegung wert, ob überhaupt ein Update sinnvoll ist, wenn alles wie gewünscht funktioniert. Üblicherweise findet sich zu jedem Update eine kurze Erläuterung dahingehend, was sich gegenüber der vorherigen Version im Wesentlichen geändert hat. Es schadet nicht, sich hierüber zu informieren, bevor ein Update durchgeführt wird.

Zur Anzeige der momentanen *Kernel-Version* ist die folgende Zeile einzugeben:

```
pi@raspberrypi ~ $ uname -a
```

Und die Firmware-Version wird angezeigt mit:

```
pi@raspberrypi ~ $ /opt/vc/bin/vcgencmd version
```

```
pi@raspberrypi ~ $ uname -a
Linux raspberrypi 3.2.27+ #160 PREEMPT Mon Sep 17 23:18:42 BST 2012 armv6l GNU/Linux
pi@raspberrypi ~ $ /opt/vc/bin/vcgencmd version
Sep 18 2012 01:45:27
Copyright (c) 2012 Broadcom
version 337601 (release)
pi@raspberrypi ~ $
```

Abbildung 2.10: Ermittlung der Versionen von Kernel und Firmware, die hier aus dem September 2012 stammen und deshalb dringend aktualisiert werden sollten.

Ein triftiger Grund für eine Aktualisierung ist sicherlich, wenn nur ein Speicher von 256 MByte bei einem Raspberry Pi zur Verfügung stehen, obwohl er tatsächlich über 512 MByte verfügt. Die aktuellen Kernel- und Firmware-Versionen sind im Internet bei GitHub zu finden. Dies ist ein Hosting-Dienst für unterschiedliche Entwicklungsprojekte – wie etwa für Bundestagsgesetze, Mac- und Windows-Entwicklungen und eben auch für den Raspberry Pi –, die alle das Versionsverwaltungssystem Git (engl. Schwachkopf, Blödmann) einsetzen. Git kontrolliert dabei nicht Codes, sondern die Repositories (Aufbewahrungsort) für die Codes.

Theoretisch ist es am einfachsten, wenn die Dateien (start.elf, kernel.img) direkt mit einem PC auf die SD-Karte kopiert werden. Dabei ist die separate Beschaffung der Software jedoch etwas unübersichtlich und damit fehleranfällig.

Statt die Dateien einzeln zu suchen und zu kopieren, erscheint es einfacher, ein komplett neues Image von der Raspberry Pi-Seite *http://www.raspberrypi.org/downloads* »aufzuspielen«, wobei dann jedoch die bis dato getätigten Änderungen und

Anpassungen am System verlorengehen. Die bessere Lösung ist daher, nur diese beiden Dateien (start.elf, kernel.img) aus einen neu beschafften Image herzunehmen und sie direkt per PC auf die SD-Karte zu kopieren.

```
pi@raspberrypi ~ $ sudo wget http://goo.gl/1BOfJ -O /usr/bin/rpi-update
--2013-03-28 18:20:23--  http://goo.gl/1BOfJ
Auflösen des Hostnamen »goo.gl (goo.gl)«... 173.194.69.102, 173.194.69.113, 173.
194.69.100, ...
Verbindungsaufbau zu goo.gl (goo.gl)|173.194.69.102|:80... verbunden.
HTTP-Anforderung gesendet, warte auf Antwort... 301 Moved Permanently
Platz: https://raw.github.com/Hexxeh/rpi-update/master/rpi-update[folge]
--2013-03-28 18:20:23--  https://raw.github.com/Hexxeh/rpi-update/master/rpi-upd
ate
Auflösen des Hostnamen »raw.github.com (raw.github.com)«... 199.27.77.196
Verbindungsaufbau zu raw.github.com (raw.github.com)|199.27.77.196|:443... verbu
nden.
HTTP-Anforderung gesendet, warte auf Antwort... 200 OK
Länge: 6198 (6,1K) [text/plain]
In »»/usr/bin/rpi-update«« speichern.

100%[======================================>] 6.198       --.-K/s   in 0,001s

2013-03-28 18:20:29 (4,22 MB/s) - »»/usr/bin/rpi-update«« gespeichert [6198/6198]

pi@raspberrypi ~ $
```

Abbildung 2.11: Aktualisieren des Kernels und der Firmware mit Github.

Es gibt noch eine automatisierte Methode, die jederzeit komfortabel direkt mit dem Raspberry Pi ausgeführt werden kann. Hierfür stellt Github (Abbildung 2.11) das Programm *rpi-update* zur Verfügung, welches die Software des Raspberry Pi entsprechend überprüft und eine automatische Aktualisierung vornehmen kann, was allerdings ein weiteres Paket (git-core) voraussetzt, welches wie folgt zu installieren ist:

```
pi@raspberrypi ~ $ sudo apt-get install git-core
```

Mit der folgenden Zeile wird das rpi-update aus dem Internet geladen und im Verzeichnis /usr/bin gespeichert:

```
pi@raspberrypi ~ $ sudo wget://goo.gl/1BOfJ -O /usr/bin/rpi-update
```

Die obige Zeile ist nicht nur etwas länger, sondern muss auch exakt so eingegeben werden. Andernfalls kann es zu schwer lokalisierbaren Fehlern kommen.

Selbstverständlich sind die Groß- und Kleinschreibung zu beachten sowie die Abstände zwischen den Zeichen. Außerdem ist *1BOfJ -O* anzugeben, d.h., hier sind zwei Os und nicht etwa Nullen vorhanden. Nachfolgende Probleme bei der Ausführung des Befehls *rpi-update* liegen meist an unbemerkt falschen Angaben in dieser Zeile, denn auch wenn beispielsweise eine Null bei 1B0fJ angegeben wird, wird ein Paket ohne Fehlermeldung heruntergeladen und kann mit der folgenden Zeile auch als »ausführbar« festgelegt werden. Allerdings wird dann nach dem

Aufruf von rpi-update eine Fehlermeldung (Syntax error: newline unexpected) erschienen und kein Update ausgeführt.

```
pi@raspberrypi ~ $ sudo chmod +x /usr/bin/rpi-update
```

Nach diesen Vorarbeiten sollte die Überprüfung der installierten Software sowie der Update-Vorgang stattfinden, was einige Minuten in Anspruch nimmt. Nach einem Neuboot ist das System dann auf dem neuesten Stand. Dieser Vorgang wird einfach ausgelöst mit:

```
pi@raspberrypi ~ $ sudo rpi-update
```

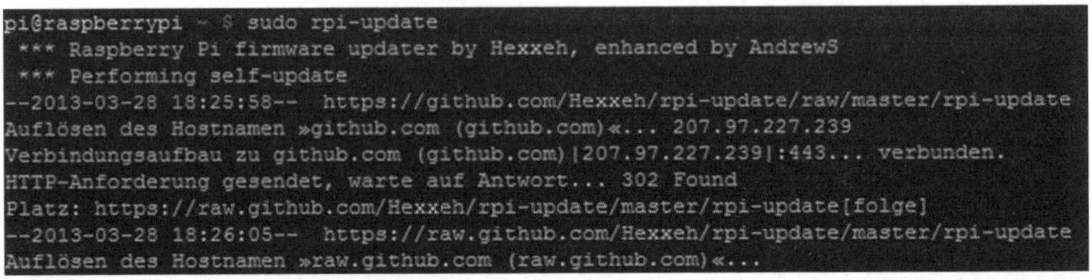

```
pi@raspberrypi ~ $ sudo rpi-update
 *** Raspberry Pi firmware updater by Hexxeh, enhanced by AndrewS
 *** Performing self-update
--2013-03-28 18:25:58--  https://github.com/Hexxeh/rpi-update/raw/master/rpi-update
Auflösen des Hostnamen »github.com (github.com)«... 207.97.227.239
Verbindungsaufbau zu github.com (github.com)|207.97.227.239|:443... verbunden.
HTTP-Anforderung gesendet, warte auf Antwort... 302 Found
Platz: https://raw.github.com/Hexxeh/rpi-update/master/rpi-update[folge]
--2013-03-28 18:26:05--  https://raw.github.com/Hexxeh/rpi-update/master/rpi-update
Auflösen des Hostnamen »raw.github.com (raw.github.com)«...
```

Abbildung 2.12: Start des Update-Vorgangs

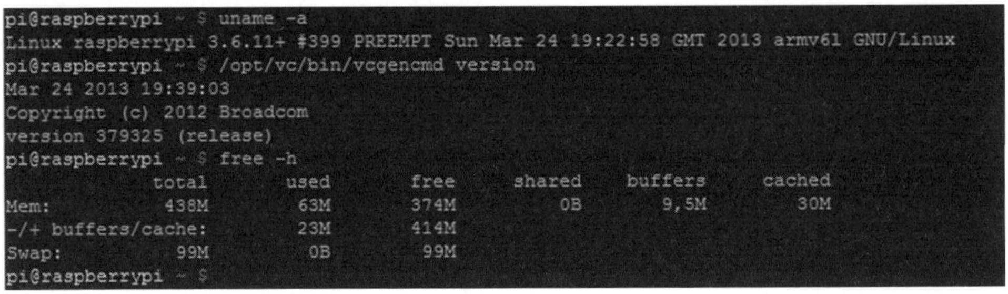

```
pi@raspberrypi ~ $ uname -a
Linux raspberrypi 3.6.11+ #399 PREEMPT Sun Mar 24 19:22:58 GMT 2013 armv6l GNU/Linux
pi@raspberrypi ~ $ /opt/vc/bin/vcgencmd version
Mar 24 2013 19:39:03
Copyright (c) 2012 Broadcom
version 379325 (release)
pi@raspberrypi ~ $ free -h
             total       used       free     shared    buffers     cached
Mem:          438M        63M       374M         0B       9,5M        30M
-/+ buffers/cache:        23M       414M
Swap:          99M         0B        99M
pi@raspberrypi ~ $
```

Abbildung 2.13: Kernel und Firmware sind aktualisiert, es steht jetzt auch der SDRAM-Speicher von 512 MByte (hier nur CPU angezeigt) zur Verfügung.

3 Hardware

Das »Herzstück« der Raspberry Pi-Schaltung bildet der Prozessor BCM2835 der Firma Broadcom. Dies ist ein bekannter amerikanischer Hersteller von integrierten Kommunikationsschaltungen, die für xDSL, Cable Modems und drahtlose Netze (WLAN, Bluetooth 3G, LTE) eingesetzt werden, sowie von speziellen Multimediaprozessoren, die beispielsweise in Tablet-PCs und Smartphones zu finden sind.

3.1 ARM-Prozessor BCM2835

Der BCM2835 ist speziell in Zusammenarbeit mit der *Raspberry Pi Foundation* entwickelt worden und nicht einzeln erhältlich; er kommt allein beim Raspberry Pi zum Einsatz und nimmt im Produktspektrum der Firma Broadcom eine Sonderrolle ein. Gefertigt wird der BCM2835 von den Firmen Hynix und Samsung, zwei der größten Chiphersteller weltweit. Samsung fertigt Chips für zahlreiche Firmen, wie beispielsweise auch die ARM-Chips für Apple (iPhone, iPad. Die Firma Hynix ist insbesondere als Hersteller für Speicherbauelemente (SDRAM, Flash) bekannt. Bei den ersten Raspberry Pi-Exemplaren ist auf dem BCM2835 eine Hynix-Beschriftung zu erkennen, weil der SDRAM-Speicher quasi als obere Schicht (Chip Package) des Bausteins platziert ist. Bei allen aktuellen BCM2835-Exemplaren ist hingegen eine Samsung-Beschriftung vorhanden.

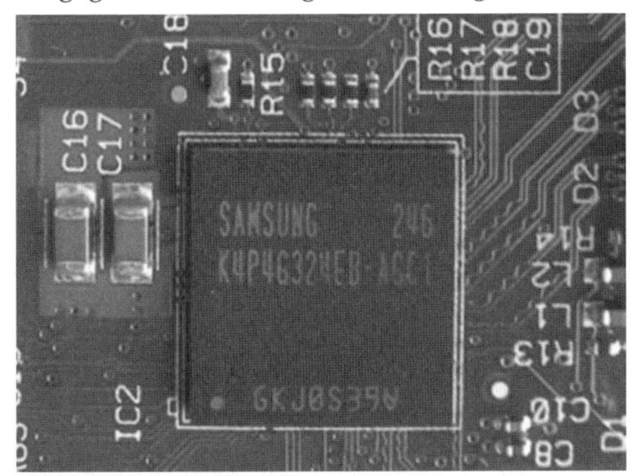

Abbildung 3.1: Der BCM2835 ist als solcher nicht zu identifizieren, denn er wird von der Firma Samsung gefertigt, so dass er deren Bezeichnung trägt.

In der Abbildung 3.1 ist zu sehen, dass der BCM2835 keine erkennbaren Anschlüsse (Pins) führt, denn die einzelnen Kontakte (289 Stück) sind auf der Chipunterseite in Form von Zinnkugeln (Balls) ausgeführt. Durch das Erhitzen der Platine während der Fertigung schmelzen die Kugeln auf, so dass hiermit feste Kontakte zu den entsprechenden Punkten auf der Platine hergestellt werden. Diese Gehäuseform wird gemeinhin als BGA (Ball Grid Array) bezeichnet, wovon es zahlreiche verschiedene Varianten in verschiedene Größen mit unterschiedlicher Kontaktanzahl gibt. Der BCM2835 wird, wie andere ARM-Chips auch, in einem so genannten *Thin profile Fine Pitch Ball Grid Array* (TFBGA) hergestellt.

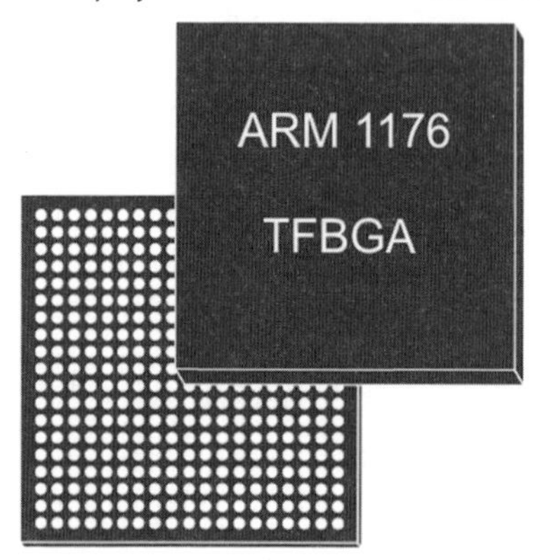

Abbildung 3.2: ARM-Prozessoren werden oftmals in BGA-Gehäusen gefertigt.

Neben dem eigentlichen Rechenkern (Core CPU ARM1176JZF-S) enthält der BCM2835 zahlreiche weitere Komponenten, wie etwa den Speicher (SDRAM) und die Grafikeinheit (GPU) für die Ansteuerung eines Monitors, so dass ein derartiger Chip häufig auch als *Multimedia SoC* (System on Chip) bezeichnet wird.

3.2 ARM-Architektur

Die eigentliche CPU (Central Processing Unit) wird von einem ARM11 gebildet, der mit einer Taktfrequenz von 700 MHz arbeitet. Unter der Bezeichnung ARM-Architektur gibt es zahlreiche verschiedene Mikroprozessoren und Mikrocontroller, die von unterschiedlichen Firmen wie Atmel, NXP, Texas Instruments (OMAP), Toshiba, STMicroelectronics oder auch Energy Micro angeboten werden. Die Basis bildet dabei ein Prozessorkern, der ursprünglich von den Firma Acorn in England unter Federführung der Universität in Cambridge entwickelt wurde.

Interessanterweise ist auch hier über 30 Jahre später der *Raspberry Pi* entstanden (teilweise waren sogar die gleichen Personen daran beteiligt), denn die Intention ist bei beiden Projekten die gleiche: Eine kostengünstige und leicht zugängliche Plattform zu schaffen, die das Programmieren und Experimentieren ermöglicht, ohne dass hierfür besondere Kenntnisse in der Informatik oder Elektronik notwendig sind, sich also auch an Einsteiger richtet.

Die Firma Acorn war Anfang bis Mitte der 80er Jahren sehr erfolgreich mit dem Computer *BBC Micro*, der als Homecomputer und für den Unterricht an englischen Schulen verwendet wurde und mit einem 6502-Mikroprozessor arbeitete. Für das

Nachfolgemodell wurde ein eigener 32-Bit-Prozessor in RISC-Architektur mit der Bezeichnung *Acorn RISC Machine* – kurz ARM – entwickelt. Der erste ARM-Prozessor kam daraufhin im Modell *Acorn Archimedes* zum Einsatz, er war letztendlich erfolgreicher als der damit betriebene Computer, weil andere Firmen Interesse an der Verwendung dieses Prozessors hatten.

Im Jahre 1990 gründete Acorn zusammen mit Apple und VLSI Technology, die auch die Prozessoren für Acorn fertigte, die Firma *Advanced Risc Machines* (ARM) mit Sitz in Cambridge. Seitdem entwickelt die Firma ARM die spezielle RISC-Architektur konsequent weiter, fertigt allerdings selbst keine Prozessoren, sondern verkauft für die ARM-Rechenkerne (IP Cores) und dazu passende Peripherie-Chips (Coprozessor, Speicher, Multimedia) entsprechende Lizenzen. Fast alle Firmen, die im Prozessorgeschäft tätig sind, sind auch ARM-Lizenznehmer; beispielsweise gehören Unternehmen wie Nvidia, Intel und Microsoft ebenfalls dazu.

Die Hersteller erwerben bei ARM die benötigten Cores mit den entsprechenden Tools, die auch mit IP-Cores anderer Firmen kombiniert werden können, und erzeugen durch den Vorgang der *Synthese* den eigenen ARM-basierten Controller. Dabei können verschiedene Parameter und damit Einheiten wie Caches oder Busbreiten oder auch Eigenschaften wie *Perfomance versus Leistungsaufnahme* oder die benötigte Chipfläche vom Chiphersteller variiert werden, was letztendlich zu einer umfassenden Einchip-Lösung führt. Die Firma Broadcom ist beim BCM2835 nach diesem Prinzip vorgegangen und hat neben anderen Einheiten ihren speziellen VideoCore hier mit integriert.

Ganz allgemein beruht der ARM-Erfolg in erster Linie auf der »schlanken« 32-Bit-Architektur, dem sehr guten Preis-/Leistungsverhältnis, dem effizienten Befehlsatz sowie der Tatsache, dass die Stromaufnahme gut mit der jeweiligen Taktfrequenz skaliert, was zu sehr energieeffizienten Prozessoren führt, die in zahlreichen Geräten wie Routern, Druckern, Digitalkameras oder auch in PDAs, Smartphones und Netbooks unter Linux, Windows CE und Android arbeiten. In den Geräten der Firma Apple wie iPhone, iPod und iPad sind ebenfalls ARM-Prozessoren eingebaut.

3.2.1 Cores und Typen

Einige der Lizenznehmer wie Freescale (ehemals Motorola), NXP (ehemals Philips) und Intel dürfen auch Veränderungen am ARM-Kern selbst vornehmen, was dann zu mehr oder weniger eigenen Entwicklungen wie den XScale-Prozessoren bei Intel führte. Deshalb liegt es nahe, neben den ARM-Prozessoren auch spezielle Ausführungen in Form von Mikrocontrollern herzustellen, die bei ARM unter der Bezeichnung CORTEX geführt werden.

Tabelle 3.1: ARM-Familien und Typen im Überblick

ARM- Familie	Architektur	Cores	Merkmale
ARM1	ARMv1	ARM1	Der erste ARM-Prozessor, 4 MHz, 26-Bit Addressing
ARM2	ARMv2 ARMv2A	ARM2 ARM250	8 -12 MHz, 32 Bit-Multiplizierer, Unterstützung für Coprozessor
ARM3	ARMv2A	ARM2a	25 MHz, 32-Bit Adressing, 4 kB-Cache
ARM6	ARMv3	ARM60 ARM600 ARM610	12 - 33 MHz, MMU-Unterstützung, Virtual Memory
ARM7	ARMv3	ARM700 ARM710 ARM710a ARM7100 ARM7500 ARM7500FE	18 - 56 MHz, 8 kB-Cache
ARM7TDMI	ARMv4T	ARM7TDMI ARM7TDMI-S ARM710T ARM720T ARM740T	18 - 60 MHz, 3-stufige Pipeline, Thumb-Befehlsatz
	ARMv5TEJ	ARM7EJ-S	5-stufige Pipeline
ARM8	ARMv4	ARM810	70 MHz
ARM9TDMI	ARMv4T	ARM9TDMI ARM920T ARM922T ARM940T	180 MHz, 16 kB-Cache
	ARMv5TE	ARM946E-S ARM966E-S ARM968E-S	Kein Cache, DSP-Befehle
ARM9E	ARMv5TEJ	ARM926EJ-S	Jazelle-Befehlssatz
ARM10E	ARMv5TE	ARM1020E ARM1022E	6-stufige Pipeline, 32 kB-Cache, erweiterte DSP-Befehle
	ARMv5TEJ	ARM1026EJ-S	Thumb- und Jazelle-Befehlsatz

ARM- Familie	Architektur	Cores	Merkmale
ARM11	ARMv6	ARM1136J-S ARM1136JF-S	400 - 660 MHz, 8-stufige Pipeline
	ARMv6T2	ARM1156T2-S ARM1156T2F-S	9-stufige Pipeline, SIMD
	ARMv6K	ARM11MP Core	Multiprozessor-Core
	ARMv6K	ARM1176JZF-S	700 - 1000 MHz, Floating Point Unit, Trustzone-Technologie
Cortex	ARMv7-A	Cortex-A5 Cortex-A8 Cortex-A9	600 - 1000 MHz, 1 - 4 Cores, SMP, 8-stufige Pipeline Thump-2-, Jazelle RCT-Befehlssatz
	ARMv7-R	Cortex-R4	500 MHz, Embedded Profile
	ARMv7-ME	Cortex-M4	Mikrocontroller Profile, für 32-Bit-Applikationen
	ARMv7-M	Cortex-M0	Nur Thumb-2-Befehlssatz, kein Cache, für 8/16-Bit-Applikationen
		Cortex-M3	Für 16/32-Bit-Applikationen
	ARMv6-M1	Cortex-M1	Für FPGA-Implementierung

Die Orientierung fällt bei den ARM-Prozessoren nicht leicht, weil zwischen der jeweiligen ARM-Familie, der dabei zugrunde gelegten Architektur sowie der Core-Implementierung unterschieden wird und der tatsächliche Chip, wie eingangs erwähnt, von den verschiedenen Firmen mit unterschiedlichen Ausstattungsmerkmalen und Bezeichnungen angeboten wird. Die Tabelle 3.1 ist deshalb zur Orientierung angegeben.

Während die ersten Architekturen (ARM1-, ARM2-, ARM3-Familien) lediglich in den Archimedes-Computern der Firma Acorn zum Einsatz kamen, änderte sich das Geschäftkonzept mit der Umbenennung in *Advanced Risc Machines* (s.o.) grundlegend. Das erste Ergebnis war ein Prozessor (ARM610) auf der Basis des ARM6-Core, der 1993 im ersten bekannten PDA von Apple – Newton – eingesetzt wurde.

Der große Erfolg stellte sich jedoch erst zwei Jahre später mit den Nachfolgern – der ARM7-Familie – ein, die aktuell das untere Ende der ARM-Architektur markieren und nicht mehr für Neuentwicklungen empfohlen werden. Insbesondere die ARM9- als auch die ARM11-Cores sind aktuell in einer Vielzahl von Chips und damit Geräten enthalten. Beim Einsatz dieser etablierten CPU-Kerne kann der

Anwender auf ein breites Spektrum an Debug- und Programmierumgebungen zurückgreifen. Es können bereits vorhandene Bibliotheken und Beispielprogramme genutzt werden.

Die Cortex-A-Cores werden als *Application Processors* bezeichnet. Sie können mit bis zu vier Cores ausgestattet sein und sind explizit für Einheiten wie Smartphones, Netbooks und Digital-TV-Geräte vorgesehen. Cortex-R- und Cortex M-Cores werden bei ARM als *Embedded Processors* geführt und avisieren Echtzeitanwendungen (Real Time), wie sie bei Netzwerk- und Automotive-Applikationen sowie in der Medizintechnik üblich sind.

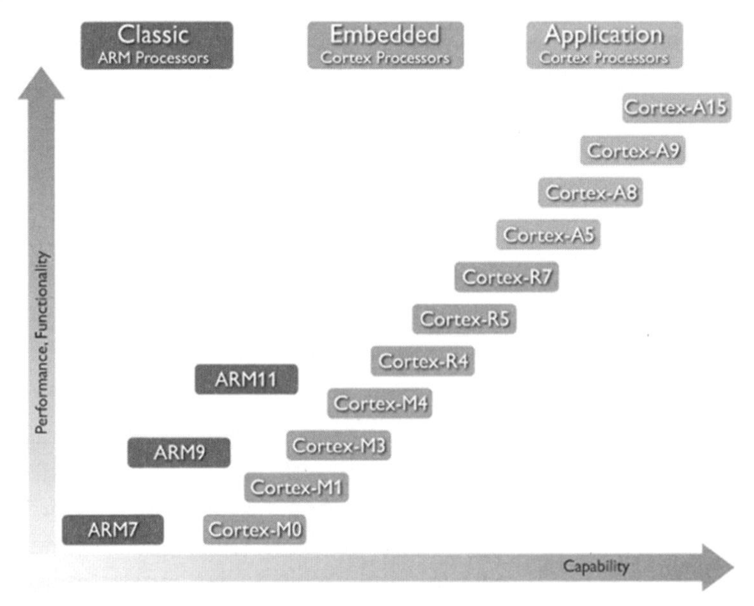

Abbildung 3.3: Einordnung der ARM-Prozessoren im Leistungsschema

Das *Embedded Profile* (Cortex-R) unterscheidet sich jedoch maßgeblich vom *Microcontroller Profile,* welches bei den Cortex-M-Cores die Basis bildet. Cortex-M ist explizit auf niedrigere Taktraten und einen effizienten Stromverbrauch bei geringen Kosten ausgelegt. Die am häufigsten verwendete Cortex-Architektur ist momentan Cortex-M3, die typischerweise mit 120 MHz getaktet wird und in Mikrocontrollern von Energy Micro (EFM32, Gecko), NXP (LPC1700) oder auch STMicroelectronics (STM32-F2) zum Einsatz kommt. Die Stromaufnahme eines STM32-F2 liegt bei ca. 190 μA/MHz, was dem Fertigungsprozess (90 nm) und der niedrigen Versorgungsspannung von 1,2 V zu verdanken ist. Ein Cortex-M4 bietet gegenüber einem Cortex-M3 als wesentlichen Unterschied eine DSP-Funktionalität und wird auch mit einem Cortex-M0-Kern zu einem Dual-Core kombiniert, wie beim LPC4300 der Firma NXP.

Das andere Ende der Leistungsscala markiert der Cortex-M0, der in den neuesten Energy Micro-Controllern (Zero Gecko) oder auch in den Vertretern der NXP-Serien LPC 1100 und LPC 1200 eingebaut ist. Der Cortex-M0 ist zum Cortex-M3 binärkompatibel und verarbeitet eine Untermenge des Thump-Befehlssatzes. Cortex-M0-Typen sind momentan die kleinsten Cortex-Controller mit einer Fläche von gerade einmal 2 x 2 mm und enthalten einen 8 kByte RAM- sowie einen 32 kByte-Flash-Speicher. Die Rechenleistung ist gegenüber einem Cortex-M3 zwar geringer, dafür aber auch der Stromverbrauch, der demgegenüber nur noch halb so groß ist (ca. 85 µW/MHz).

Abbildung 3.4: Der Cortex-M0-Controller von NXP ist einer der kleinsten Mikrocontroller mit ARM-Architektur.

Der im BCM2835 eingesetzte ARM-Core (ARM1176JZF-S) entspricht einem *Classic ARM Processor*, der erst durch das Hinzufügen von verschiedenen Einheiten (Video Core, SDRAM, GPIO) zum leistungsfähigen und universell einsetzbaren Raspberry Pi-Prozessor wird. Der als *Trust Zone* spezifizierte Kern (Abbildung 3.5) ist eine Ergänzung zum ARMv6 und erlaubt die separate Ausführung von »sicheren« und »unsicheren« Codes, was anhand eines *Secure Monitors* gesteuert wird und die Ausführung eines sicher zu betreibenden Betriebssystem-Kerns (privilegierter Mode) von der Ausführung von (möglicherweise) unsicherem Anwendungscode separieren kann, was als eine wichtige Funktion für ein sicheres und stabiles System zu werten ist.

Dem Kern stehen zwei separate Cache-Speicher für Befehle und Daten zur Seite (Instruction Cache, Data Cache), wie es auch aus der x86-Architektur von Intel her bekannt ist. Über die Coprozessor-Schnittstelle lassen sich andere Prozessoren, wie etwa ein Grafikcontroller, schaltungstechnisch anbinden. Das für ARM-Prozessoren obligatorische *Debug Interface* ist für die Programmierung und das Debuggen von Programmcode (Firmware) vorgesehen.

AMBA gibt es mittlerweile in verschiedenen Versionen und ist bereits vom ARM7 her bekannt. Es stellt ein Protokoll für die On-Chip-Verbindungen und das Management der einzelnen Funktionsblöcke in einem SoC (System On Chip) dar, die über verschiedene Interfaces, wie etwa per AXI beim ARM1176, angebunden werden, der über drei AXI-Interfaces verfügt, so dass hier prinzipiell eine Vielzahl von Funktionsblöcken angeschlossen werden können.

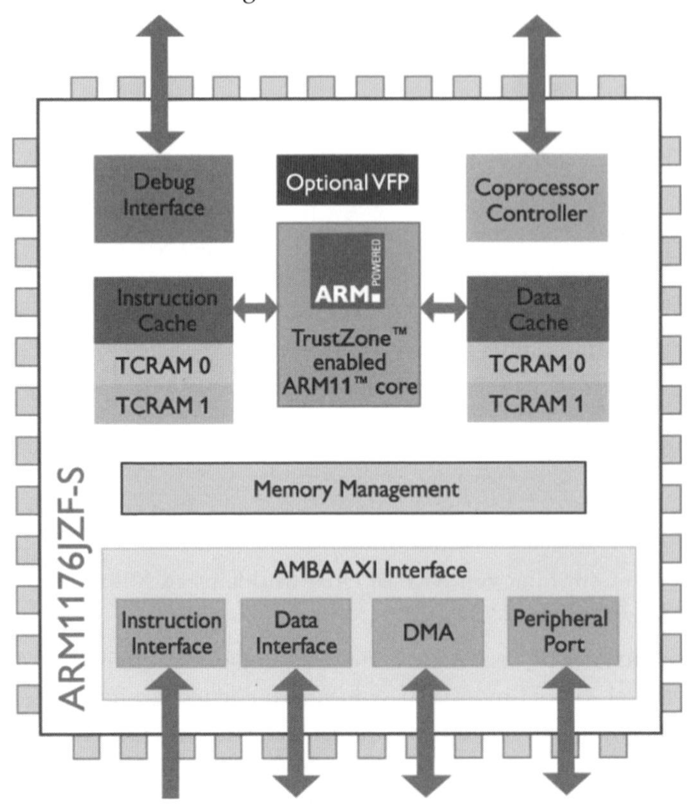

Abbildung 3.5: Das Blockschaltbild des ARM1176JZF-S

Die als optional angegebene *Floating Point Unit* (VFP: Vector Floating Point) ist beim BCM2835 vorhanden und wird standardmäßig vom Raspbian-Betriebssystem – nicht jedoch zwangsläufig auch von anderen Systemen (siehe Kapitel 4.1) – unterstützt.

3.3 Speichereinheiten

Der interne SDRAM-Speicher des BCM2835 verfügt über eine Kapazität von 512 MByte, wobei die erste Raspberry Pi-Serie entsprechend des Modells B und das aktuelle Modell A lediglich 256 MByte besitzen. Aufgrund der Integration des

SDRAMs im BCM2835 – und weil keine zusätzlichen externen Speicherchips angedacht sind – gibt es extern auch keine Datenverbindungen zwischen dem Rechenkern und dem Speicher. Gleichwohl sind für den SDRAM-Betrieb einige Anschlüsse des BCM2835 wichtig, die explizit mit der Spannungsversorgung (1,8 V) und dem Massepotential verbunden sein müssen und Kondensatoren für das Abblocken von Störungen auf den Leitungen benötigen.

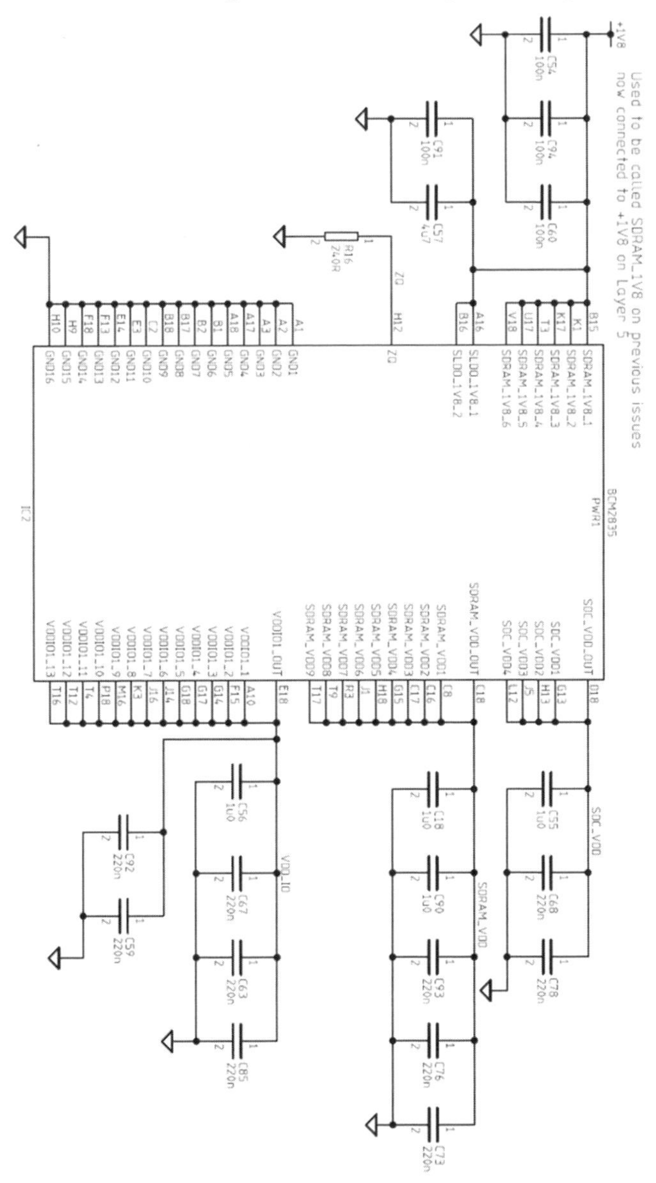

Abbildung 3.6: Die SDRAM-Sektion des BCM2835

3.3.1 SD-Karten

Das Betriebssystem wird von einer SD-Karte (Secure Digital) geladen, die gleichermaßen als Daten- und als Programmspeicher (Festwertspeicher) fungiert. Diese muss bestimmte Voraussetzungen erfüllen, damit diese mit dem Raspberry Pi ohne Probleme eingesetzt werden kann. Deshalb werden im Internet verschiedene Kompatibilitätslisten für passende *SD Cards* geführt, was jedoch nur bedingt aussagekräftig ist, denn alle möglicherweise mit dem Raspberry Pi funktionierenden Typen können hier natürlich nicht verzeichnet sein.

Außerdem sind in der Liste angeführte Typen auch keine Garantie dafür, dass sich nicht dennoch Schwierigkeiten damit ergeben, was durchaus an einem unterschiedlichen internen Aufbau der Karten liegen kann, den der Kartenhersteller nicht mit einer (genaueren) Typenbezeichnung dokumentiert.

Wie im Kapitel 1 erläutert, empfiehlt es sich – zumindest für den Einsteiger – mit einer vorgefertigten *SD-Karte* zu beginnen, die bereits vom Hersteller mit dem Betriebssystem (Standard: Raspbian Operating System) versehen wurde, um die Sache nicht unnötig zu verkomplizieren. Es spricht jedoch nichts dagegen, später andere SD-Karten aus dem eigenen Fundus auszuprobieren, denn ein Schaden an der Elektronik kann durch den Karten-Einsatz nicht hervorgerufen werden, solange die unbeschädigte Karte richtig und ohne Gewalt in die Fassung auf der Platine eingesetzt werden kann.

Grundsätzlich entsprechen *SD Cards* drei Standards, die sich im Wesentlichen in ihrer maximalen Kapazität voneinander unterscheiden. Allerdings wird diesem Umstand im allgemeinen Sprachgebrauch meist nicht Rechnung getragen: Es wird allgemein von *SD Cards* gesprochen. Alle drei Typen besitzen die gleichen mechanischen Abmessungen (32 mm x 24 mm x 2,1 mm).

- SD Card (SD 1.0): Kapazitäten von 8 MByte bis 2 GByte
- SDHC Card (SD 2.0): High Capacity, Kapazitäten von 4 GByte bis 32 GByte
- SDXC Card (SD 3.0): eXtended Capacity, Kapazitäten von 64 GByte bis 2 TByte (momentan maximal 128 MByte)

Die SD-Karten verfügen an der Seite über einen kleiner Schieber (Lock), der für das Einschalten eines Schreibschutzes zuständig ist. Dieser ist dann ausgeschaltet, wenn der Schieber in die Richtung der Kartenkontakte weist. Prinzipiell kann die Schieberstellung mithilfe eines zusätzlichen Schalters im Card-Slot ermittelt werden, so dass die Software darauf reagieren kann.

Beim Raspberry Pi wird der Schreibschutz im Übrigen nicht ausgewertet, so dass auch dann auf die Karte geschrieben werden kann, wenn sich der Schieber in der Schreibschutzposition befindet.

Abbildung 3.7: Micro SD Card mit SD-Adapter

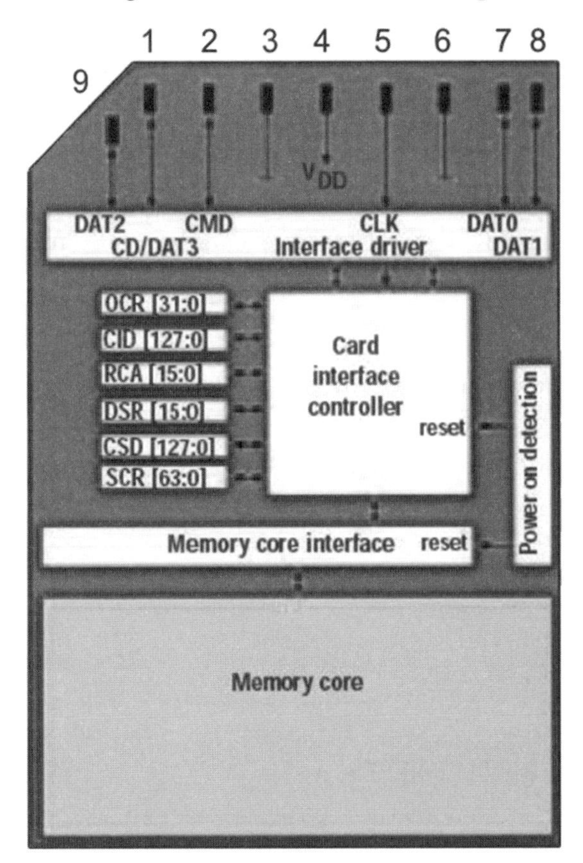

Abbildung 3.8: Kontaktbelegung und interner Aufbau einer SD Card

Neben der klassischen Bauform, die in den entsprechenden Sockel auf dem Raspberry Pi-Board passt, gibt es noch Typen gemäß *miniSD* (20 x 21,5 x 1,4 mm) und *microSD*, (11 mm x 15 mm x 1,0 mm) wofür entsprechende Adapter erhältlich sind, damit diese kleineren Typen ebenfalls mechanisch in einen üblichen SD-Slot passen.

SDHX- und SDXC-Karten funktionieren nicht in Geräten, die lediglich für *SD Cards* spezifiziert sind. Außerdem ist eine geräteabhängige Begrenzung für die maximal zu nutzende Kapazität gegeben, wobei es hier durchaus Unterschiede für das Lesen und das Schreiben geben kann.

Mit der SDHC-Spezifikation sind verschiedene Leistungsklassen definiert worden, die Mindestübertragungsraten für die Aufzeichnung von MPEG-Datenströmen – gewissermaßen eine minimale Schreibgeschwindigkeit – definieren, was insbesondere für Camcorder und Digitalkameras von Bedeutung ist. Die jeweilige *Class*, die gleichermaßen für SDXC-Karten gilt, ist üblicherweise auf der Karte mit angegeben, oder die Schreibdatenrate wird direkt ausgewiesen.

- Class 2: 2 MByte/s Mindestschreibdatenrate
- Class 4: 4 MByte/s Mindestschreibdatenrate
- Class 6: 6 MByte/s Mindestschreibdatenrate
- Class 10: 10 MByte/s Mindestschreibdatenrate

Der Raspberry Pi kann maximal eine SDHC-Karte einsetzen, so dass der maximale Speicher 32 GByte betragen kann. Mit den Klassen 2 und 4 gibt es dabei eher selten Probleme, während es mit den höherklassigen durchaus zu Kompatibilitätsproblemen kommen kann. Diese sind jedoch für den Einsatz des Raspberry Pi als Mediacenter (XBMC, Kapitel 4.5) zu bevorzugen, weil mit ihnen eine ruckelfreie Videowiedergabe möglich ist.

Der eigentliche Card-Controller befindet sich in der jeweiligen SD-Karte selbst, so dass die hierfür notwendige Elektronik recht einfach ist, wie es der Abbildung 3.9 entnommen werden kann. Die Spannungsversorgung (Vdd) beträgt 3,3 V. Es sind zwei Masseleitungen (Vss1, Vss2) sowie die Masse des Blechslots selbst (MTG1, MTG2) vorhanden.

Die Daten werden über die Leitungen DAT0, DAT1, DAT2 und DAT 3 transportiert, wobei das DAT3-Signal auch als Kartenerkennung (CD: Card Detect) fungieren kann. Die Datenübertragung wird vom BCM2835 taktgesteuert (CLK). Mithilfe des CMD-Signals wird die Transferrichtung bestimmt.

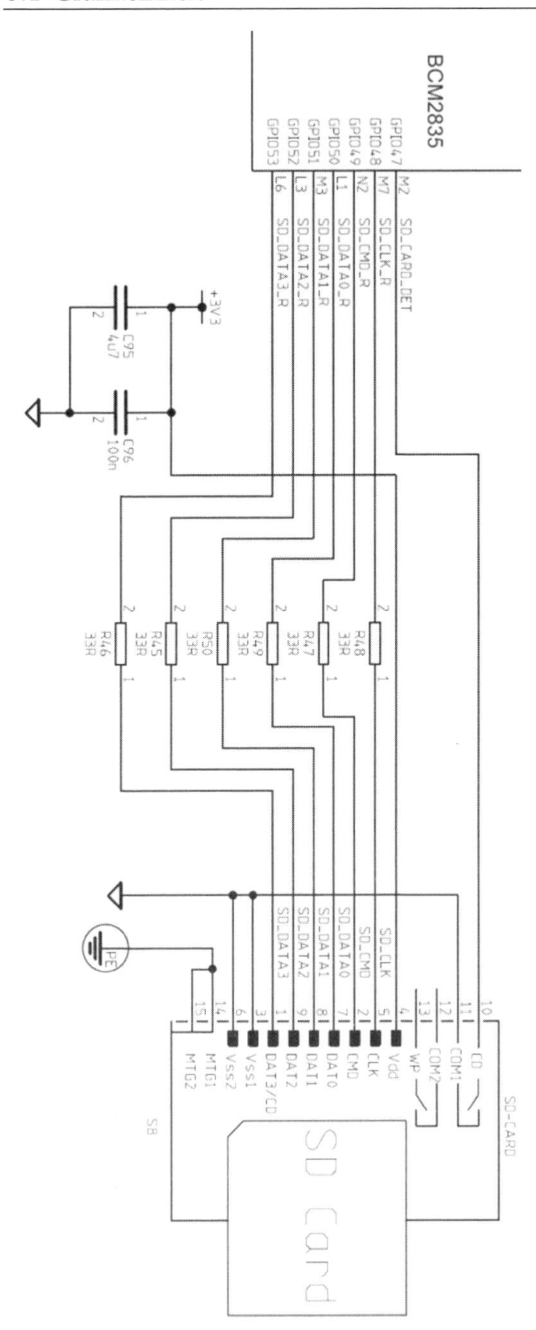

Abbildung 3.9: Das SD-Karteninterface

3.4 Grafikeinheit

Die Grafikeinheit des BCM2835 mit der genaueren Bezeichnung *VideoCore IV* kann sowohl Signale für HDMI (High Definition Multimedia Interface) als auch für *Composite Video* ausgeben, wofür auf der Platine zwei entsprechende Buchsen vorhanden sind. *Composite Video* ist lediglich bei älteren PC-Monitoren zu finden. Es ist jedoch damit möglich, einen Fernseher anzusteuern, wenn das Signal über einen Adapter auf einen SCART-Anschluss des Fernsehgerätes geführt werden kann. Mitunter ist auch ein direkter passender Video-In-Eingang am Gerät zu finden. Die Audioverbindung ist separat herzustellen, wofür üblicherweise Cinch-Verbindungen (RCA Jack) eingesetzt werden.

Abbildung 3.10: Cinch-Stecker. Ein gelber ist laut Standard für das Videosignal und ein weißer (linker Kanal) und ein roter Stecker (rechter Kanal) sind für die Audioverbindung vorgesehen.

Als Grafikspeicher wird automatisch ein Teil des BCM2835-Arbeitsspeichers eingesetzt. Die Grafikeinheit (GPU) ist in der Lage, Videos bis hin zu Blu-Ray-Qualität mit einer Datenkompression entsprechend H.264 mit 40 MBit/s über HDMI auszugeben und unterstützt die Standards *OpenGL-ES2.0* sowie *OpenVG*, was eine verhältnismäßig gute 3D-Darstellung erlaubt. Im Gegensatz zu den CPU-Interna sind die genauen Daten und Spezifikationen der GPU nicht veröffentlicht, was oftmals als Kritik in der *Open Source Community* geäußert wird, weil deshalb keine Entwicklungen hierzu außerhalb der Firma Broadcom möglich sind.

3.4.1 HDMI und DVI

Grundsätzlich führt eine HDMI-Verbindung sowohl Video- als auch Audiosignale und ist kompatibel zur DVI-Schnittstelle, so dass im Bedarfsfall auch einfache Adapter, etwa für die Umsetzung von HMDI auf den DVI-Anschluss eines Monitors, eingesetzt werden können. Das Digital Visual Interface (DVI) gibt es in zwei unterschiedlichen Ausführungen: Einmal mit 24 Kontakten und mit 29 Kontakten, wobei die letzte Ausführung auch analoge VGA-Signale führt, so dass hiermit sowie einem geeigneten Kabel auch weiterhin ein Röhrenmonitor betrieben werden kann.

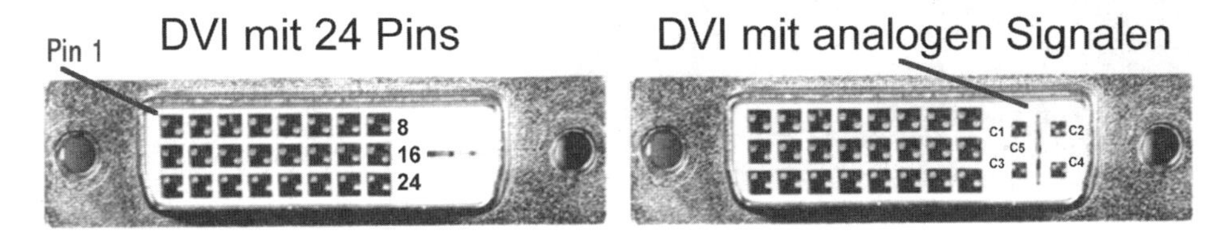

Abbildung 3.11: Die beiden gebräuchlichen DVI-Anschlüsse

Die digitale HDMI-Datenübertragung beruht auf mehreren TDMS-Kanälen (Transition Minimized Differential Signaling Protocol), wozu jeweils zwei Leitungen gehören auf denen eine *differentielle Datenübertragung* stattfindet. Es findet also keine Datenübertragung in Bezug auf die Schaltungsmasse statt, so dass auch längere Kabelverbindungen von 10 m und mehr kein Problem darstellen.

Als Digitalverbindung zwischen dem Grafikchip und einem digitalem Monitor kommen spezielle Panel-Link-ICs zum Einsatz. Der Sender erzeugt aus den 24-Bit-Signalen drei serielle Signale, die differentiell (+/- 0,5 V) auf je zwei Leitungen (RGB) übertragen werden. Zwei weitere Leitungen transportieren das Taktsignal. Im Monitor befindet sich ein Panel-Link-Empfänger, der wieder die ursprünglichen Video- und Steuersignale generiert.

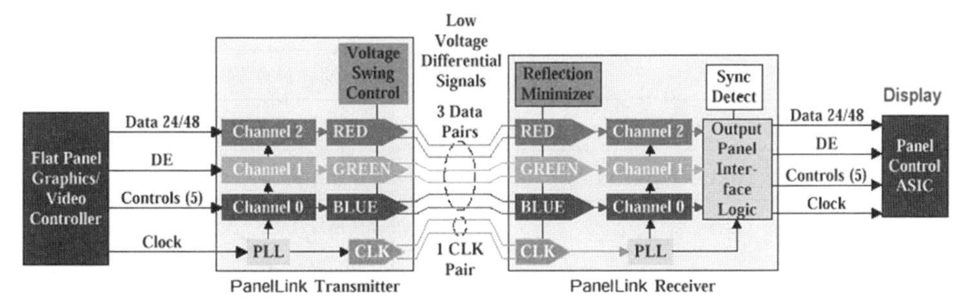

Abbildung 3.12: Das Prinzip der Datenübertragung mit TDMS

Der BCM2835 beinhaltet ebenfalls eine derartige Panel-Link-Einheit. An der 19-poligen HDMI-Buchse (S3) des Raspberry Pi-Boards sind die hierfür notwendigen Signale entsprechend verschaltet, wobei verschiedene Dioden als Schutzschaltung für die einzelnen Signale eingesetzt werden, wie es der Abbildung 3.14 entnommen werden kann.

Neben den TDMS-Signalen ist ein CEC-Signal (Consumer Electronics Control) vorhanden. Es entspricht einem einadrigen Datenbus für die Vernetzung unterschiedlicher Multimediageräte (HiFi, Video, Player etc.), deren Funktionen damit zentral gesteuert werden können.

Abbildung 3.13: Die Kontakte der HDMI-Buchse

Tabelle 3.2: Die einzelnen HDMI-Signale

Pin Nr.	Signal	Raspberry Pi-Schaltung
1	TDMS Daten 2+	HDMI_TX2_P
2	TDMS Daten 2 Abschirmung	Ground
3	TDMS Daten 2-	HDMI_TX2_N
4	TDMS Daten 1+	HDMI_TX1_P
5	TDMS Daten 1 Abschirmung	Ground
6	TDMS Daten 1-	HDMI_TX1_N
7	TDMS Daten 0+	HDMI_TX0_P
8	TDMS Daten 0 Abschirmung	Ground
9	TDMS Daten 0-	HDMI_TX0_N
10	TDMS Takt +	HDMI_CLK_P
11	TDMS Takt Abschirmung	Ground
12	TDMS Takt -	HDMI_CLK_N
13	Consumer Electronics Control	HDMI_CEC_DAT
14	Reserved	Nicht angeschlossen
15	Serial Clock Line	HDMI_SCL
16	Serial Data Line	HDMI_SDA
17	Ground (DDC, CEC)	Ground
18	+ 5 V Power	+ 5V0
19	Hot Plug Detect	HDMI_HPD

Außerdem wird der *Display Data Channel* (DDC) unterstützt, der einen Kommunikationsweg zwischen einem Grafikadapter und einem Monitor bildet, um somit eine automatische Konfiguration (Plug&Play) des Grafiksystems zu ermöglichen.

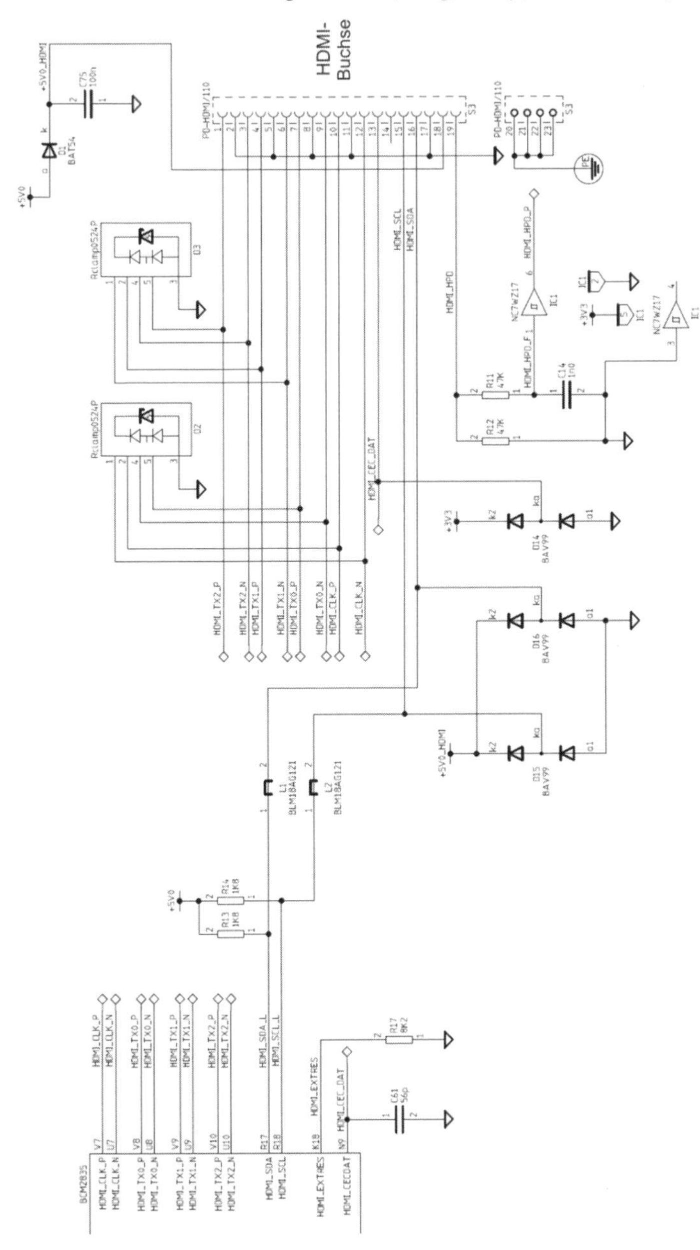

Abbildung 3.14: Die HDMI-Schaltung

DDC arbeitet in zwei Richtungen (bidirektional) und verwendet hierfür einen speziellen Bus, der im Prinzip dem I²C-Bus der Firma Philips entspricht. Der I²C-Bus (siehe auch Kapitel 6.4) ist in fast jedem CD-Player oder auch Fernseher zu finden und wird für die interne Kommunikation der einzelnen Schaltungseinheiten verwendet. Er besteht aus dem Datensignal *Serial Data Line* (SDA) und dem Taktsignal *Serial Clock Line* (SCL). Für die Detektierung eines eingesteckten HDMI-Kabels, woraufhin CEC und DCC automatisch starten können, wird eine separate Hot Plug Detect-Schaltung (HDMI_HPD) eingesetzt.

3.4.2 Composite Video

Im Gegensatz zur HDMI-Schaltung (Abbildung 3.14) stellt sich die Composite Video-Schaltung als vergleichsweise einfach dar, denn hierfür wird ein BCM2835-interner *Digital Analog Converter* (DAC) verwendet, der als externe Beschaltung neben der gelben Cinch-Buchse (S4) lediglich einen Widerstand und zwei Schutzdioden benötigt.

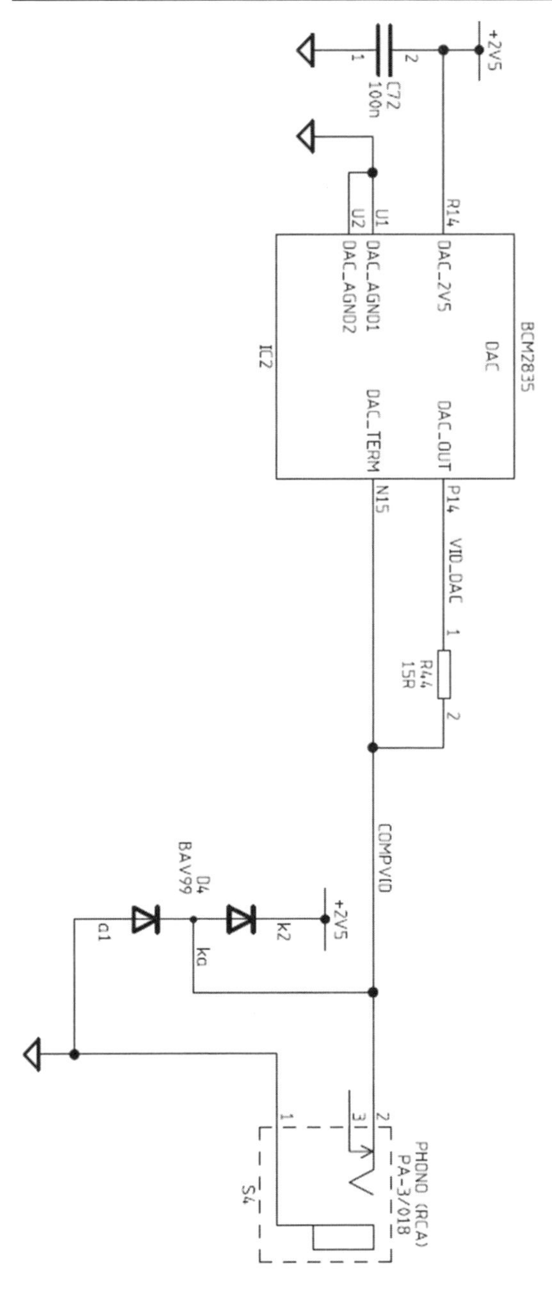

Abbildung 3.15: Die Video Out-Schaltung

3.5 Audio

Für eine Audioverbindung (Audio Out) vom Raspberry Pi mit aktiven Lautsprechern oder Audio-Verstärkern ist auf der Platine eine blaue Buchse (S6) vorhanden, die einen 3,5 mm Stereo-Klinkenstecker aufnehmen kann. Demnach ist beim Einsatz eines einfachen Audiokabels, welches an beiden Enden mit einem Klinkenstecker versehen ist (wie es zu Monitoren mit integrieren Lautsprechen meist mitgeliefert wird), ein Adapter notwendig, der das Audiosignal auf die bei HiFi- und TV-Geräten üblichen Cinch-Anschlüsse (vgl. Abbildung 3.10) umsetzt. Audioeingänge, um etwa Signale aufzunehmen (Samplen), gibt es beim Raspberry Pi standardmäßig nicht.

Die Audioschaltung auf der Raspberry Pi-Platine wird von zwei PWM-Signalen (Pulse Width Modulation) des BCM2835 gespeist, die aus einer einfachen Filterschaltung mit vorwiegender Tiefpasscharakteristik sowie zwei Dioden als Schutzschaltung (Amplitudenbegrenzung) besteht. Die Schutzschaltung entspricht prinzipiell der, wie sie beim Composite Video-Ausgang vorhanden ist.

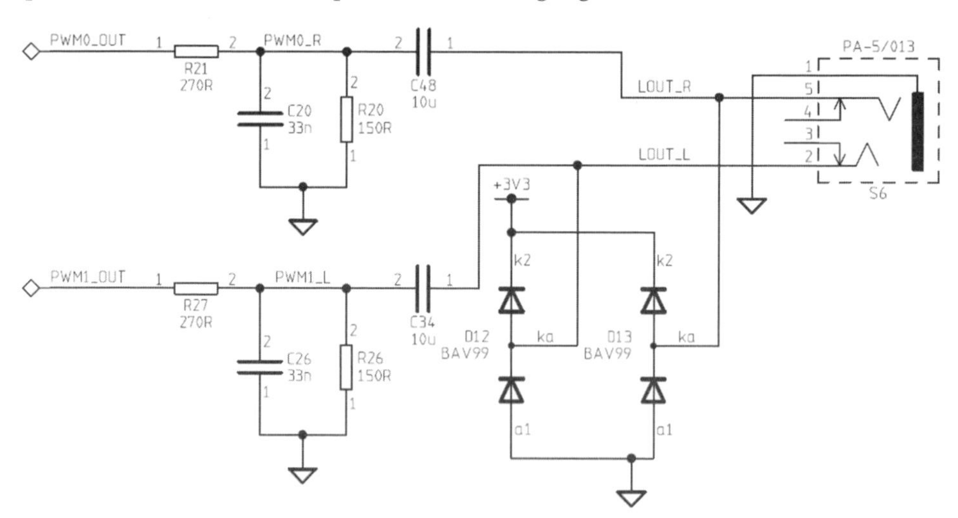

Abbildung 3.16: Die Audio Out-Schaltung

3.6 General Purpose Input Output

Die 26-polige Steckerleiste auf der Raspberry Pi-Platine führt verschiedene Signale, die zusammengefasst unter *General Purpose Input Output* (GPIO) geführt werden. GPIO ist eine ganz allgemeine Bezeichnung, die bei vielen Mikrocontrollern oder auch Schnittstellen verwendet wird und für sich allein nichts über die einzelnen Signale und deren elektrische Daten oder über die Art und Weise der Programmierung aussagt. GPIO-Schnittstellen gibt es demnach in unzähligen Ausführungen, wobei hier natürlich die des Raspberry Pi von Bedeutung ist. Dieser GPIO-Port ist für den Anschluss von (eigenen) Elektronikschaltungen vorgesehen, was ein einfachsten Fall eine Leuchtdiode für ein Output-Signal und ein Taster für ein Input-Signal sein kann.

Die GPIO-Signale werden direkt vom BCM2835 zur Verfügung gestellt, weshalb beim Anschluss äußerste Vorsicht geboten ist, damit der Chip nicht unabsichtlich zerstört wird, denn eine Schutzschaltung gibt es hier nicht. Bereits statische Aufladung, wie sie etwa mit kunststoffhaltigen Teppichen oder Kleidungsstücken auftritt, kann den BCM2835 beim Berühren der GPIO-Kontakte mit dem (aufgeladenen) Finger zerstören, womit dann gleich das komplette Board unbrauchbar wäre.

Das Interface arbeitet mit einer Spannung von maximal 3,3 V, so dass hier keine höheren Spannungen angelegt werden dürfen. Welcher Strom an den einzelnen Pins maximal erlaubt ist, wird nicht offiziell genannt. Weder die *Raspberry Pi Foundation* noch die Firma Broadcom haben (bisher) elektrische Kenndaten hierzu veröffentlicht.

Im Vergleich mit anderen ARM11-Prozessoren kann man jedoch davon ausgehen, dass 5 mA (Source + 5 mA, Sink - 5 mA) als ein geeigneter Wert für die explizit mit *GPIO* bezeichneten Signale anzusehen ist, auch wenn bei einigen ARM11-Typen 8 mA und mehr spezifiziert werden. Offiziell wird zwar ein maximaler Strom von 16 mA (- 2 mA) angegeben, allerdings bezieht sich diese Angabe nicht auf einen einzelnen Pin, sondern auf eine *Funktionsgruppe*, womit wahrscheinlich die Gruppen GPIO, SPI, I²C sowie die seriellen Signale TXD und RXD gemeint sind, so dass demnach lediglich 2 mA (- 0,3 mA) für einen GPIO-Pin zulässig sind. Eindeutig sind die Angaben zum maximal erlaubten Strom jedoch nicht.

Abbildung 3.17: Die 26-polige GPIO-Kontaktleiste und die Buchsen für den Video- und den Audioanschluss.

In der Tabelle 3.3 sind die einzelnen Signale, wie sie am 26-poligen Anschluss vorhanden sind, angegeben. Dabei fallen die ungewöhnlichen Nummerierungen und

Bezeichnungen auf, was zum einen der Doppelfunktion einiger Pins geschuldet ist und zum anderen der Anschlussbezeichnung am BCM2835, die gewissermaßen bis an die Steckerleiste weitergeführt worden ist, so dass es einige GPIO-Leitungen scheinbar gar nicht gibt. Sie sind jedoch nicht mit der Steckerleiste, sondern mit anderen Peripherieeinheiten auf dem Board verbunden.

Etwas logischer erscheint demgegenüber die Bezeichnung, wie sie auch im Schaltplan (Abbildung 3.18) angewendet wird und die die kontinuierlich mit GPIO_GEN0 (Pin 11) bis GPIO_GEN6 durchzählt.

Tabelle 3.3: Die einzelnen Signale am 26-poligen GPIO-Anschluss

Pin	Signal	Raspberry Pi	Pin	Signal	Raspberry Pi
1	3,3 V	3,3 V	2	5 V	5 V
3	GPIO0 oder I^2C: SDA	SDA0	4	-	(5 V)
5	GPIO1 oder I^2C: SCL	SCL0	6	Masse	Ground
7	GPIO4 oder General Purpose Clock	GPIO_GCLK	8	GPIO14 oder UART TXD	TXD0
9	-	(Ground)	10	GPIO15 oder UART RXD	RXD0
11	GPIO17	GPIO_GEN0	12	GPIO18 oder PWM_CLK	GPIO_GEN1
13	GPIO21 oder PCM_DOUT	GPIO_GEN2	14	-	(Ground)
15	GPIO22	GPIO_GEN3	16	GPIO23	GPIO_GEN4
17	-	(3,3 V)	18	GPIO24	GPIO_GEN5
19	GPIO10 oder SPI: MOSI	SPI_MOSI	20	-	(Ground)
21	GPIO9 oder SPI: MISO	SPI_MISO	22	GPIO25	GPIO_GEN6
23	GPIO11 oder SPI: CLK	SPI_CLK	24	GPIO8 oder SPI: Chip Select 0	SPI_CE0_N
25	-	(Ground)	26	GPIO7 oder SPI: Chip Select 1	SPI_CE1_N

In Tabelle 3.3 sind zur Orientierung beide Bezeichnungsschemata angeführt. In der Tabelle 3.4 wird die Zuordnung noch einmal separat verdeutlicht. Demnach gibt es lediglich fünf »richtige« GPIO-Leitungen (Pins 11, 15, 16, 18, 22), die als universelle Ein- oder Ausgänge genutzt werden können und keine Doppelfunktion aufweisen.

Die 26-polige Kontaktleiste ist zweireihig und im üblichen 2,54 mm-Raster ausgeführt. Die Pinnummerierung entspricht der üblichen Zählweise, d.h. in der unteren Reihe (zur Platineninnenseite hin) befinden sich stets die ungeraden Kontakte (1-25) und in der oberen (zum Platinenrand hin) die geraden. Der Pin 1 ist auf der Platine gekennzeichnet, was jedoch nur schwach zu erkennen ist, so dass die Abbildung 3.17 und die Tabellen 3.3 und 3.4 der leichteren Orientierung dienlich sind.

Tabelle 3.4: Die GPIO-Signale mit den Pinzuordnungen und ihren alternativen Funktionen (Revision 1)

Zählung	GPIO-Signal	Pin. Nr.	Alternative Funktion
1	GPIO0 (GPIO2)*	3	I²C: SDA
2	GPIO1 (GPIO3)*	5	I²C: SCL
3	GPIO4	7	General Purpose Clock
4	GPIO7	26	SPI: Chip Select 1
5	GPIO8	24	SPI: Chip Select 0
6	GPIO9	21	SPI: MISO
7	GPIO10	19	SPI: MOSI
8	GPIO11	23	SPI: CLK
9	GPIO14	8	UART: TXD
10	GPIO15	10	UART: RXD
11	GPIO17	11	keine
12	GPIO18	12	PWM/PCM Clock
13	GPIO21	13	PCM Data Out
14	GPIO22	15	keine
15	GPIO23	16	keine
16	GPIO24	18	keine
17	GPIO25	22	keine

Im Elektronik-Handel sind fertig konfektionierte, übliche 26-polige Flachbandkabel erhältlich. Es gibt auch eine spezielle Verbindung (Breakout Kit) als Raspberry Pi-Zubehör, die allerdings verhältnismäßig teuer ist. Ein gewöhnliches Fachbandkabel aus einem (alten) PC mit 40 Kontakten (IDE), lässt sich hierfür einfach

»missbrauchen« oder auch ein 34-poliges wie es für Diskettenlaufwerke eingesetzt wird, wobei hier auf die »Verdrehung« einzelner Leitungen (10-16) zu achten ist, man das Kabel an diesem Ende am besten abschneidet und für die Verbindung mit der Peripherie einsetzt.

Einige Anschlüsse haben neben der Funktion, dass sie wahlweise als Eingang oder als Ausgang geschaltet werden können (GPIO), alternative Funktionen, die durch entsprechende Treibereinträge in den Konfigurationsdateien des Betriebssystems (Linux) aktiviert werden können (Kapitel 6). Die Funktionen für *den General Purpose Clock* (Pin 7) sowie für das PWM-Ausgangssignal (Pin 12), welches auch als *PCM Clock* mit dem dazugehörigen Datensignal *PCM Data Out* (Pin 13) geführt wird, sind bisher allerdings noch nicht (richtig) erschlossen, so dass diese Pins vorzugsweise ebenfalls als GPIO-Anschlüsse eingesetzt werden.Neben den (reinen) GPIO-Signalen führt der Port die Signale für insgesamt drei digitale Schnittstellen. Zunächst gibt es hier den I²C-Bus (SDA an Pin 3, SCL an Pin 5), der entsprechend mit zwei Pull-Up-Widerständen (R1, R2 mit 1,8 k) verschaltet ist (Abbildung 3.17), so dass sich bei diesen beiden Pins eine Verwendung als »gewöhnlicher« GPIO-Port ausschließt.

Außerdem werden die Signale (Pins 19, 21, 23, 24, 26) für den SPI-Bus bereitgestellt. Mithilfe der zwei dazugehörigen Chip Select-Signale (Pin 24, 26) können zwei Chips, die mit einem *Serial Peripheral Interface* (SPI) ausgestattet sind, direkt angeschlossen werden. Sowohl I²C als auch SPI eignen sich insbesondere für die Verbindung von »intelligenten« Sensoren, die intern über eine entsprechende Signalaufbereitung verfügen und Messwerte direkt per Bus ausgelesen werden können.

Der Raspberry Pi kann auch über eine serielle Schnittstelle (RS232) mit geeigneter Peripherie kommunizieren. Hierfür werden lediglich die Signale TXD (Pin 8) und RXD (Pin 10) zur Verfügung gesellt, womit sich die Minimalausführung (ohne Kontrollsignale) einer RS232-Schnittstelle aufbauen lässt. Weil RS232 laut Standard mit Pegeln im Bereich von +12 V und - 12 V arbeitet, muss den beiden seriellen Signalen des Raspberry Pi-Boards noch ein geeigneter Transceiver, wie beispielsweise der gebräuchliche Typ MAX232, nachgeschaltet werden.

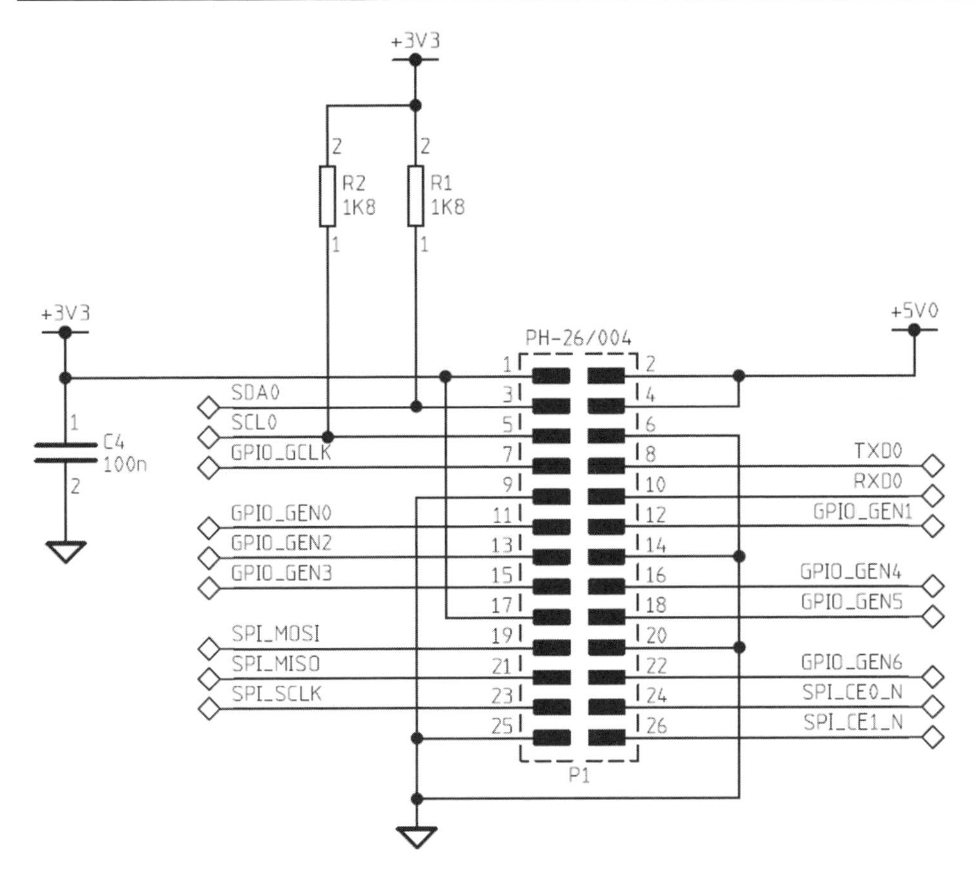

Abbildung 3.18: Die Schaltung für die GPIO- und Schnittstellensignale

Das einzige Massesignal befindet sich laut den Angaben der *Raspberry Pi Foundation* am Pin 6. Es werden zudem sechs Anschlüsse mit der Bezeichnung DNT ausgewiesen, was für *Do Not Connect* steht. Demnach darf an diesen Pins, die in der Tabelle 3.3 mit dem Zeichen »-« versehen sind, nichts angeschlossen werden. Beim Vergleich mit dem Schaltplan (Abbildung 3.18) ist allerdings zu erkennen, dass an den DNT-Pins entweder Ground (Pins 9, 14, 20, 24) oder + 5 V (Pin 4) oder +3,3 V (Pin 17) anliegen, so dass nichts dagegen spricht diese Anschlüsse auch entsprechend einzusetzen. Diese »Unstimmigkeiten« ergeben sich, weil mit der Board-Revision 2 der Raspberry Pi-Hardware einige Pins zusätzliche Funktionen und andere Beschriftungen erhalten haben, was in den beiden obigen Tabellen berücksichtigt ist.

3.7 Ethernet und USB

Als zweiter Chip ist der Typ LAN9512 der Firma SMSC auf der Platine vorhanden, der einen USB-Hub sowie einen Ethernet-Controller beinhaltet. Beim Modell A der Raspberry Pi-Platine wird der LAN9512-Chip (Ethernet, USB) nicht bestückt, so dass nur noch ein einziger USB-Port, der direkt vom BCM2835 zur Verfügung gestellt wird, vorhanden ist. Es gibt hier auch keinen Netzwerkanschluss (LAN). Außerdem wird beim Modell A ein BCM2835 eingesetzt, der statt 512 MByte lediglich über 256 MByte an Speicher verfügt.

Beide Maßnahmen schlagen sich in einem günstigeren Preis für dieses Raspberry Pi-Board nieder sowie in einem niedrigeren Stromverbrauch. Dieser hängt maßgeblich davon ab, welche Aktionen gerade ausgeführt werden. Bei der Wiedergabe eines hochauflösenden Videos wird er relativ hoch sein, im nicht aktiven Modus (Sleep) relativ niedrig, so dass hierfür kein allgemein gültiger Wert angegeben werden kann, zumal die eventuell angeschlossene Peripherie wie USB-Geräte oder Leuchtdioden ebenfalls zum Stromverbrauch beitragen. Zur Orientierung beträgt der Stromverbrauch laut Datenblatt beim (üblichen) Modell B typischerweise 3,5 W und beim Modell A lediglich 2,5 W.

Dementsprechend ist das Modell A eher für Applikationen interessant, die aus einer Batterie gespeist werden sollen und bei denen die genannten Einschränkungen für die Anwendung keine ausschlaggebende Rolle spielen, also eine langsamere Datenverarbeitung aufgrund des kleineren Speichers zulässig und keine Ethernet-Netzwerkverbindung notwendig ist.

Embedded Systems, die explizit für eine bestimmte Aufgabe programmiert sind und häufig in der Mess- und Steuertechnik eingesetzt werden, sind hierfür typische Beispiele oder auch autarke, drahtlose Sensorknoten, die etwa Umweltdaten messen, diese lokal speichern und zu bestimmten Zeiten über eine drahtlose Netzwerkverbindung (WLAN, Bluetooth) an eine Basisstation übertragen.

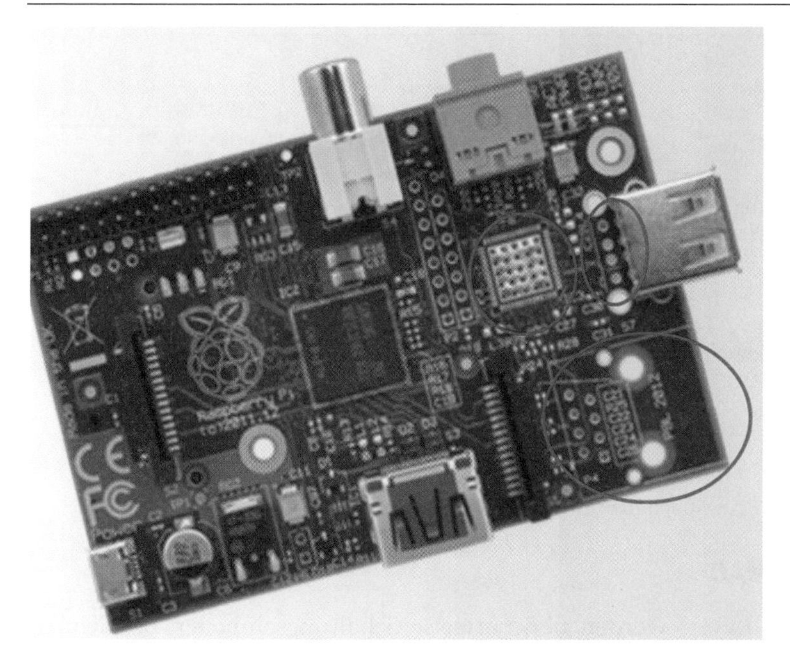

Abbildung 3.19: Beim Modell B ist der LAN9512-Chip nicht bestückt, so dass auch die Buchsen für den Ethernet-Anschluss und den zweiten USB-Port fehlen.

3.7.1 LAN9512

Der LAN9512-Chip ist insofern etwas Besonderes, weil hier zwei recht unterschiedliche Einheiten (LAN-Controller und USB Hub) miteinander in einem Gehäuse kombiniert sind. Im Gegensatz zum Broadcom BCM2835 gehört der LAN9512 zum üblichen Programm der Firma SMSC; er kann demnach auch über die bekannten Distributoren einzeln bezogen werden. Die Firma SMSC ist insbesondere für ihre LAN-Controller bekannt, die auf unzähligen Netzwetzwerkkarten und Mainboards eingebaut sind und stellt hierfür auch entsprechende Treibersoftware (Windows, Linux) zur Verfügung.

Im LAN9512 ist kein USB-Controller enthalten, sondern lediglich ein USB-Hub mit zwei Ports (Downstream USB PHY). Stattdessen fungiert der BCM2835 auch als USB-Controller gemäß der USB 2.0-Spezifikation und leitet die Signale zum USB-Hub (Upstream USB PHY).

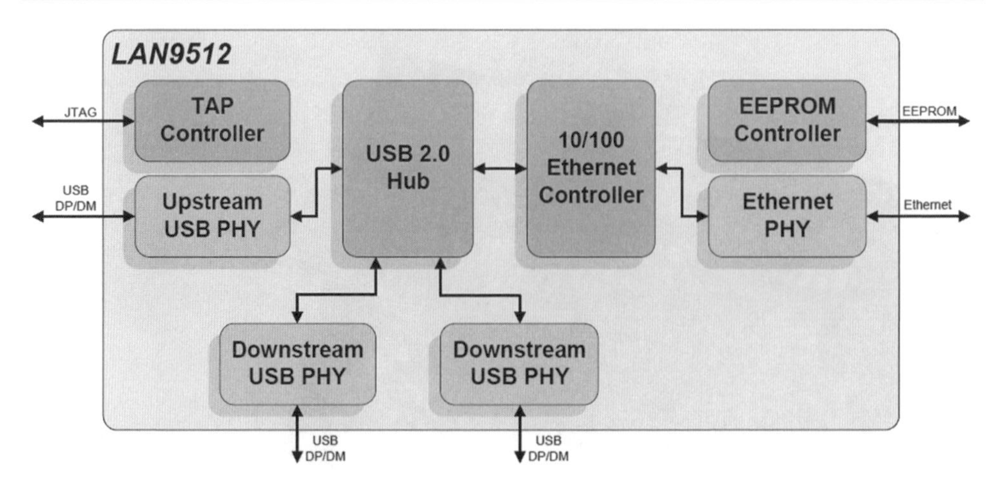

Abbildung 3.20: Das Prinzipschaltbild des LAN9512

3.7.2 PHY und MAC

Mit PHY (Physical Layer) werden üblicherweise Schaltungseinheiten bezeichnet, die die Ebene der Bitübertragung (Schicht 1) repräsentieren, was seinen Ursprung im Standard des OSI-Schichtenmodells (Open Systems Interconnect) hat, welches insgesamt sieben unterschiedliche Schichten mit eindeutigen Funktionen definiert, um somit die Unabhängigkeit von Hardware- und Software-Einheiten in Kommunikationssystemen herstellen zu können.

Der *Physical Layer* kommuniziert (ausschließlich) mit der darüberliegenden Schicht 2 – dem *Data Link Layer* –, was beim Ethernet-PHY die Verbindung mit einer MAC-Einheit (Media Access Control) bedeutet. Diese Trennung von PHY und MAC ist traditionell von Netzwerkadaptern her bekannt, wo eine einzige MAC-Einheit für unterschiedlichste PHY-Einheiten verwendet werden kann, die dann entweder für Koaxial- oder für Twisted Pair-Kabel oder auch für Lichtwellenleiter (Glasfaser) ausgelegt ist.

In einer MAC-Einheit werden die Datenpakete und Adressen gebildet sowie eine grundlegende Fehlererkennung ausgeführt. Jede Netzwerkeinheit verfügt über eine eindeutige, weltweit einmalige MAC-Adresse und kann somit eindeutig identifiziert werden. Eine IP-Adresse wird beispielesweise stets auf einer MAC-Adresse abgebildet. Die *MAC Engine* befindet sich im Ethernet-Controller des LAN9512-Chips, der mit der Ethernet-PHY-Einheit verbunden und für Twisted Pair-Kabel ausgelegt ist.

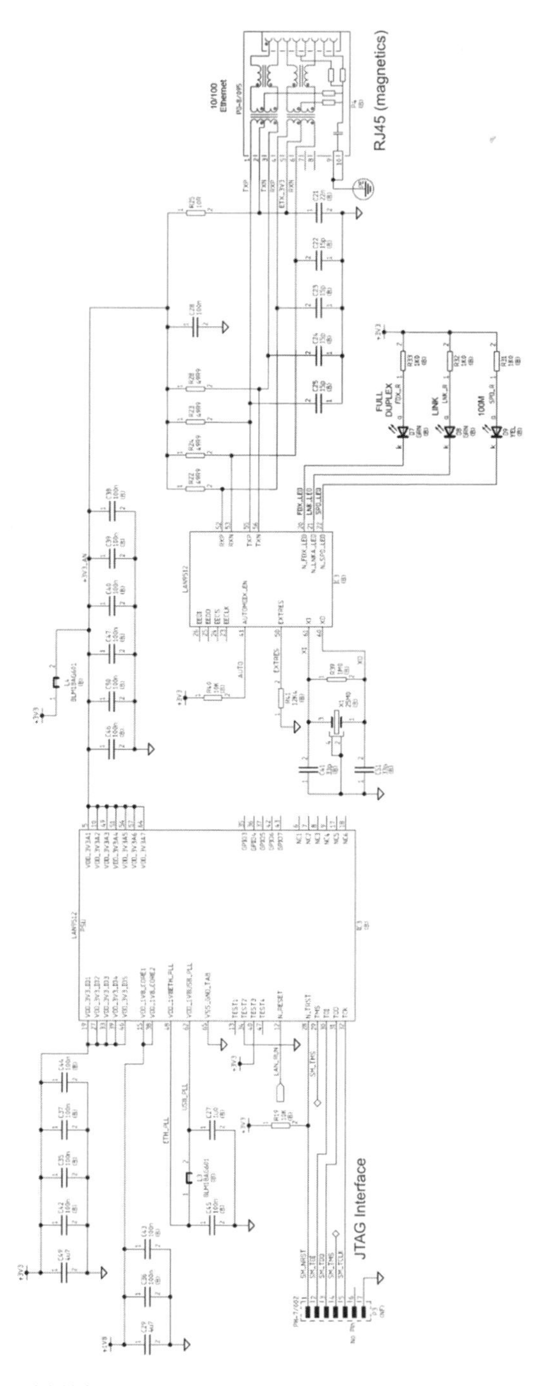

Abbildung 3.21: Die Schaltung des Netzwerk-Interfaces

Die Netzwerkeinheit unterstützt den Ethernet-Standard IEEE 802.3 mit 10 (10Base-T) und mit 100 MBit/s (100Base-TX) bei automatischer Detektierung der jeweiligen Betriebsart (Auto Negotiation). Außerdem wird Full-Duplex unterstützt, was gleichzeitiges Senden und Empfangen ermöglicht. Je nach Kommunikationspartner (Switch oder PC) werden die Leitungen automatisch umgeschaltet.

3.7.3 Netzwerkverbindung

Üblicherweise ist bei der Verbindung von zwei gleichartigen Netzwerkeinheiten, etwa zweier PCs, ein Netzwerkkabel notwendig, bei dem die Sende- und Empfangsleitungen überkreuz laufen, so dass die Sendeleitung des einen PC an die Empfangsleitung des zweiten (und umgekehrt) gelangt. Diese *Cross-Kabel* sind also intern anders verschaltet als die üblichen Patch-Kabel, womit ein PC an einen Switch angeschlossen wird. Eine automatische Erkennung und Umschaltung zwischen Cross- und Patch-Modus ist laut Standard erst bei Gigabit-Ethernet (1000Base-T) vorgeschrieben, weshalb dann keine speziellen Cross-Kabel mehr benötigt werden. Obwohl der LAN9512 lediglich für maximal 100Base-TX ausgelegt ist, kennt er dennoch diese praktische Automatik, so dass sich der Anwender keine besonderen Gedanken beim Netzwerkanschluss machen muss.

Bei Netzwerkkarten mit Koaxial- oder Twisted Pair-Anschluss ist generell eine galvanische Trennung zwischen der Netzwerkleitung und der Netzwerkkartenelektronik notwendig. Beim Raspberry Pi findet man die hierfür notwendigen Übertrager (Transformatoren) jedoch nicht, denn diese befinden sich in der Netzwerkbuchse. Es wird hier also keine gewöhnliche Twisted Pair-Buchse (RJ45) eingesetzt, was zu einer sehr kompakten Elektronik führt, die mithilfe dreier Leuchtdioden auch den jeweiligen Netzwerkstatus des Boards visualisiert. LINK bedeutet, dass eine Netzwerkverbindung besteht, FULL DUPLEX weist die Funktion aus, dass gleichzeitiges Senden und Empfangen erfolgt, und 100M, dass der Modus mit 100 MBit/s aktiv ist. Es gibt auch RJ45-Netzwerkbuchsen mit integrierten Übertragern (Magnetics), die außerdem noch die Leuchtdioden für die Statusanzeige (Molex, Epcos) beinhalten, was eine weitere Vereinfachung beim Aufbau von Netzwerkinterfaces mit sich bringt.

An den integrierten EEPROM-Controller kann prinzipiell ein externes EEPROM als Speicher für Konfigurationsdaten (USB Deskriptoren) und die MAC-Adresse angeschlossen werden, was bei der Raspberry Pi-Schaltung jedoch nicht genutzt wird, denn die Daten sind hier Chip-intern festgelegt.

3.7.4 TAP- und USB-Controller

Für die Programmierung und den Test des Chips ist ein *TAP Controller* (Test Access Port) im LAN9512 integriert. Dieser führt vier einzelne Signale (TMS, TDI, TDO, TCK), die zusammengefasst als JTAG-Interface bezeichnet werden. Die *Joint Test Action Group* (JTAG) hat diesen Standard, der unter IEEE 1149 geführt wird, ursprünglich definiert. Mithilfe dieser genau spezifizierten Schnittstelle lassen sich – je nach Chiptyp – , unterschiedliche Tests (Boundary Scan) ausführen, um bereits während der Fertigung oder auch später beim aufgelöteten Chip verschiedene Funktionsprüfungen ausführen zu können. Der BCM2835 besitzt ebenfalls ein derartiges JTAG-Interface (Abbildung 3.21). Die hierfür notwendige 8-polige Steckerleiste wird bei der Board Revision 2 allerdings nicht mehr bestückt.

Für die USB-Schaltung (Abbildung 3.22) auf dem Raspberry Pi-Board werden nur wenige zusätzliche Bauelemente benötigt. Der USB führt generell eine Spannung von 5 V, womit hier angeschlossene Geräte mit Strom versorgt werden. Im Gegensatz zu den üblichen PC-Realisierungen, bei denen maximal 500 mA von einem USB-Port geliefert werden können, ist dies bei den beiden Raspberry Pi-USB-Anschlüssen weitaus weniger.

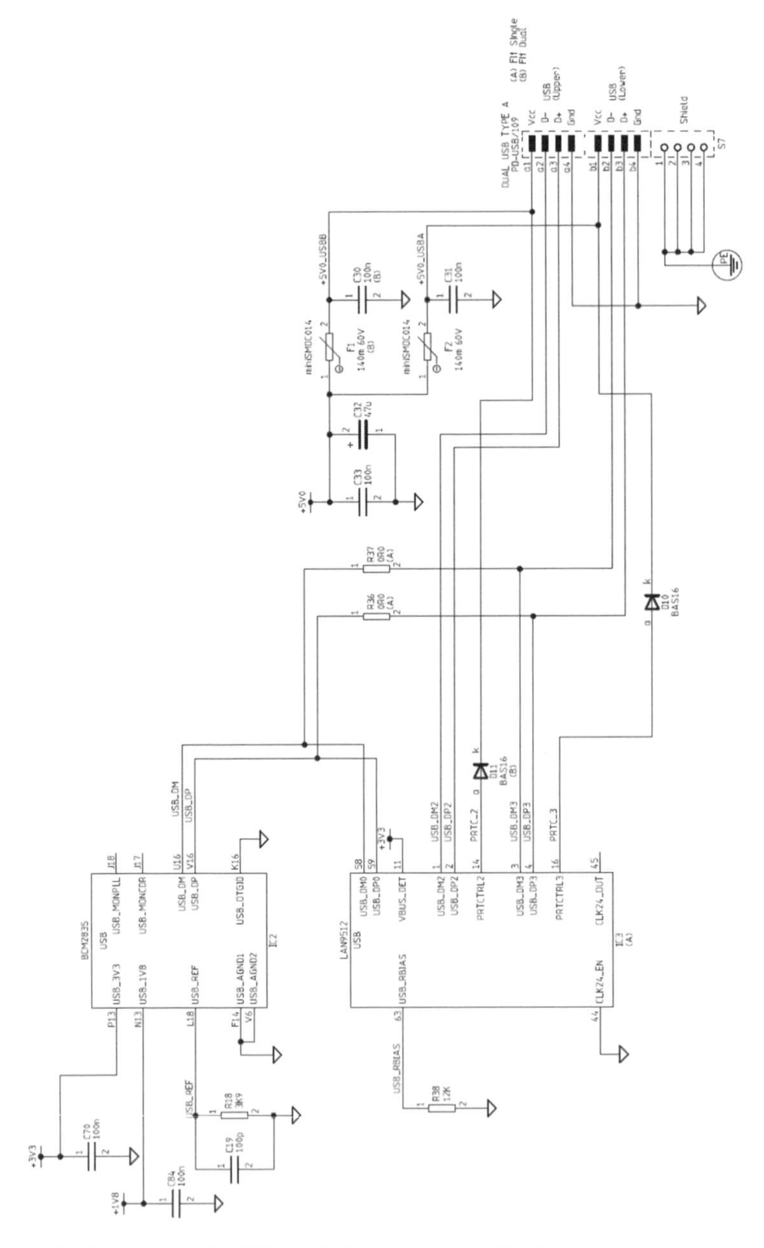

Abbildung 3.22: Die USB-Schaltung mit LAN9512

3.7.5 Polyfuses

Damit der Strom nicht unzulässigerweise zu hoch werden kann, sind die beiden USB-Ports (Abbildung 3.22) ursprünglich durch zwei so genannte *Polyfuses* geschützt, die bei einem Strom von ca. 140 mA auslösen. Falls also ein angeschlossenes USB-Gerät mehr Strom als 140 mA benötigt, wird die Verbindung und damit die Spannungsversorgung durch die Sicherung unterbrochen. Zu jeder dieser Schutzschaltungen gehören außerdem jeweils eine Diode, damit eine externe Spannung keinen Schaden anrichten kann, und mehrere Abblockkondensatoren.

Polyfuses sind selbstrückstellende Sicherungen, die nach der Auslösung – und dem Abziehen des Stromverbrauchers oder der Beseitigung eines Kurzschlusses – nach einiger Zeit wieder einschalten. Das Element entspricht einem Kaltleiter auf Polymerbasis mit einer nichtlinearen Widerstandskennlinie, welches sich durch den fließenden Strom erwärmt und hochohmig wird. Ist das Element abgekühlt wird es niederohmig und leitet wieder. Im Gegensatz zu üblichen Feinsicherungen müssen sie nicht ersetzt werden, dafür sind sie im Schaltverhalten jedoch relativ träge.

Bei den neueren Raspberry Pi-Boards (ab Modell B Revision 1.0+) hat man auf die Bestückung der beiden 100 nF-Kondensatonen (C30, C31) sowie die der Polyfuses für den USB verzichtet, stattdessen sind bei der Übergangsserie für die Sicherungen lediglich Lötbrücken vorhanden. Bei den aktuellen Boards ist das Platinenlayout gleich entsprechend geändert worden. Deshalb ist stets besondere Vorsicht beim Anschluss von USB-Geräten, die möglicherweise zu viel Strom ziehen können, geboten. Am besten werden USB-Geräte, vielleicht mit Ausnahme der Tastatur, über einen separaten USB-Hub mit Netzteil angeschlossen, so dass für den Raspberry Pi keine Gefahr besteht.

Eine weitere Polyfuse (Abbildung 3.24) befindet sich direkt in der Spannungsversorgungsleitung zwischen dem USB-Micro-Anschluss und dem Testpunkt 1 (Abbildung 3.23), an dem die notwendige Spannung von 5 V nachgemessen werden kann.

3.8 Spannungsversorgung und Taktung

Die Spannungsversorgung für das Raspberry Pi-Board muss von einem separaten Steckernetzteil mit Micro-USB-Anschlusskabel zur Verfügung gestellt werden, welches einen Strom von mindestens 700 mA liefern sollte. Aus den hiermit generierten 5 V werden auf der Platine drei verschiedene Spannungen für die einzelnen Bauelemente mithilfe von entsprechenden Spannungsreglern (3,3 V und 2,5 V und 1,8 V) erzeugt.

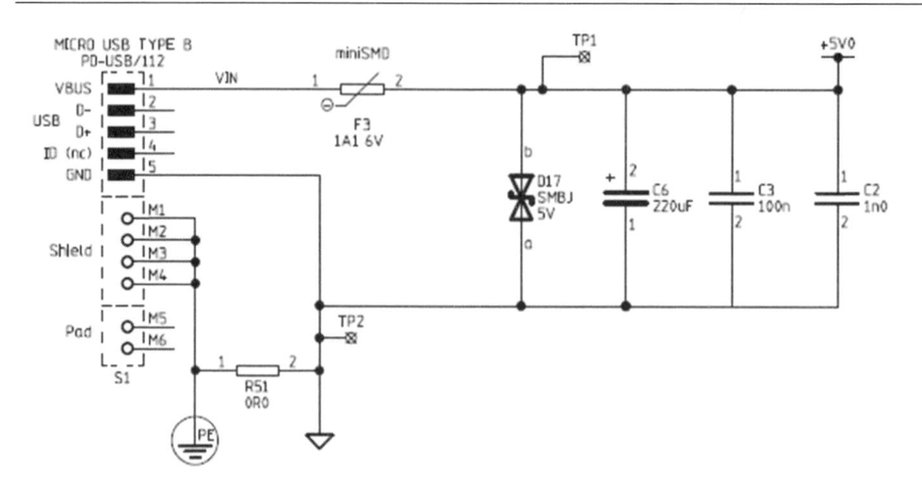

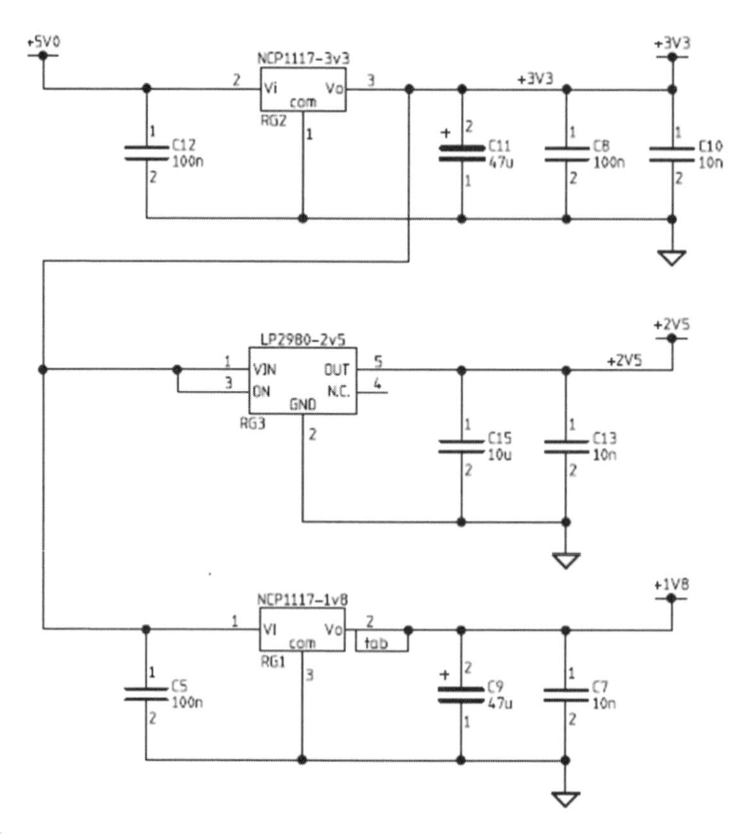

Abbildung 3.23: Die Schaltungen für die Spannungsversorgung

Durch eine Polyfuse (s.o.) wird in der Rasberry Pi-Schaltung verhindert, dass ein Strom von mehr als 1 A fließen kann. Zwei Leuchtdioden, die sich in der Platinenecke bei den drei LEDs für die Visualisierung des Netzwerkstatus befinden, signalisieren, dass die Versorgungsspannung von 3,3 V vorhanden (rote LED) und der Prozessor aktiv ist. (grüne Status-LED).

Abbildung 3.24: Die Polyfuse befindet sich auf der Platinenrückseite unter der Micro-USB-Buchse

3.8.1 Taktung

Die zweite Vorraussetzung für die grundlegende Funktion ist neben einer korrekten Spannungsversorgung, dass sowohl für den BCM2835 als auch für den LAN9512 der jeweils benötigte Takt zur Verfügung gestellt wird, was über zwei separate Quarzoszillatoren erfolgt, die sich auf der Platinenunterseite befinden. Der LAN9512 (Abbildung 3.21) wird mit 25 MHz und der BCM2835 mit 19,2 MHz getaktet.

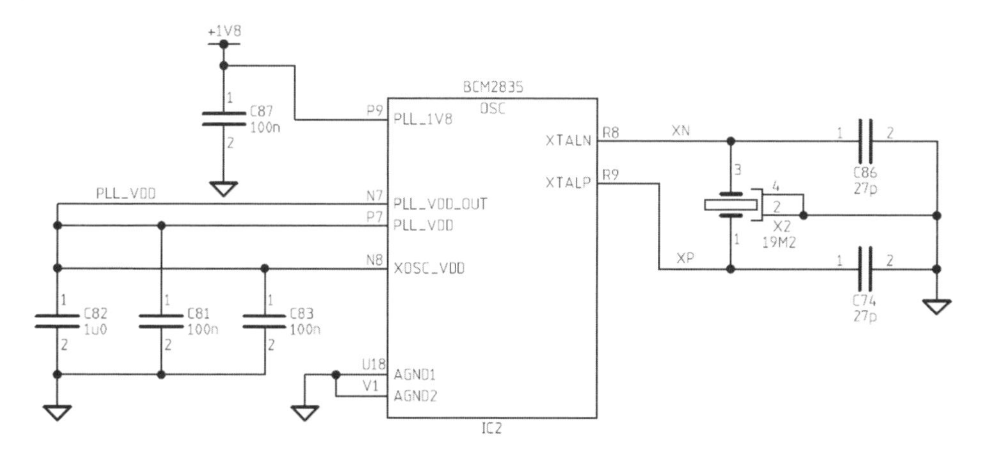

Abbildung 3.25: Die Taktschaltung für den BCM2835

3.9 Reset-Schaltung

Ein Reset-Impuls versetzt einem Mikroprozessor oder einen Mikrocontroller in seinen logischen Ausgangszustand, bei dem alle Registerinhalte gelöscht werden und eine nachfolgende Neuinitialisierung stattfindet. In vielen Applikationen übernimmt ein spezieller Chip diese Reset-Funktion, die durch einen bestimmten Zustand, ein bestimmtes Ereignis oder auch die Betätigung eines Tasters ausgelöst werden kann. Damit sind eine ganze Reihe von Effekten, wie eine zu geringe Versorgungsspannung oder eine zu hohe Temperatur oder ein nicht geschlossener Kontakt, detektierbar, die einen unsicheren Betriebszustand des Prozessors hervorrufen können, so dass er zurückgesetzt wird. Je nach Reset-Chip und -Schaltung kann der Prozessor erst dann wieder in Betrieb gehen, wenn das verursachende Problem beseitigt worden ist.

Im BCM2835 ist nur eine einfache Reset-Schaltung integriert, die durch einen Low-Impuls am Eingang RUN ausgelöst wird. Dieser Eingang wird im Normalbetrieb durch einen Widerstand (R15, 10 k) konstant auf High-Pegel gehalten, woraufhin der Reset automatisch dann einmal ausgelöst wird, wenn die Betriebsspannung »hochgefahren« ist. Mit der neueren Platinenversion (Revision 2) ist eine kleine Zusatzschaltung hinzugekommen, die auch eine manuelle Reset-Auslösung gestattet. Hierfür sind auf der Platine die beiden Kontakte an P6 vorgesehen, an die ein Taster angeschlossen werden kann. Insbesondere bei Hardware-nahen Applikationen kommt es durchaus vor, dass der Raspberry Pi hängt, so dass ein Tastendruck ihn dann wieder neu starten kann. Im Gegensatz zum Ein- und Ausschalten der Spannungsversorgung, die ebenfalls für einen Reset sorgt, verläuft der Reset per Taster etwas schneller. Taster, die eine zweipolige Kabelverbindung mit einem Stecker aufweisen, findet man beispielsweise in älteren PC-Modellen, so dass ein zweipoliger Pfostenstecker auf die Platine gelötet wird.

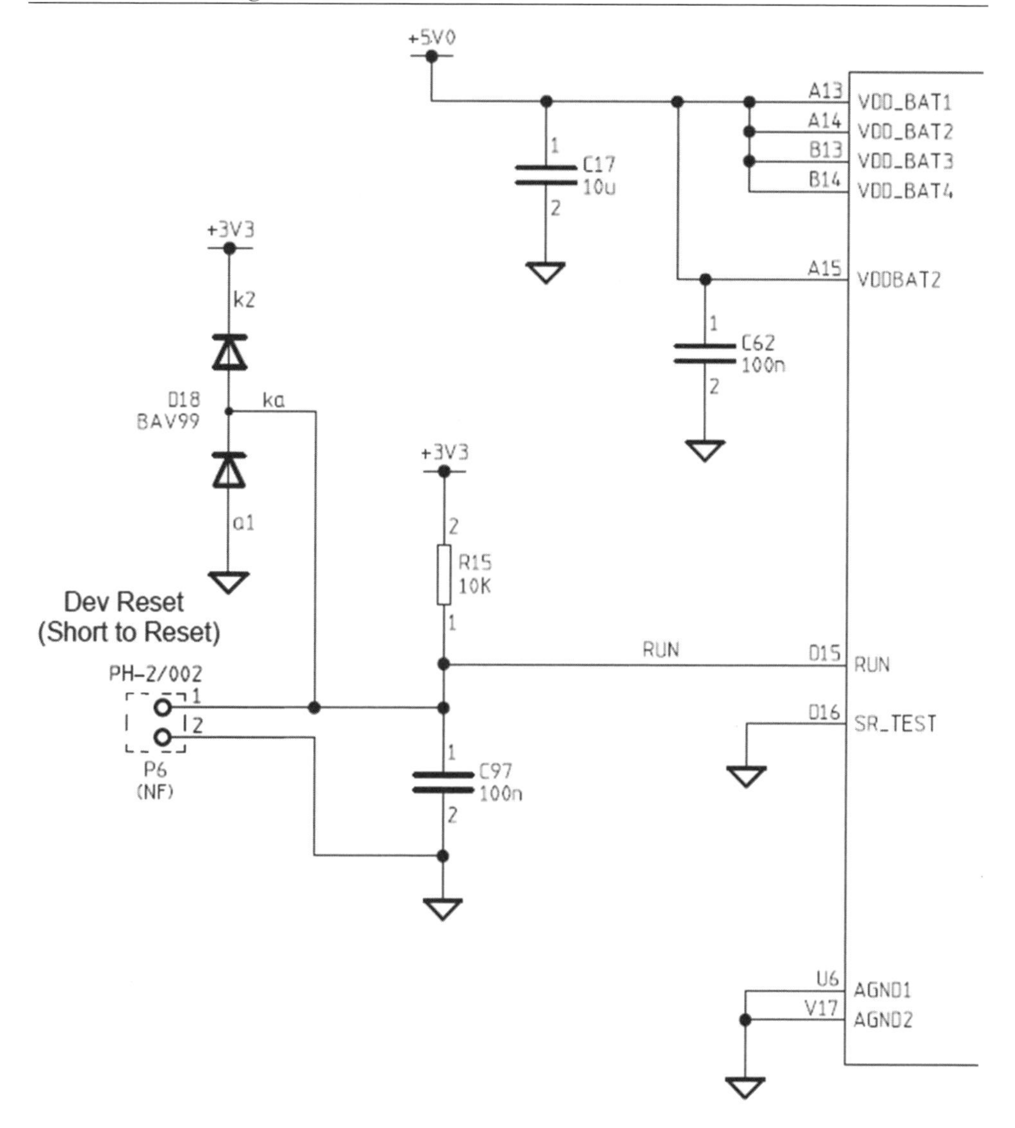

Abbildung 3.26: Die Reset-Schaltung, die mit der Revision 2 hinzugekommen ist, kann optional mit einem Taster (an P6) bestückt werden.

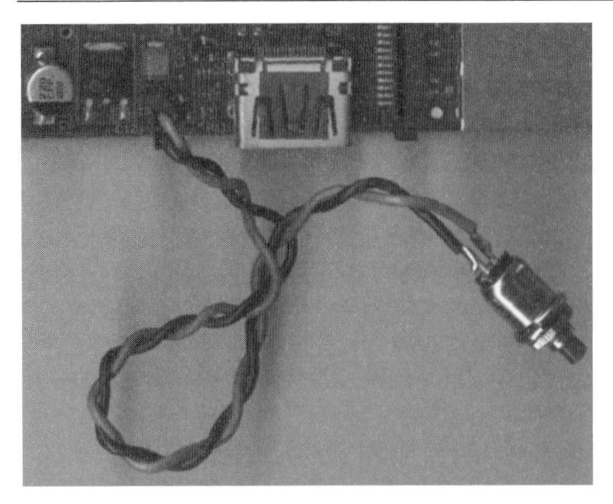

Abbildung 3.27: Der zusätzliche Reset-Switch

3.10 DSI- und CSI-Schaltung

Auf der Raspberry Pi-Platine sind zwei 15-polige Klemmhalterungen (Flat Flex Connector) zu erkennen, die für die Aufnahme von Folienkabel gedacht sind. Es handelt sich dabei um zwei *Serial Interfaces* (SI), wobei das eine (S2) für den Anschluss eines Display (DSI) und das andere (S5) für den Anschluss einer Camera (CSI) gedacht ist.

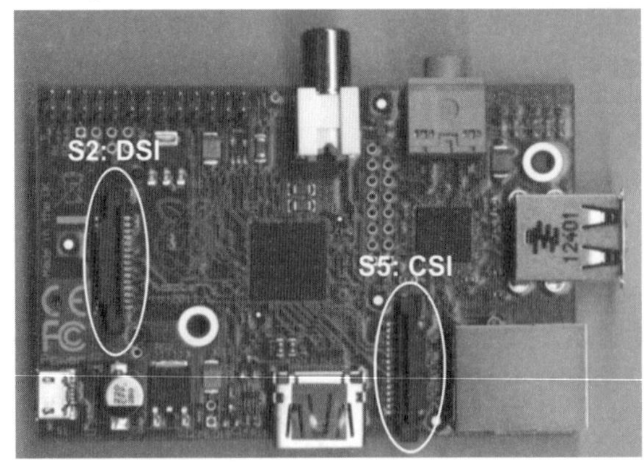

Abbildung 3.28: Zwei spezielle Schnittstellen für Display und Camera

Beide Interfaces führen jeweils sechs differentielle Signalpaare, mit denen die Daten seriell übertragen werden, ähnlich wie es bei PCI-Express praktiziert wird. Diese beiden Interfaces entsprechen dem Standard *Mobile Industry Processor Interface* (MIPI), der von der *MIPI Alliance* veröffentlicht und gepflegt wird. Das Besondere bei MPI ist, dass der Stromverbrauch eine besondere Berücksichtigung erfährt, weil er für mobile Geräte nun einmal ein wichtiges Kriterium ist. Neben dem eigentlichen Interface, welches eine maximale Datenrate von 5 GBit/s erlaubt, definiert die MIPI Alliance verschiedene Videoformate und Kommandos. Demnach sind die Display- und Camera-Lösungen, die mit diesen Interfaces intendiert werden, eher dem professionellen und industriellen Bereich zuzuordnen.

Am Connector des *Camera Serial Interfaces* ist für die Steuerung ein I²C-Bus-Interface (siehe Kapitel 6.4) mit der dazugehörigen Taktleitung (SCL1) und der Datenleitung (SDA1) vorhanden. Die Signale des zweiten I²C-Bus-Interface (SCL0, SDA0) befinden sich am GPIO-Connector. Dabei sind diese beiden I²C-Bus-Interfaces mit der zweiten Platinenversion gegeneinander getauscht worden, was für die Verwendung zwar keine direkte Bedeutung hat, gleichwohl muss die jeweilige Bezeichnung bei der Programmierung (Kapitel 6.4.4) beachtet werden.

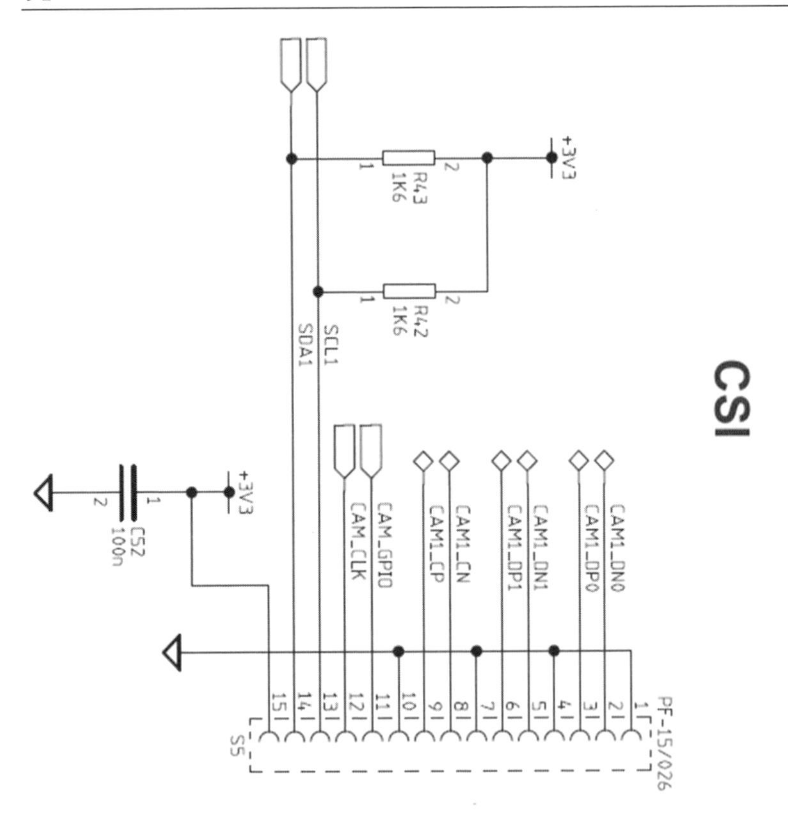

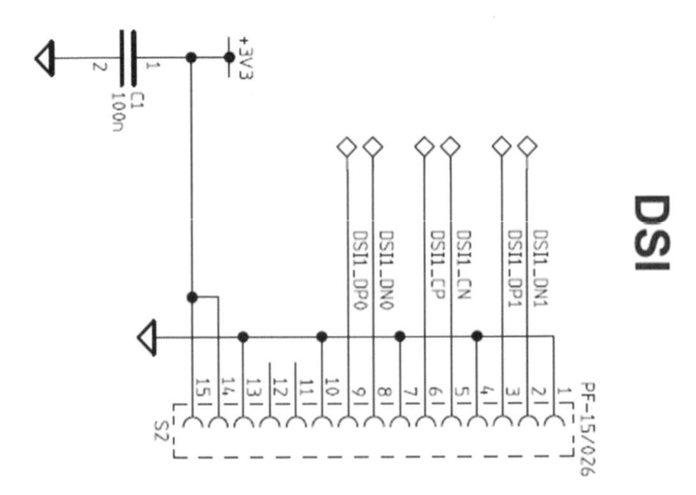

Abbildung 3.29: Die beiden Interfaces laut MIPI-Standard

4 Konfigurierung und Optimierung

Nachdem der *Schnellstart* im Kapitel 1 zu einem funktionierenden Raspberry Pi geführt hat und die wesentlichen Dinge für den Umgang mit dem Linux-Betriebssystem sowie der grundlegenden Software im Kapitel 2 behandelt wurden, geht es in diesem Kapitel um typische Konfigurationsarbeiten und um die Optimierung des Raspberry Pi.

4.1 Betriebssysteme

Für den Raspberry Pi gibt es verschiedene Betriebssysteme, wobei sich prinzipiell alle Linux-Derivate (ab Linux Kernel 2.6) und auch andere, für ARM-Prozessoren bestimmte Systeme einsetzen lassen, die jedoch die speziellen Funktionen des Broadcom BCM 2835 nicht nutzen können, was nur mit den explizit für den Raspberry Pi ausgelegten Betriebssystemen möglich ist. Die typischen Linux-Desktop-Systeme lassen sich nicht auf einem Raspberry Pi installieren, genauso wenig wie Betriebssysteme für die x86-Architektur (DOS, Windows) von Intel. Die wichtigsten für den Raspberry Pi vorgesehenen Betriebssysteme sind im Folgenden kurz erläutert. Sie werden in Form eines Image zur Verfügung gestellt, welches als Download von verschiedenen Internet-Seiten bezogen werden kann. Die erste Anlaufstelle hierfür ist die Seite der Raspberry Pi Foundation:

`http://www.raspberrypi.org/downloads`

Die für den Raspberry Pi angepassten Betriebssysteme berücksichtigen die gegenüber anderen Plattformen (PC, Notebooks) begrenzten Ressourcen, denn es macht keinen Sinn, hier zu versuchen, die üblichen Browser oder Office-Pakete oder etwa Bildverarbeitungsprogramme mit dem Komfort eines Desktop-Systems einsetzen zu wollen.

Debian Squezze: Basiert wie Ubuntu oder auch Knoppix auf einem Debian GNU-Linux (Kernel 2.6), welches quasi den Vorläufer (ohne Spezialisierung) von Wheezy darstellt. Es richtet sich demgegenüber eher an Linux-erfahrenere Anwender. Wie alle Debian-Versionen handelt es sich um eine reine Non-Profit-Distribution, ohne dass hier wie bei Fedora (Firma Red Hat) oder SUSE (Firma Novell) eine Firma dahintersteht.

Debian Wheezy, Raspbian: Stabile, speziell für den Broadcom BCM 2835 angepasste Debian-Linux-Version, die auch die *Floating Point Unit* (Gleitkomma/Fließkommazahlenberechnung) und weitere spezielle Einheiten des Broadcom BCM2835 unterstützt. Raspbian liefert eine Vielzahl von angepassten Software-Paketen und ist zurzeit die Standard-Version für den Raspberry Pi.

Debian Wheezy Soft Float: Im Prinzip die gleiche Version wie Raspbian, allerdings wird hier bewusst auf die Unterstützung der hardware-basierten *Floating Point Unit* verzichtet, weil damit (noch) einige Anwendungen (z.B. Oracle JAVA) nicht lauffähig sind.

Fedora Linux: Diese Linux-Version sollte ursprünglich die für den Raspberry Pi (Fedora 18 Remix) bevorzugte Version sein, die ebenfalls spezielle Treiber (Video Core) beinhaltet. Das Image weist eine beträchtliche Größe von ca. 3 GByte auf, gleichwohl sind nur recht wenige Applikationen dabei, die die begrenzten Ressourcen des Raspberry Pi berücksichtigen. Als Desktop ist Xfce (Version 4.10) standardmäßig vorgesehen, welches auf dem Raspberry Pi verhältnismäßig langsam arbeitet, was für das gesamte System gilt, bei dem das erste Update beispielsweise über eine Stunde dauert und noch merkliche Fehler im Betrieb auftauchen. Die Raspberry Pi Foundation entschied sich (wohl aus diesen Gründen) stattdessen für Debian (Raspbian). Fedora ist für verschiedene ARM-Architekturen (Kapitel 3.2) verfügbar und wird für den Raspberry Pi (noch) weiterentwickelt.

Arch Linux ARM: Eine rudimentäre, schnelle Linux-Version für den Raspberry Pi, die in ca. 10s bootet und als *Basis-Betriebssystem für fortgeschrittene Anwender* propagiert wird. Sie unterstützt die *Floating Point Unit*, bietet jedoch standardmäßig keine grafische Oberfläche. Es wird nur eine geringe Anzahl von Software-Paketen geliefert, die sich mit dem dazugehörigen Paketmanager installieren lassen. Für Einsteiger ist diese Linux-Version nicht geeignet. Sie wird vorzugsweise für spezielle Anwendungen genutzt, die mit eigener Software ohne Anzeige arbeiten sollen.

RISC OS: Eine sehr ursprüngliche Implementierung des *Operating Sytems* (OS) für einen *Reduced Instruction Set Computer*. RISC gilt als gegenteiliger Ansatz zu einem Computer nach CISC (Complex Instruction Set Computer), wofür der PC mit einem Intel-Prozessor das bekannteste Beispiel ist. Das RISC-System wurde in den achtziger Jahren in Cambridge entwickelt, für die Acorn-Computer (siehe Einführung und Kapitel 3.2) eingesetzt und wird nunmehr auch für den Raspberry Pi zur Verfügung gestellt. Im Vergleich mit den aktuellen Linux-Systemen wirkt RISC OS recht schlicht und etwas nostalgisch. Außerdem gibt es hierfür wenig Open-Source-Software. Anderseits arbeitet das System sehr stabil.

Es gibt noch einige weitere Linux-Systeme wie SliTaz4 oder Gentoo, die für den Raspberry Pi geeignet sind. Sie setzen allerdings noch weit mehr Linux-Kenntnisse als Arch Linux voraus, zumal Gentoo selbst zu kompilieren ist, wodurch – mit relativ viel Arbeit – ein schlankes und individuelles System hergestellt wird. SliTaz4 ist demgegenüber auf den Einsatz als schneller Web Server optimiert. Die Linux-Systeme realisieren grundsätzlich die Datei- und Verzeichnisstruktur und unterstützen die typischen Befehle, wie sie im Kapitel 2 erläutert sind. Andere Betriebssysteme wie etwa Android oder FreeBSD werden in speziellen Versionen für den Rasberry Pi angepasst. Es werden wahrscheinlich noch weitere für besondere Einsatzgebiete folgen. Beispielsweise wird mit Raspbmc (siehe Kapitel 4.5) eine Linux-basierte Mediacenter-Distribution zur Verfügung gestellt.

```
Arch Linux 3.6.11-6-ARCH+ (tty1)

alarmpi login: [ OK ] Started Netcfg networking service for profile ethernet-etho
[ OK ] Reached target Network
       Starting OpenNTP Daemon...
[ OK ] Started OpenNTP Daemon
[ OK ] Reached tasrget Multi-User.
[ OK ] Reached target Graphical Interface.

Arch Linux 3.6.11-6-ARCH+ (tty1)

alarmpi login: root
Password:

Last login: Fr Apr 12 16:27:22 BST 2013 on tty1
Last login: Fr Apr 12 16:39:51 on tty1

[root@alarmpi ~]# ls -l
total 0

[root@alarmpi ~]# df -h
Filesystem        Size    Used    Avail   Used%   Mounted on
rootfs            1.7G    458M    1.2G      29%   /
/dev/root         1.7G    458M    1.2G      29%   /
devtmpfs           83M       0     83M       0%   /dev
tmpfs             232M       0    232M       0%   /dev/shm
tmpfs             232M    268K    231M       1%   /run
tmpfs             232M       0    232M       0%   /sys/fs/cgroup
tmpfs             232M       0    232M       0%   /tmp
/dev/mmcblk0p1     90M     24M     67M      27%   /boot

[root@alarmpi ~]#
```

Abbildung 4.1: Bei Arch Linux ist root mit dem Passwort root (zunächst) der einzige Anwender. Hier werden die Linux-Befehle für die Inhaltsanzeige des aktuellen Verzeichnisinhaltes (ls) und Disk Free (df) ausgeführt. Dabei ist standardmäßig der englisch/amerikanische Zeichensatz aktiv.

Selbstverständlich sind eigenen Experimenten mit den verschiedenen Betriebssystemen und den Software-Paketen, die auch nicht explizit für den Raspberry Pi vorgesehen sind, kaum Grenzen gesetzt, denn eine Beschädigung der Hardware ist dadurch nicht möglich. Falls nichts mehr funktionieren sollte, wird einfach die SD-Karte mit der funktionierenden Raspbian-Version wieder eingesetzt, die momentan als das Standardbetriebssystem für den Raspberry Pi gilt.

4.2 Systeminstallation

Die Installation des Betriebssystems erfolgt auf einer SD-Karte (Kapitel 1.2 und 3.3.1), auf die ein Image geschrieben wird, welches das jeweilige Betriebssystem »beherbergt«. Wie oben erwähnt, werden die verschiedenen Systeme als kostenloser Download im Internet zur Verfügung gestellt. Um die Daten des Image auf die

SD Card schreiben zu können, muss ein Computer mit einem SD Card-Slot zur Verfügung stehen sowie ein *Entpacker*, weil das Image üblicherweise als komprimierte ZIP-Datei geliefert wird.

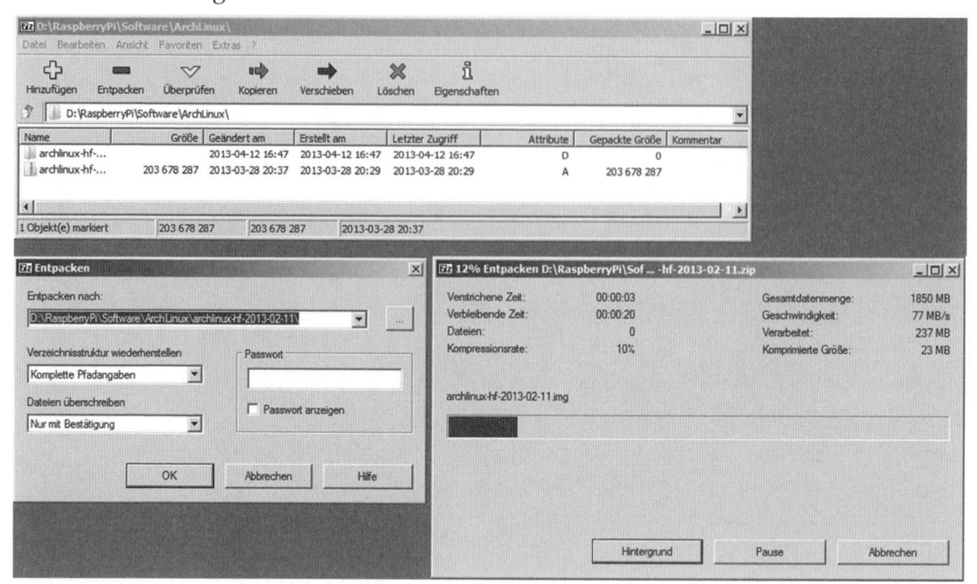

Abbildung 4.2: Entpacken des Arch Linux ZIP-Files mit 7-Zip.

Außerdem wird ein spezielles Image Writer-Programm benötigt, wofür verschiedene Programme für die unterschiedlichen Computer-Betriebssysteme (Linux, Windows, MacOS) existieren, die wie ein ZIP-Packer/Entpacker (beispielsweise WinRAR, 7-Zip) ebenfalls kostenlos im Internet verfügbar sind. Ein bevorzugter *Image Writer* für Windows ist der *Win32DiskImager*, der einfach und funktionell aufgebaut ist, wobei diese Anwendung ohne Installation direkt aufgerufen werden kann.

Der Einsatz des Win32DiskImage-Programms ist problemlos; es ist lediglich darauf zu achten, dass unter *Device* der richtige Kartenslot – mithin tatsächlich die gewünschte SD-Karte – ausgewählt wird, falls mit dem PC mehrere SD-Karten oder vergleichbare Speichermedien wie etwa USB-Sticks verbunden sind. Eine vorherige Kontrolle über *Arbeitsplatz* oder *Computer* ist bei einem Windows-PC deshalb ratsam, denn nach dem Start des Win32DiskImage-Programms wird die SD-Karte unwiederbringlich überschrieben.

Mitunter ist es nützlich, eine Kopie der SD-Karte anzulegen, etwa weil das System auf dem Raspberry Pi wunschgemäß konfiguriert und mittlerweile mit der notwendigen Software versehen ist. Eine direkte Kopie der Karte ist unter Windows aufgrund des Linux-Dateisystems nicht möglich, deshalb ist hierfür eine spezielle

Software notwendig, wobei es verschiedene Möglichkeiten der Vorgehensweise gibt: Entweder wird aus den Daten der Original-SD Card (deren Inhalt ja mit den eigenen Anpassungen und Installationen verändert wurde) wieder ein Image erzeugt, welches dann per *Win32DiskImager* auf die zweite SD Card gespeichert wird, oder der Inhalt der SD-Karte kann direkt kopiert werden. Für das Erzeugen eines Image kann prinzipiell ein CD/DVD-Brennprogramm eingesetzt werden, falls es als Quelle auch andere Laufwerke und nicht nur das CD/DVD-Laufwerk akzeptiert. Dann ist ein Programm wie *Daemon Tools* (Freeware) empfehlenswert. Kopien sind mit DiskManager-Programmen (Partionsverwaltung) wie etwa *GParted Live* (Freeware) oder *True Image* der Firma Acronis anhand der Option *Laufwerk klonen* möglich, die allerdings nicht in der kostenlosen Testversion zur Verfügung steht.

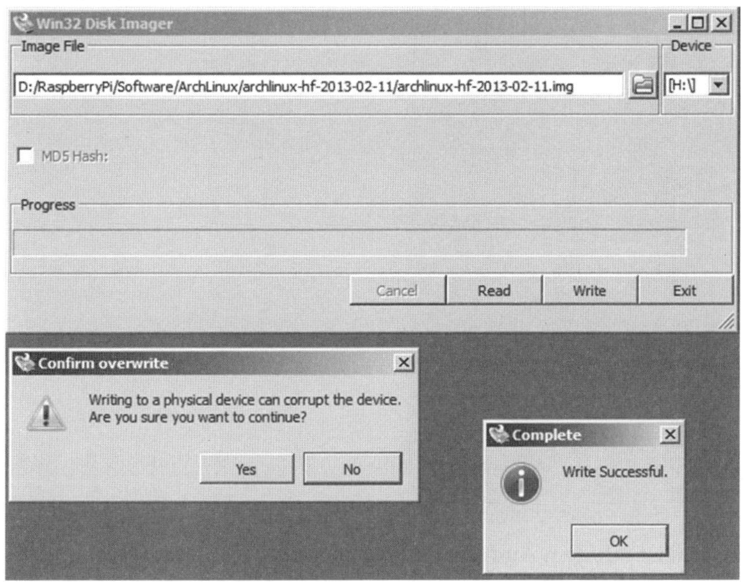

Abbildung 4.3: Das Image für Arch Linux wird mit dem Win32 Disk Imager auf die SD-Karte geschrieben.

4.3 Audio aktivieren und einsetzen

Der Raspberry Pi kann ein übliches Audiosignal in Stereo ausgeben, wie etwa eine MP3- oder eine WAV-Datei und prinzipiell jeden Typ, für den es einen entsprechenden Linux-Codec gibt. Er verfügt über einen Audioausgang mit einer 3,5 mm Klinkenbuchse, in die ein üblicher Klinkenstecker passt. Typische Ohr- oder Kopfhörer können damit für die Audioausgabe verwendet werden. Falls das Signal an eine Stereoanlage oder ein anderes HiFi-Gerät geführt werden soll, ist ein Cinch-

Adapter notwendig, der das Signal vom Klinkenstecker auf zwei Cinch-Stecker (linker und rechter Kanal) umsetzt.

Am einfachsten ist es – zumindest für einen ersten Test –, wenn der verwendete Monitor über einen Audioeingang verfügt, der üblicherweise ebenfalls eine 3,5 mm Klinkenbuchse besitzt, so dass ein einfaches Audiokabel, wie es sich oftmals im Lieferumfang des Monitors befindet, verwendet werden kann.

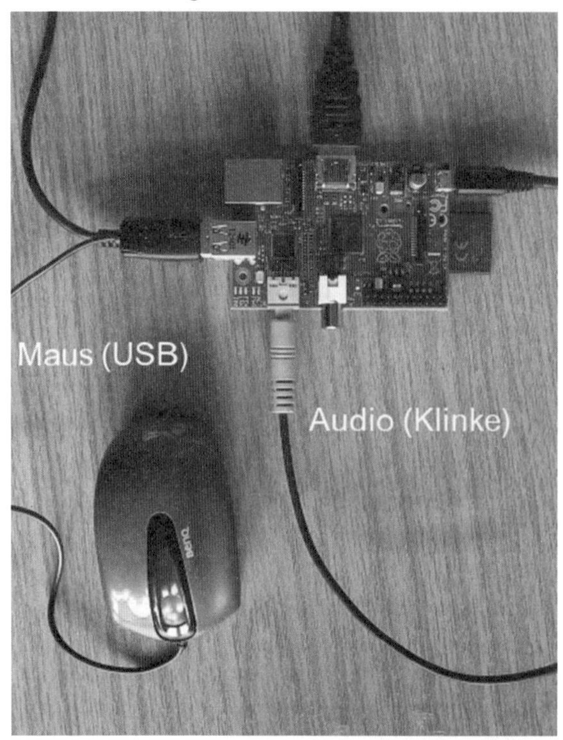

Abbildung 4.4: Das System ist mit dem Audioanschluss und einer USB-Maus verbunden.

Das Audiosignal wird außerdem über die HDMI-Verbindung geführt, so dass in diesem Fall keine separate Audioverbindung notwendig ist. Die Audioübertragung funktioniert über HDMI aber nur dann, wenn hier kein Adapter wie etwa auf DVI eingesetzt wird. Es muss demnach eine direkte HDMI-Verbindung zwischen dem Raspberry Pi und dem Monitor bestehen.

Generell ist die Audiounterstützung unter Linux etwas undurchsichtig und sollte zunächst auf der Kommandozeilenebene ausprobiert werden, bevor versucht wird, dem Raspberry Pi über den LXDE-Desktop Töne zu entlocken.

Standardmäßig werden mit Wheezy einige Beispiele mit unterstützenden Bibliotheken (Interlock Library mit ilclient) geliefert, die verschiedene Grafik- und Video-Tests (OpenGL, OpenMAX) sowie auch einen Audiotest erlauben. Zu finden sind sie unter */opt/vc/src/hello_pi/libs/ilclient*.

Das für Audio verantwortliche Kernel-Modul ist bei der aktuellen Wheezy-Version standardmäßig installiert. Falls dies nicht der Fall sein sollte, kann dies mit der folgenden Zeile nachgeholt werden:

```
pi@raspberrypi ~ $ sudo modprobe snd_bcm2835
```

Mit den nächsten Zeilen wird mithilfe von *make* ein Testprogramm (hello_audio.bin) kompiliert, welches einen einfachen »Heulsound« über den Audioausgang ausgibt, was als ein erster Test für eine erfolgreiche Audioausgabe nützlich ist.

```
pi@raspberrypi ~ $ cd /opt/vc/src/hello_pi/libs/ilclient
pi@raspberrypi /opt/vc/src/hello_pi/libs/ilclient $ make
pi@raspberrypi /opt/vc/src/hello_pi/libs/ilclient $ cd
../../hello_audio
pi@raspberrypi /opt/vc/src/hello_pi/hello_audio $ make
pi@raspberrypi /opt/vc/src/hello_pi/hello_audio $ ./hello_audio.bin
```

Nach der Kompilierung liegt die ausführbare Applikation im Unterverzeichnis hello_audio und kann fortan von dort aus auch direkt ausführt werden, wie es in der Abbildung 4.5 gezeigt ist.

```
pi@raspberrypi ~ $ cd /opt/vc/src/hello_pi/hello_audio
pi@raspberrypi /opt/vc/src/hello_pi/hello_audio $ ./hello_audio.bin
Outputting audio to analogue
pi@raspberrypi /opt/vc/src/hello_pi/hello_audio $
```

Abbildung 4.5: Test der Audioausgabe mit hello_audio.bin

Die Audioausgabe findet standardmäßig über HDMI statt, wenn hierfür eine durchgehende Verbindung (kein DVI-Adapter) existiert, andernfalls über den separaten Audioausgang. Um die Audioausgabe über HMDI zu erzwingen, ist die folgende Zeile notwendig, bei der einfach nur eine »1« angefügt wird:

```
pi@raspberrypi /opt/vc/src/hello_pi/hello_audio ./hello_audio.bin 1
```

Demnach kann der Pfad der Audioausgabe (PCM Playback Route) bestimmt werden, außerdem gibt es noch weitere Optionen, wie etwa die Lautstärke, was mit *amixer* bestimmt werden kann. Wie zu (fast) jeder Linux-Option gibt es auch zu *amixer* eine Erläuterung (man amixer). Der Aufruf von *amixer*, der zum *ALSA soundcard driver-package* gehört, hat eine Anzeige der aktuellen Einstellungen zur Folge. *amixer contents* zeigt die möglichen Optionen, *amixer controls* weist die drei möglichen Einstellungsmöglichkeiten aus, die per *numid* ausgewählt werden können, wie etwa in der folgenden Zeile, mit der der Wiedergabekanal (Route) anhand von numid=3 mit dem Wert »0« auf automatisch und die Wiedergabelautstärke per numid=1 (Volume) auf Maximum mit »400« geschaltet wird.

```
pi@raspberrypi ~ $ amixer cset numid=3 0
pi@raspberrypi ~ $ amixer cset numid=1 400
```

Die Switch-Option spielt beim Raspberry Pi keine besondere Rolle, denn es kann aufgrund der einfachen Audioschaltung nicht zwischen mehreren Kanälen umgeschaltet, sondern die Ausgabe nur abgeschaltet werden.

```
pi@raspberrypi ~ $ amixer
Simple mixer control 'PCM',0
  Capabilities: pvolume pvolume-joined pswitch pswitch-joined penum
  Playback channels: Mono
  Limits: Playback -10239 - 400
  Mono: Playback 400 [100%] [4.00dB] [on]
pi@raspberrypi ~ $ amixer controls
numid=3,iface=MIXER,name='PCM Playback Route'
numid=2,iface=MIXER,name='PCM Playback Switch'
numid=1,iface=MIXER,name='PCM Playback Volume'
pi@raspberrypi ~ $ amixer contents
numid=3,iface=MIXER,name='PCM Playback Route'
  ; type=INTEGER,access=rw------,values=1,min=0,max=2,step=0
  : values=1
numid=2,iface=MIXER,name='PCM Playback Switch'
  ; type=BOOLEAN,access=rw------,values=1
  : values=on
numid=1,iface=MIXER,name='PCM Playback Volume'
  ; type=INTEGER,access=rw---R--,values=1,min=-10239,max=400,step=0
  : values=400
  | dBscale-min=-102.39dB,step=0.01dB,mute=1
pi@raspberrypi ~ $ amixer cset numid=3 0
numid=3,iface=MIXER,name='PCM Playback Route'
  ; type=INTEGER,access=rw------,values=1,min=0,max=2,step=0
  : values=0
pi@raspberrypi ~ $ amixer cset numid=1 400
numid=1,iface=MIXER,name='PCM Playback Volume'
  ; type=INTEGER,access=rw---R--,values=1,min=-10239,max=400,step=0
  : values=400
  | dBscale-min=-102.39dB,step=0.01dB,mute=1
pi@raspberrypi ~ $
```

Abbildung 4.6: Anzeige und konfigurieren (cset) der Audiooptionen

Obwohl in der Anzeige laut Abbildung 4.6 *Playback channels: Mono* angegeben ist, ist prinzipiell eine Stereoausgabe möglich, lediglich der ALSA-Kommandozeilenmixer (amixer) regelt beide Kanäle gleichzeitig, er macht demnach keinen Unterschied zwischen linkem und rechtem Kanal (Balance), was missverständlicher Weise als »Mono« ausgewiesen wird.

Die getätigten Audioeinstellungen stehen nach dem nächsten Boot wieder auf ihren vorgegebenen Werten. Die Eingaben (laut Abbildung 4.6) werden nicht automatisch gespeichert. Das kann jedoch manuell festgelegt werden, und zwar in der Datei *rc.local* unter */etc*, wenn hier vor der letzten Zeile (exit 0) beispielsweise die beiden Einträge (wie oben) mit

```
amixer cset numid=3 0
amixer cset numid=1 400
```

vorgenommen werden, was direkt mit einem üblichen Editor (z.B. nano) oder auch mit dem Midnight Commander per F4 durchgeführt werden kann, der sich des Standardeditors bedient.

Wie gezeigt, ist die Audiounterstützung unter Linux tatsächlich etwas gewöhnungsbedürftig und macht auf der Kommandozeile eigentlich keinen Sinn, auch wenn es hierfür verschiedene Player gibt. Player, Mixer und Soundeditoren sind meist logischer und einfacher per (LXDE-)Desktop zu handhaben. Leider verfügt LXDE nicht über ein zentrales Kontrollzentrum, weshalb die Einstellungen mit unterschiedlichen Programmen durchzuführen sind, die über *Start - Einstellungen* auftauchen, wo man zwar auf Bildschirm- sowie Tastatur- und Mauseinstellungen trifft, jedoch keinerlei Audiofunktionen findet. Spezielle LXDE-Player oder sonstige Audio-Tools, die auch Rücksicht auf die begrenzten Ressourcen des Raspberry Pi nehmen, gibt es zum Zeitpunkt der Drucklegung dieses Buches nicht.

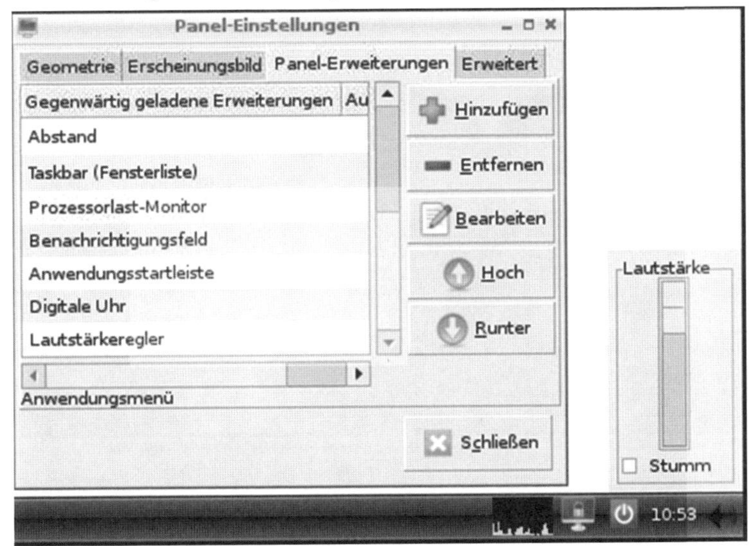

Abbildung 4.7: Durch einen Klick auf die Taskleiste stehen die Paneleinstellungen zur Verfügung, es kann auch ein Lautstärkeregler hinzugefügt werden.

Um im einfachsten Fall dem LXDE-Desktop einen Lautstärkeregler hinzufügen, der standardmäßig eben nicht vorhanden ist, wird in der Taskleiste (unten) die rechte Maustaste betätigt, woraufhin einige Panel-Optionen erscheinen, wovon hier die Option *Paneleinträge hinzufügen/entfernen* von Bedeutung ist. Wenn der

ALSA-Soundtreiber (Advanced Linux Sound Architecture) geladen ist, findet man hier in der Liste der *Gegenwärtig geladenen Erweiterungen* auch den Punkt *Lautstärkeregler*, der zu selektieren und hinzuzufügen ist, so dass er danach unten in der LXDE-Taskleiste auftaucht. Falls kein Lautstärkeregler erscheint, kann auch nicht der ALSA-Treiber vorhanden sein, und die zuvor beschriebenen Audiofunktionen können nicht funktioniert haben. ALSA wird wie üblich mit sudo *apt-get install alsa-utils* installiert, was spätestens jetzt nachzuholen wäre.

4.4 Videoplayer und Lizenzen

Ein bekannter Audio- und Videoplayer, der »von Hause aus« zahlreiche Formate unterstützt, ist der *VLC Media Player*, der für unterschiedliche Plattformen zur Verfügung steht und auch ganz einfach beim Raspberry Pi installiert werden kann.

```
pi@raspberrypi ~ $ sudo apt-get install vlc
```

Nach der Installation des Players ist er mit den bekannten Optionen unter *Unterhaltungsmedien* zu finden, so dass sich hiermit auch die Audiooptionen komfortabler nutzen lassen. Als Verzeichnis für die Mediadaten ist `/home/pi/media` vorgesehen, die sich von hier aus laden lassen.

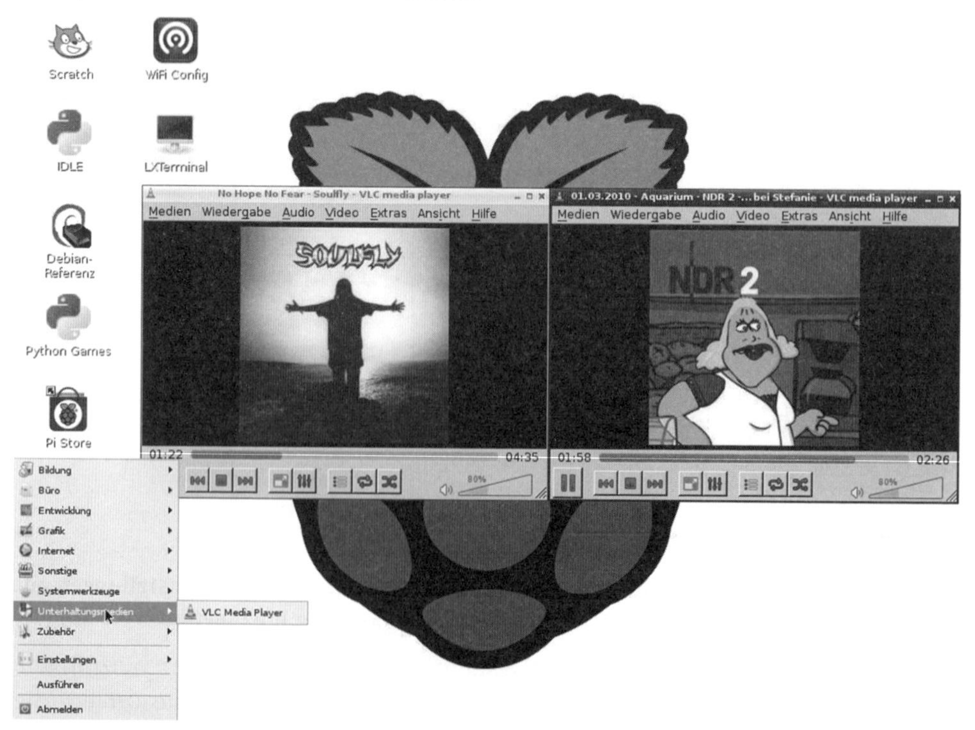

Abbildung 4.8: Der VLC Media Player funktioniert auch mit dem Raspberry Pi.

Während verschiedene Audioformate dem Player bzw. dem Raspberry Pi keinerlei Probleme bereiten, wird das Abspielen von Videos in den üblichen Formaten vielfach nicht vernünftig funktionieren, denn hierfür ist die Leistung des Raspberry Pi zu schwach. Lediglich der Video-Codec H.264 (MPEG-4/AVC) erfährt vom Video-Core des BCM 2835 auch eine Hardware-Beschleunigung.

Für andere Video-Formate (VC1, MPEG2) können gegen eine geringe Gebühr im *Raspberry Pi Store* direkt bei der *Raspberry Pi Foundation* (`http://www.raspberry-pi.com/license-keys/`) entsprechende Lizenzen erworben werden, die jeweils an einen bestimmten Raspberry Pi zu binden sind, d.h., eine Lizenz ist jeweils nur für einen einzigen Raspberry Pi vorgesehen. Um eine Lizenz zu erhalten, ist deshalb die jeweilige Produkt/Seriennummer (Serial) an die Foundation zu übermitteln. Diese Nummer steht in cpuinfo, was mit `cat /proc/cpuinfo` angezeigt werden kann.

```
pi@raspberrypi ~ $ cat /proc/cpuinfo
Processor       : ARMv6-compatible processor rev 7 (v6l)
BogoMIPS        : 697.95
Features        : swp half thumb fastmult vfp edsp java tls
CPU implementer : 0x41
CPU architecture: 7
CPU variant     : 0x0
CPU part        : 0xb76
CPU revision    : 7

Hardware        : BCM2708
Revision        : 000e
Serial          : 00000000ae048a77
pi@raspberrypi ~ $
```

Abbildung 4.9: Anzeige der genauen Daten der jeweils eingesetzten CPU, wobei sich die für die Lizenzierung notwendige Nummer (Serial) in der letzten Zeile befindet.

Dieses Verfahren ist deswegen erforderlich, weil für MPEG- und andere Video-Formate kostenpflichtige Lizenzen notwendig sind, was sich mit der OpenSource-Philosophie des Raspberry Pi kaum anders lösen lässt, denn die Foundation kann diese Kosten nicht übernehmen.

Nachdem die Lizenznummer für den jeweiligen CODEC per Email eingetroffen ist, ist die Nummer in der Datei *config.txt* in der entsprechenden Decode-Zeile (# decode_MPG2=0×00000000) einzutragen und das Kommentarzeichen zu entfernen, was direkt mit einem PC erledigt werden kann, weil sich diese Datei in der FAT32-Partition der SD Card befindet. Je nach verwendetem Betriebssystem und Konfiguration ist der Aufbau der Datei cinfig.txt unterschiedlich, so dass die jeweilige Beschreibung für die Eintragung der Lizenznummer zu beachten ist.

4.5 Mediacenter

Im vorherigen Kapitel sind die Audio-Optionen, die mit Raspbian und dem LXDE-Desktop einhergehen, erläutert. Falls nur gelegentlich Audio- und Video-Dateien auf der Basis eines universell einzusetzenden Betriebssystems wiedergegeben werden sollen, wird diese Lösung meistens ausreichen, eine Multimedialösung, wie man sie von anderen Systemen her kennt, ist dies allerdings nicht. Deshalb wird in diesem Kapitel die Software für den Aufbau eines Media-Centers etwas näher betrachtet.

XBMC ist eine Software, die ursprünglich als *XBox Media Center* bezeichnet wurde. Dabei handelt es sich (zunächst) nicht um ein Betriebssystem wie bei den Systemen unter Abschnitt 4.1, sondern es ist eine Mediacenter-Software für die Wiedergabe von Musik, Bildern und Videos in den unterschiedlichen Formaten sowie von Audio- und Video (-Streams) aus dem Internet.

XBMC ist eine freie Software, die für verschiedene Betriebssysteme wie Windows, Mac OS, iOS, Android oder Linux verfügbar ist und auch in einer speziellen Version für den Raspberry Pi (Raspbmc) existiert.

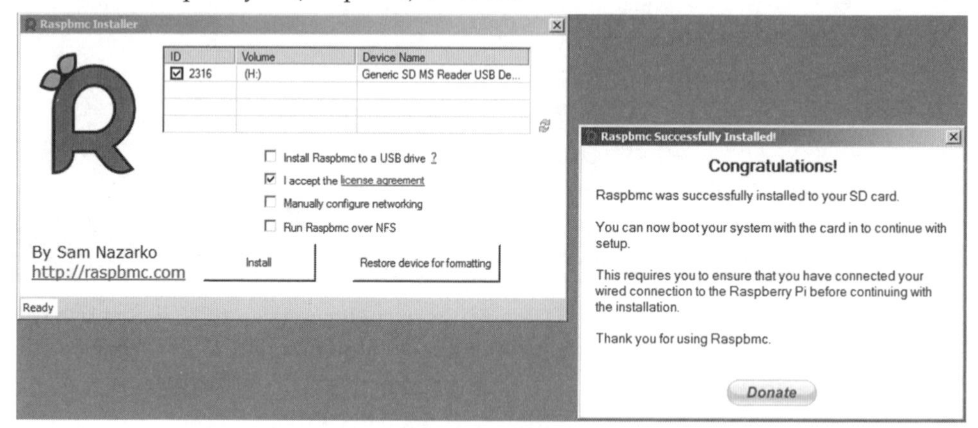

Abbildung 4.10: Der Raspbmc-Installer für Windows schreibt die Daten aus dem Image auf die SD Card (Volume H). Nach dem erfolgreichen Abschluss kann man dem Programmierer zum Dank etwas spenden.

Raspbmc ist im Gegensatz zu den anderen Versionen eine komplette Linux-Distribution, auf der ausschließlich XBMC läuft. Mithilfe eines Installationsprogramms (`http://www.raspbmc.com/download/`) für das jeweils verwendete Betriebssystem (Windows, Mac OS, Linux) kann die Raspbmc-Version geladen und auf eine SD-Karte geschrieben werden (Abbildung 4.10). Diese wird daraufhin zum Boot des Raspberry Pi verwendet, wobei zunächst ein »Minimal-Linux« geladen wird, bevor die eigentliche Raspbmc-Installation mit einer Neupartitionierung der SD-Karte, der Formatierung und dem Laden des Kernels sowie der Bibliotheken stattfindet, was ca. 20 Minuten dauert (Meldung währenddessen: Grab a Coffee). Danach folgt ein Neustart des Raspberry Pi mit der Installation weiterer (neuerer) Raspbmc-Software aus dem Internet. Der gesamte Vorhang läuft dabei automatisch ab, ohne dass eine Angabe des Benutzers notwendig ist – eine funktionierende Internetverbindung des Raspberry Pi vorausgesetzt.

Generell unterstützt XBMC eine Vielzahl unterschiedlicher Musik- und Videoformate, die bei Bedarf auch über Add-Ons hinzugefügt werden können. Mit Rücksicht auf die Limitierungen des Raspberry Pi sollte vorzugsweise der Video-Codec H.264 (MPEG4) genutzt werden, denn dieser erfährt explizit eine entsprechende Hardware-Beschleunigung durch den Video-Core des BCM 2835.

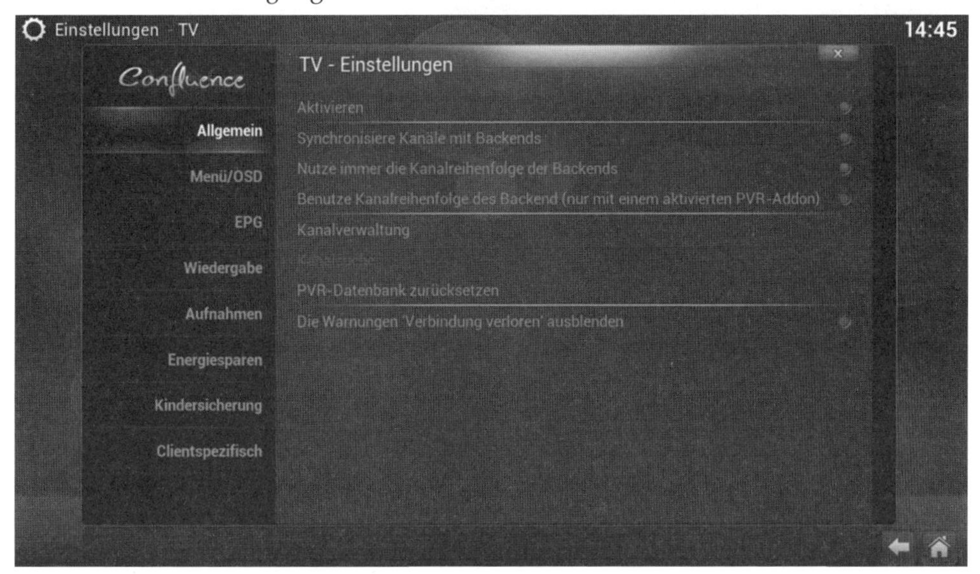

Abbildung 4.11: Vornehmen der TV-Einstellungen

XBMC bietet neben diesen Player-Funktionen unter *Musik* und *Videos*, die durch Informationen aus dem Internet automatisch ergänzt werden können, die Anzeige von Bildern (Dateilisten, Diaschow). Außerdem ist eine Anzeige für das aktuelle Wetter aus der Quelle *Weather Underground* voreingestellt, die auch Prognosen und eine Satellitenwetterkarte zur Verfügung stellt.

Live TV ist eine als Add-On mitgelieferte Option, die eine Fernsehwiedergabe bietet, und zwar entweder, indem ein DVB-T-Empfänger als USB-Stick an den Raspberry Pi angeschlossen wird. Alternativ kommt ein Client für einen TV-Server (Streaming Server) zum Einsatz, der demnach in der Umgebung vorhanden sein muss und die Daten per LAN oder WLAN an den PVR-Client von XBMC liefern kann, was für *Live TV* als die bevorzugte Lösung gilt.

Netzwerkverbindungen (FTP, SSH, NFS u.a.) werden standardmäßig unterstützt, Wechseldatenträger (z.B. USB-Festplatten, USB-Sticks) automatisch erkannt und als Quelle im System eingebunden. Das Mediacenter lässt sich auch per Webschnittstelle fernsteuern, was am bequemsten mit dem Smartphone oder dem Tablet (Android, iOS) über WLAN möglich ist. Für Android empfiehlt sich hierfür das Programm YATSE, welches als die beste XBMC Remote-Lösung gilt.

Abbildung 4.12: Android-Smartphone als XBMC-Fernbedienung

Neben Raspbmc existieren weitere Mediacenter-Lösungen, die für den Raspberry Pi vorgesehen sind, wie OpenELEC (Open Embedded Linux Entertainment Center) oder auch XBian. Die Installation erfolgt dabei auf ähnliche Art und Weise (per Image oder per Installer) wie bei Raspbmc. Die Funktionen sind ebenfalls vergleichbar. Raspbmc ist jedoch die erste Mediacenter-Lösung, bei der der Anwender ein bereits funktionierendes Paket an die Hand gegeben wird, während bei den anderen Lösungen die manuelle Erstellung einer eigenen Distribution empfohlen wird, was ein recht aufwendiger Vorgang für das Zusammenstellen und Kompilieren werden kann und dem Einsteiger deshalb eher nicht zu empfehlen ist.

Wie beim VLC-Player mit Debian Wheezy (Raspbian) sind für VC1-und MPEG2-Dateien, womit dann auch DVDs wiedergegeben werden können, die entsprechenden Lizenzen bei der Raspberry Pi Foundation zu erwerben, wie es im vorherigen Kapitel erläutert ist. Möglicherweise erweist es sich als praktikabel, die vorhandenen MPEG2-Videos in das MPEG4-Format und damit für den Video-Codec H.264 auszulegen, was mit einem Converter wie beispielsweise dem kostenlosen

FreeMP4 Video Converter auf einem PC durchgeführt werden kann. Bei der Installation dieser Software werden allerdings ohne Angabe und ungefragt die (eigentlich nutzlosen) *TuneUp Utilities* mitinstalliert.

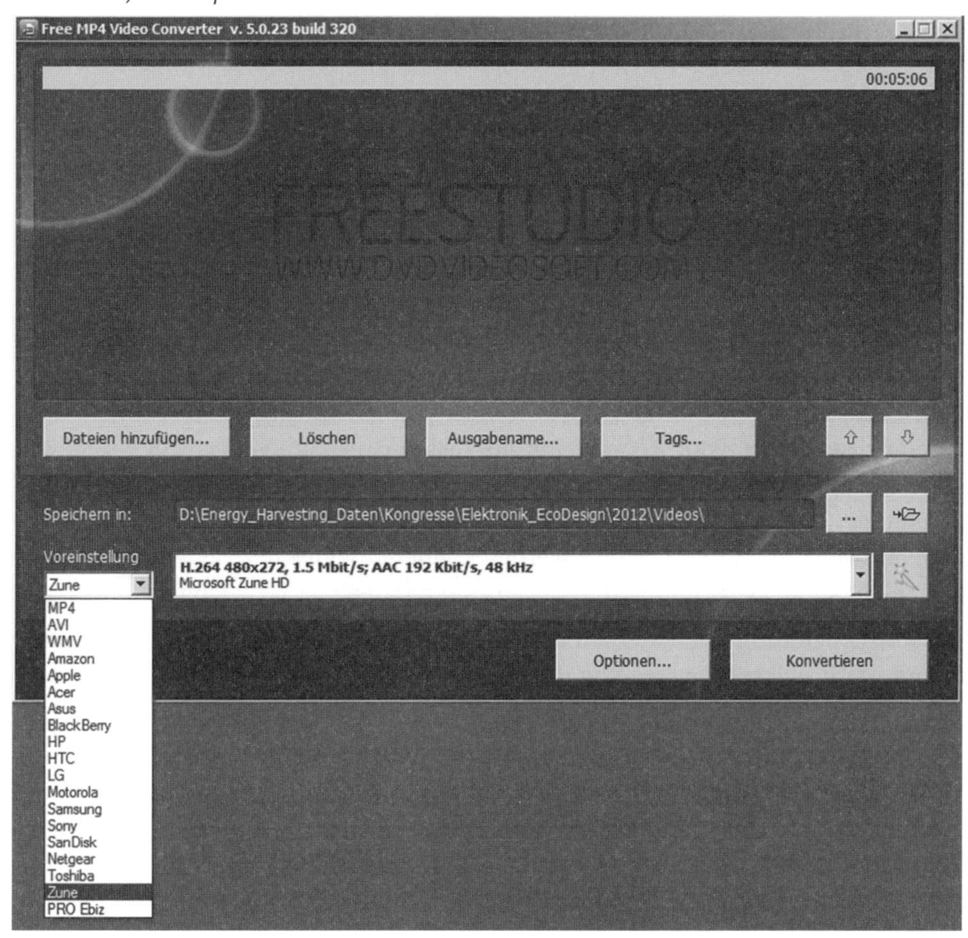

Abbildung 4.13: Dass Konvertieren verschiedener Videoformate in MPEG4 für H.264 funktioniert mit dem Free MP4 Video Converter auf einem Windows-PS einwandfrei, wobei verschiedene Qualitätsstufen für unterschiedliche Geräte ausgewählt werden können, die dann zwar nicht mehr als hochauflösend (HD) gelten, dafür aber ruckelfrei wiedergegeben werden können.

Bei aller Euphorie darf nicht außer Acht gelassen werden, dass der Raspberry Pi von der Leistung her, die sich eben bei der Video-Wiedergabe (Encoder) stark bemerkbar macht, schwächer ist als ein einfaches Netbook mit Windows, so dass für den Betrieb als Mediacenter die Videowiedergabe die größte Schachstelle darstellt. Für eine flüssige Wiedergabe und die Möglichkeit des Hin- und Herspulens im

Video sind deshalb neben den entsprechenden Codecs mit den dazugehörigen Lizenzen meist noch einige Tricks erforderlich. Beispielsweise ist der Speicher zwischen von CPU und GPU optimal anzupassen (Kapitel 1.5 Speicheraufteilung, Memory Split), der Takt sollte erhöht (Kapitel 1.5 Overclock) und eine möglichst schnelle SD-Karte (Class 10) sollte ebenfalls eingesetzt werden. Zusammen mit den Arbeiten für die optimale XBMC-Konfiguration kann sich die Aufgabe, aus dem Raspberry Pi ein taugliches Mediacenter herzustellen, schnell zu einem neuen Hobby ausweiten.

4.6 Externe Laufwerke

Im Kapitel 2 (vgl. Tabelle 2.1 und 2.2) ist erwähnt, dass Laufwerke unter Linux »gemounted« werden müssen, was demnach auch auf Datenträger zutrifft, die beim Raspberry Pi zusätzlich hinzugefügt werden. Hierfür kommen ausschließlich Laufwerke mit USB-Anschluss in Frage, die dementsprechend über einen USB-Hub anzuschließen sind, wenn weiterhin Tastatur und Maus per USB verbunden sind. USB-Sticks sind die klassischen Vertreter aktueller Laufwerke oder Wechseldatenträger, die meist problemlos am USB-Hub funktionieren und von diesem mit dem notwendigen Strom versorgt werden können, solange der USB-Hub über eine eigene Spannungsversorgung in Form eines separaten Steckernetzteils verfügt.

Für die Versorgung von externen optischen Laufwerken (CD/DVD) und Festplatten reicht die elektrische Leistung des Hubs – je nach Typ – oftmals nicht aus, auch wenn diesen Laufwerken möglicherweise Adapterkabel beiliegen, damit der Strom aus zwei USB-Ports bezogen werden kann. Deshalb sollten diese externen USB-Laufwerke ebenfalls aus eigenen Netzteilen versorgt werden.

Nach dem Anschluss eines dieser USB-Laufwerkstypen ist man es von Windows her gewohnt, dass sie nach kurzer Erkennungsphase unter *Arbeitsplatz* oder *Computer* zur Verfügung stehen, was bei Linux (traditionell) nicht der Fall ist. Gleichwohl hängt es von der jeweiligen Linux-Distribution ab, ob diese Funktionalität nicht doch gegeben ist, wie beispielsweise beim Mediacenter mit Raspbmc, wo das angeschlossene USB-Laufwerk nach dem Anschluss automatisch erkannt wird und die enthaltenen Daten verarbeitet werden können.

Da diese Funktionalität nicht allgemein für Linux-Systeme gegeben ist, werden im Folgenden die wichtigen Dinge erläutert, damit generell externe Laufwerke beim Raspberry Pi eingesetzt werden können. Zur Kontrolle, ob das Laufwerk beim Anschließen erkannt wird, wird die Log-Datei *Messages* mit »tail« und der Option -f für die kontinuierliche Ausgabe zur Anzeige gebracht, was mit Strg+C beendet werden kann. Die laufende Anzeige sollte sich beim Anschließen »bewegen«, indem vermeldet wird, dass ein neues USB-Gerät gefunden und als Laufwerk (beispielsweise als sda: sda1) identifiziert wurde.

```
pi@raspberrypi ~ $ tail -f /var/log/messages
```

```
pi@raspberrypi ~ $ tail -f /var/log/messages
Apr 19 19:21:04 raspberrypi kernel: [   16.794909] mmc0: missed completion of cmd 18 DMA (512/512 [1]/[1]) - ignoring it
Apr 19 19:21:04 raspberrypi kernel: [   16.808795] mmc0: DMA IRQ 6 ignored - results were reset
Apr 19 19:21:04 raspberrypi kernel: [   16.824158] mmc0: missed completion of cmd 18 DMA (512/512 [1]/[1]) - ignoring it
Apr 19 19:21:04 raspberrypi kernel: [   16.838083] mmc0: DMA IRQ 6 ignored - results were reset
Apr 19 19:21:04 raspberrypi kernel: [   16.861074] mmc0: missed completion of cmd 18 DMA (512/512 [1]/[1]) - ignoring it
Apr 19 19:21:04 raspberrypi kernel: [   16.875150] mmc0: DMA IRQ 6 ignored - results were reset
Apr 19 19:21:04 raspberrypi kernel: [   20.921582] smsc95xx 1-1.1:1.0: eth0: link up, 100Mbps, full-duplex, lpa 0x45E1
Apr 19 19:21:04 raspberrypi kernel: [   21.989085] bcm2835-cpufreq: switching to governor ondemand
Apr 19 19:21:04 raspberrypi kernel: [   21.989115] bcm2835-cpufreq: switching to governor ondemand
Apr 19 19:21:06 raspberrypi kernel: [   25.023894] Adding 102396k swap on /var/swap.  Priority:-1 extents:1 across:102396k SS
Apr 19 19:25:29 raspberrypi kernel: [  272.501732] usb 1-1.2.2: new high-speed USB device number 7 using dwc_otg
Apr 19 19:25:29 raspberrypi kernel: [  272.603367] usb 1-1.2.2: New USB device found, idVendor=1058, idProduct=1001
Apr 19 19:25:29 raspberrypi kernel: [  272.603398] usb 1-1.2.2: New USB device strings: Mfr=1, Product=2, SerialNumber=3
Apr 19 19:25:29 raspberrypi kernel: [  272.603414] usb 1-1.2.2: Product: External HDD
Apr 19 19:25:29 raspberrypi kernel: [  272.603428] usb 1-1.2.2: Manufacturer: Western Digital
Apr 19 19:25:29 raspberrypi kernel: [  272.603441] usb 1-1.2.2: SerialNumber: 574341535932353438373737
Apr 19 19:25:29 raspberrypi kernel: [  272.615075] scsi0 : usb-storage 1-1.2.2:1.0
Apr 19 19:25:29 raspberrypi mtp-probe: checking bus 1, device 7: "/sys/devices/platform/bcm2708_usb/usb1/1-1/1-1.2/1-1.2.2"
Apr 19 19:25:29 raspberrypi mtp-probe: bus: 1, device: 7 was not an MTP device
Apr 19 19:25:30 raspberrypi kernel: [  273.612898] scsi 0:0:0:0: Direct-Access     WD       6400AAK External 1.05 PQ: 0 ANSI: 4
Apr 19 19:25:30 raspberrypi kernel: [  273.614573] sd 0:0:0:0: [sda] 1250263728 512-byte logical blocks: (640 GB/596 GiB)
Apr 19 19:25:30 raspberrypi kernel: [  273.615674] sd 0:0:0:0: [sda] Write Protect is off
Apr 19 19:25:30 raspberrypi kernel: [  273.633289]  sda: sda1
Apr 19 19:25:30 raspberrypi kernel: [  273.639096] sd 0:0:0:0: [sda] Attached SCSI disk
```

Abbildung 4.14: Der umrandete Teil ist nach der Verbindung der USB-Festplatte mit dem Raspberry Pi in der Log-Datei erschienen.

In der Abbildung 4.14 ist der Erkennungsvorgang einer angeschlossenen USB-Festplatte der Firma Western Digital (wd) gezeigt, die als »sda1« ausgewiesen wird. Der Inhalt der Festplatte oder eines anderen Laufwerks wird üblicherweise in einem separaten Verzeichnis »gemounted«, wobei entsprechend des Typs ein möglichst wiedererkennbarer Name für das Verzeichnis zu wählen ist. Mit der folgenden Zeile wird hierfür ein neues Unterverzeichnis (wdplatte) in Media angelegt:

```
pi@raspberrypi ~ $ sudo mkdir /media/wdplatte
```

Der Name »wdpatte«, mithin das soeben angelegte Verzeichnis, muss jetzt der Festplatte (sda1) zugeordnet werden, wobei das jeweils auf der Festplatte verwendete Dateisystem bekannt sein muss. Hier wird als Typ (mount -t) das übliche Windows-Format für größere Festplatten ntfs bestimmt.

```
pi@raspberrypi ~ $ sudo mount -t ntfs /dev/sda1 /media/wdplatte
```

(Achtung: Zwischen sda1 und /media ist ein Leerzeichen).

Beim Mounten einer NTFS-Partition wird möglicherweise die Warnung *seems to be mounted read-only* ausgegeben, so dass zwar von der Partition gelesen, aber keine Daten geschrieben werden können. In diesem Fall fehlt dem Linux ein Teil der NTFS-Unterstützung (ntfs-3g), was mit `sudo apt-get install ntfs-config` nach-installiert werden kann.

```
pi@raspberrypi ~ $ sudo mount -t ntfs /dev/sda1 /media/wdplatte
pi@raspberrypi ~ $ cd ~
pi@raspberrypi ~ $ cd /media/wdplatte
pi@raspberrypi /media/wdplatte $ ls -l
insgesamt 52428860
drwxrwxrwx 1 pi pi       16384 Feb  4  2010
drwxrwxrwx 1 pi pi        4096 Apr 18  2010
drwxrwxrwx 1 pi pi       16384 Nov 15  2011
drwxrwxrwx 1 pi pi        4096 Nov 15  2011
drwxrwxrwx 1 pi pi        4096 Nov 15  2011
drwxrwxrwx 1 pi pi        4096 Mär 23  2010
drwxrwxrwx 1 pi pi           0 Mär 23  2010
drwxrwxrwx 1 pi pi           0 Mär 16  2010
drwxrwxrwx 1 pi pi           0 Jan 30  2010
-rwxrwxrwx 1 pi pi 53687091200 Mär 23  2010
drwxrwxrwx 1 pi pi        4096 Jan 26  2010
drwxrwxrwx 1 pi pi        4096 Nov 15  2011
drwxrwxrwx 1 pi pi        4096 Mär 16  2010
pi@raspberrypi /media/wdplatte $ cd ..
pi@raspberrypi /media $ sudo umount /media/wdplatte
pi@raspberrypi /media $
```

Abbildung 4.15: Mounten der Festplatte, Anzeige der Verzeichnisse und wieder Unmounten der Festplatte

Damit das externe Laufwerk jedes Mal beim Booten automatisch im System eingebunden wird, kann es in die Datei *fstab* mit eingebunden werden. Vielfach ist dies jedoch gar nicht gewünscht, weil der Datenträger nicht permanent mit dem Raspberry Pi verbunden wird, so dass der entsprechende Mount-Aufruf im Bedarfsfall einfach wieder aus der History-Liste (Pfeil-Auf-Taste » ↑«) zu selektieren ist.

Abbildung 4.16: Informationen über die angeschlossenen und erkannten USB-Geräte liefert der Befehl »lsusb«, hier in zwei unterschiedlichen Darstellungsweisen.

An dieser Stelle sei angemerkt, dass es für die Überprüfung, welche USB-Geräte angeschlossen – und erkannt – worden sind, auch noch einen speziellen Befehl *lsusb* (vgl. Abbildung 4.16) gibt, der durch die Angabe der Option -t eine Baumstruktur mit den jeweiligen USB-Gerätedaten ausgibt.

Selbstverständlich können auch USB-Sticks oder optische Laufwerke (CD/DVD), die über einen USB-Anschluss verfügen, »gemountet« werden. Die Vorgehensweise ist dabei prinzipiell die gleiche, wie es zuvor für die Festplatte beschrieben wurde, es ist sogar noch einfacher, denn üblicherweise muss das Fileformat hierfür nicht explizit angegeben werden, sondern wird meist automatisch erkannt, wie es etwa mit Raspbian der Fall ist.

Falls das Mounten bei einem gewöhnlichen USB-Stick jedoch nicht funktionieren will, ist für das Fileformat *vfat* anzugeben und für ein CD/DVD-ROM-Laufwerk *iso9660*. Falls es sich um einen Brenner handelt, ist auf der Kommandozeile keine Schreibfunktionalität gegeben, die stattdessen mit einem separaten Programm (unter einen grafischen Desktop, LXDE o.ä.) zur Verfügung gestellt wird.

Für die einfachere Orientierung empfiehlt es sich, für jeden speziellen Laufwerkstyp vor dem Mounten ein eigenes Verzeichnis anzulegen (beispielsweise `sudo mkdir /media/usbstick` oder `sudo mkdir /media/dvdlw`). Zuvor ist die jeweilige Kennzeichnung des Laufwerks (mit *tail*, siehe oben) zu ermitteln.

Mounten USB-Stick (sdb1):

```
pi@raspberrypi ~ $ sudo mount /dev/sdb1 /media/usbstick
```

Mounten USB-Stick (sr0):

```
pi@raspberrypi ~ $ sudo mount /dev/sr0 /media/dvdlw
```

4.7 Drucken

Vielfach wird mit dem Raspberry Pi mithilfe von PuTTY oder TightVNC über eine Netzwerkverbindung (siehe folgendes Kapitel) kommuniziert, wobei der Host typischerweise von einem PC gebildet wird, der auch eine Druckfunktionalität zur Verfügung stellt, so dass der Raspberry Pi dann selbst keine bieten muss.

Falls der Raspberry Pi jedoch als eigenständiges System fungieren soll, sei es als Office-Computer oder Embedded System, kann eine direkte Druckerunterstützung sinnvoll sein. Außerdem kann somit auf einfache Art und Weise ein gewöhnlicher Drucker mit USB-Anschluss zu einem Netzwerkdrucker erweitert werden. Es ist ebenfalls kein weiterer Aufwand nötig, um mit dem Raspberry Pi einen Druckerserver für das eigene Netzwerk zu realisieren.

Der zu verwendende Drucker ist über den USB – mithin über einen USB-Hub – zu verbinden und sollte nach dem Anschluss automatisch als USB-Gerät identifiziert werden, wie es zuvor für die Laufwerke (Abbildung 4.16) erläutert ist. Unter Linux ist das *Common Unix Print System* (CUPS) als Standard zu betrachten, welches die Drucker mit den entsprechenden Diensten steuert und von der Firma Apple entwickelt wurde. CUPS liefert neben den für das Drucken notwendigen Programmen standardmäßig eine Vielzahl von Druckertreibern. CUPS wird installiert mit:

```
pi@raspberrypi ~ $ sudo apt-get install cups
```

Neben den damit automatisch mitgelieferten Standardtreibern gibt es einige (herstellerspezifische) Treiberbibliotheken, die die Nutzung speziellerer Optionen und Funktionen der einzelnen Drucker gestatten. Falls der Druckerhersteller einen spezifizierten Linux-Treiber (Debian 6) für das jeweilige Modell zur Verfügung stellt, sollte dieser sämtliche Eigenschaften des Druckers abdecken, d.h., er ist die beste Wahl und sollte funktionstechnisch über die mitunter eher rudimentäre CUPS-Unterstützung hinausgehen.

Die CUPS-Druckerkonfigurierung ist am einfachsten über einen Web-Browser möglich, denn CUPS verfügt über eine integrierten Webserver, der über den Port 631 aufgerufen wird. Hierfür kann der bei Raspbian unter LXDE standardmäßig vorhandene Browser Midori eingesetzt werden, in dem hier die folgende Adresszeile eingegeben wird:

```
http://localhost:631
```

Daraufhin erscheint die CUPS-Konfigurationsseite. Einstellungen sind jedoch ausschließlich Mitgliedern der Gruppe *lpadmin* (Line Printer Administrator) gestattet, so dass der User Pi (mit dem man sich angemeldet hat) dieser Gruppe hinzuzufügen ist, was wie folgt durchgeführt wird.

```
sudo usermod -a -G lpadmin pi
```

Diese Zeile sollte vom Linux-System kommentarlos übernommen werden, so dass nunmehr auch die Konfiguration mit CUPS durchgeführt werden kann. Hierfür ist zunächst die Seite unter *Verwaltung* aufzurufen (Abbildung 4.17).

Daraufhin ist *Drucker hinzufügen* aufzurufen, woraufhin die erforderliche Authentifizierung zu erfolgen hat, indem hier der übliche Benutzername (pi) mit dem dazugehörigen Password anzugeben ist. Ein angeschlossener USB-Drucker sollte in der nun folgenden Liste auftauchen und ist dementsprechend zu selektieren. Optional ist es an dieser Stelle auch möglich, nach Netzwerkdruckern zu suchen und den »neuen« Drucker über *Freigabe* als solchen zu bestimmen.

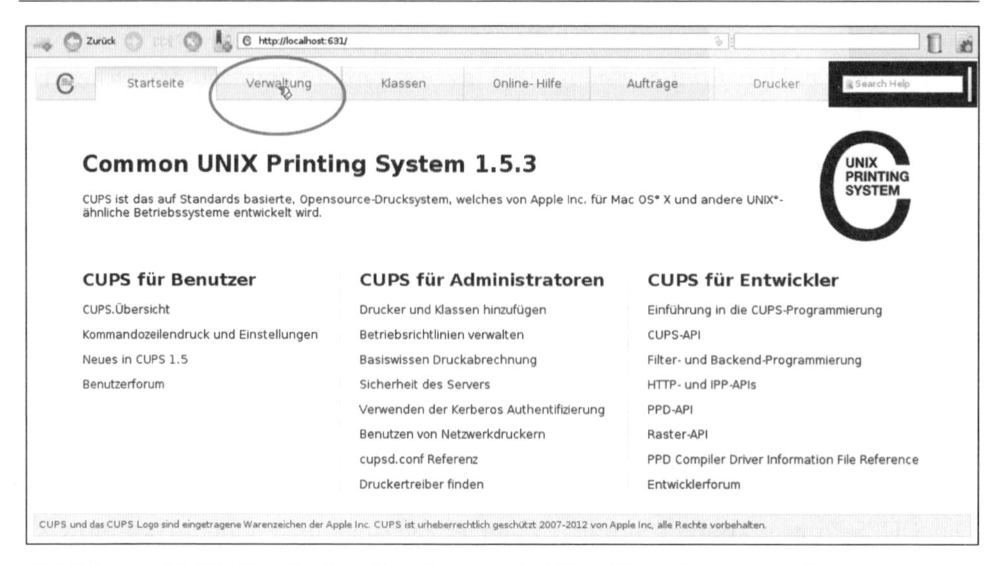

Abbildung 4.17: Die Druckerkonfigurierung wird über Verwaltung ausgelöst.

Unter *Modell* werden typischerweise gleich mehrere (ähnliche) Druckertypen auftauchen, wobei dann die Betätigung des Buttons *Drucker hinzufügen* verschiedene konfigurierbare Optionen für den zuvor selektierten Drucker erscheinen lässt. Im einfachsten Fall wird an dieser Stelle lediglich *Standardeinstellungen festlegen* ausgewählt, womit die Konfigurierung bereits beendet ist.

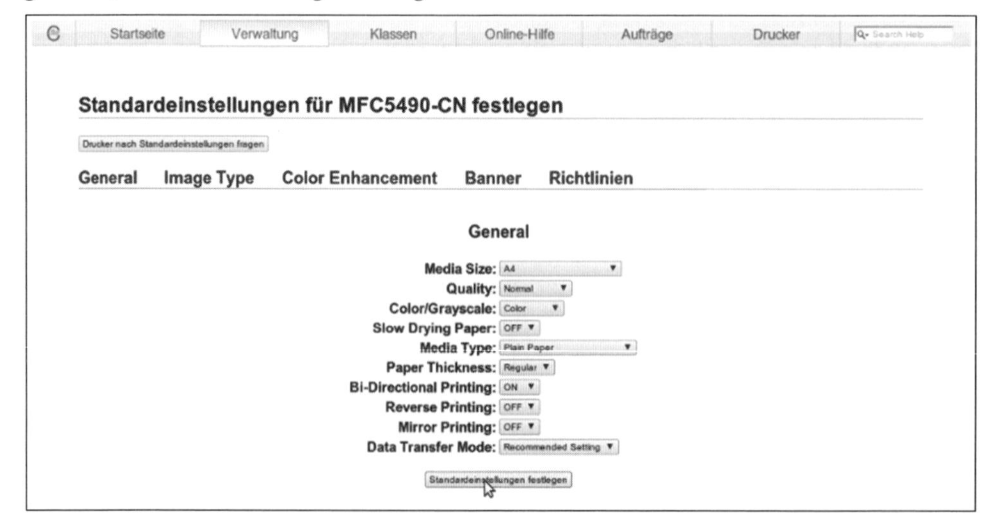

Abbildung 4.18: Festlegen der Druckerstandardeinstellungen

Falls sich während der Druckerkonfigurierung mit CPUS herausstellen sollte, dass eine spezielle Treiberbibliothek für einen bestimmten Drucker notwendig ist, wird diese entsprechend angezeigt (z.B. gutenprint) und sollte daraufhin installiert (`sudo apt-get install cups-driver-gutenprint`) werden. Von vornherein diese oder jene Treiberbibliothek auf »Verdacht hin« zu installieren, macht keinen Sinn, denn diese können recht umfangreich sein, was den zur Verfügung stehenden Speicherplatz auf der SD-Karte reduziert. Es ist auch nicht unmittelbar ersichtlich, ob der gewünschte Drucker tatsächlich unterstützt wird. Deshalb ist es zu empfehlen, CUPS und die generell die Package List (`sudo apt-get update`) aktuell zu halten, damit CUPS die aktuell notwendigen Treiber im Bedarfsfall ausweisen kann.

Abbildung 4.19: Drucken einer Testseite

Nach der Installation von CUPS sind die wichtigen Konfigurationsdaten unter */etc/cups* zu finden. Für die grundlegende Konfiguration ist dabei der Inhalt der Datei cupsd.conf von Bedeutung, die auch mit einem üblichen Editor (z.B. mit nano) angepasst werden kann. Oftmals ist diese manuelle Konfigurierung jedoch gar nicht notwendig, denn die CUPS-Konfigurationsseite (Abbildung 4.17) bietet eine Fülle von Einstellungsmöglichkeiten mit ausführlichen Erläuterungen für alle möglichen Drucker-Einsatzszenarien.

4.8 Netzwerkverbindungen

Der Raspberry Pi Modell B verfügt über eine Twisted Pair-Buchse (siehe auch Kapitel 3.7) für den Anschluss an ein Netzwerk gemäß des Ethernet-Standards, so dass mithilfe des bei Raspbian und den meisten anderen Linux-Versionen voreingestellten DHCP (fast) automatisch eine Netzwerkverbindung hergestellt werden kann. Vielfach ist jedoch kein DHCP (Dynamic Host Configuration Protocol) gewünscht, etwa wenn dem Raspberry Pi eine feste IP-Adresse für den Einsatz als

Druckerserver zugeteilt werden soll oder wenn im Netz kein DHCP-Server zur Verfügung steht, so dass man sich näher mit der Netzwerktechnik auseinandersetzen muss.

Die in Netzwerken vorherrschende Technologie wird von einem Ethernet-Standard (IEEE 802.x) definiert, dessen Ursprung bis in die achtziger Jahre reicht und dennoch ein hohes Maß an Kompatibilität aufweist. Verschiedene Topologien, Übertragungsverfahren und Medien (Koaxialkabel, Twisted Pair-Kabel, Lichtwellenleiter) erlauben unterschiedliche Datenraten, wobei die aktuellen und verbreiteten Ethernet-Implentierungen in LANs als 10BaseT (10 MBit/s), 100BaseTX (Fast Ethernet, 100 MBit/s) und 1000BaseT (1 GBit/s) bezeichnet werden. Das »T« steht dabei für das Medium Twisted Pair-Kabel. Innerhalb der genannten BaseT-Standards existiert Kompatibilität, die auch vom Raspberry Pi-Ethernet-Chip LAN9512 unterstützt wird.

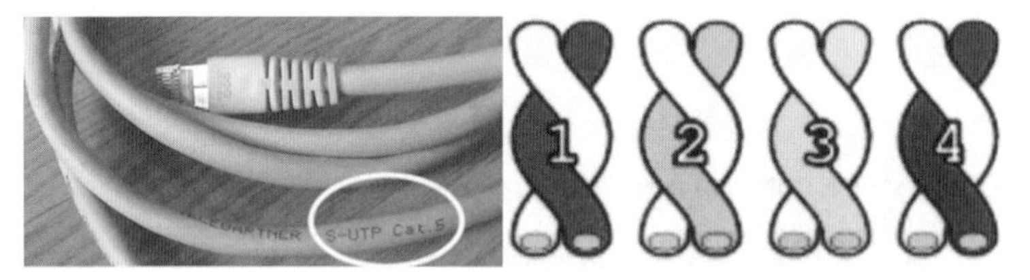

Abbildung 4.20: Aktuell verwendet man ein TP-Kabel der Kategorie 5, welches aus vier verdrillten Leitungspaaren besteht.

Ein Twisted-Pair-Kabel für Netzwerkverbindungen besteht – wie es die Bezeichnung impliziert – aus verdrillten, maximal acht einzelnen Leitungen. TP-Kabel sind in unabgeschirmter (UTP, Unshielded Twisted Pair) und abgeschirmter (STP, Shielded Twisted Pair) Ausführung erhältlich, wobei das letztere unempfindlicher gegen äußere Störungen ist. Das STP-Kabel gibt es auch noch mit einer gemeinsamen Abschirmung (S-UTP), die als Mantel (Geflecht, Metallfolie) um alle Leitungen geführt ist, und in einer anderen Auslegung, bei der jedes Aderpaar (einzeln) abgeschirmt ist. Das gebräuchlichste TP-Kabel ist das S-UTP-Kabel der Kategorie 5 (Cat5-Kabel), welches sich für alle drei Base-Standards eignet. Die Verbindungen werden generell 1:1 von Gerät (PC) zu Gerät (Hub, Switch) verlegt, was bedeutet, dass sich eine sternförmige Verkabelung der LAN-Komponenten ergibt, wie es in der Abbildung 4.21 angedeutet ist.

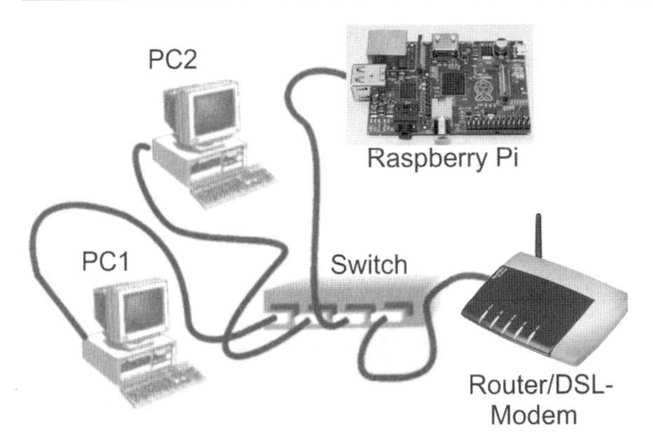

Abbildung 4.21: Eine typische Ethernet-Topologie

4.8.1 Übersicht und Analyse

Bei vielen Linux-Distributionen (SuSE, Redhat) können die Netzwerkeinstellungen bequem über eine grafische Oberfläche (YAST, linuxconf) vorgenommen werden, was es in einer vergleichbaren Form für Debian und die darauf basierten Systeme wie Ubuntu oder eben Raspbian nicht gibt. Stattdessen sind die Netzwerkeinstellungen über die Werkzeuge der jeweiligen grafischen Oberfläche (KDE, Gnome, LXDE) durchführbar, wobei LXDE hierfür allerdings keine Einstellungsmöglichkeiten vorsieht. Deshalb sind die Netzwerkeinstellungen mit einem Editor manuell durchzuführen, was recht einfach zu handhaben ist, so dass hierfür keine separaten Programme oder Tools notwendig sind. Wichtig sind für die manuelle Konfigurierung die folgenden Dateien:

- */etc/network/interfaces* Netzwerkeinstellungen (IP, Netmask, Gateway)
- */etc/resolv.conf* Definition des Nameservers (DNS)
- */etc/hostname* Name des Raspberry Pi im Netz (Hostname)

Der Treiber für den Netzwerkadapter, der auf der Platine mit dem Chip LAN9512 der Firma SMSC realisiert ist, wird mit Raspbian und auch mit allen anderen bekannten Distributionen automatisch installiert, so dass hierfür keine Konfigurationsarbeiten notwendig sind. Die Firma SMSC bietet außerdem passende Treiber für Linux und andere Betriebssysteme auf ihrer Internetseite an.

Für eine Übersicht der vorhandenen Netzwerkinterfaces und der jeweiligen Daten wird der Befehl *ifconfig* angewendet (Abbildung 4.22). Mit ihm lassen sich nicht nur Daten anzeigen, sondern die Schnittstelle ein- und ausschalten sowie die Konfiguration anhand verschiedener Parameter durchführen. Eine Dokumentation ist dazu wie üblich mit man *ifconfig* verfügbar, so dass auf die weiteren Funktionen hier nicht weiter eingegangen werden muss.

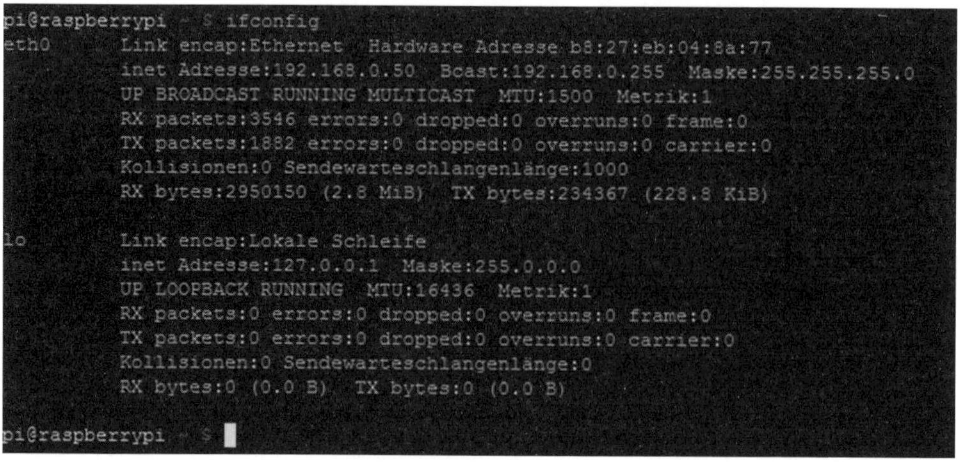

```
pi@raspberrypi ~ $ ifconfig
eth0      Link encap:Ethernet  Hardware Adresse b8:27:eb:04:8a:77
          inet Adresse:192.168.0.50  Bcast:192.168.0.255  Maske:255.255.255.0
          UP BROADCAST RUNNING MULTICAST  MTU:1500  Metrik:1
          RX packets:3546 errors:0 dropped:0 overruns:0 frame:0
          TX packets:1882 errors:0 dropped:0 overruns:0 carrier:0
          Kollisionen:0 Sendewarteschlangenlänge:1000
          RX bytes:2950150 (2.8 MiB)  TX bytes:234367 (228.8 KiB)

lo        Link encap:Lokale Schleife
          inet Adresse:127.0.0.1  Maske:255.0.0.0
          UP LOOPBACK RUNNING  MTU:16436  Metrik:1
          RX packets:0 errors:0 dropped:0 overruns:0 frame:0
          TX packets:0 errors:0 dropped:0 overruns:0 carrier:0
          Kollisionen:0 Sendewarteschlangenlänge:0
          RX bytes:0 (0.0 B)  TX bytes:0 (0.0 B)

pi@raspberrypi ~ $
```

Abbildung 4.22: Der Befehl ifconfig zeigt die Einstellungen der vorhandenen Netzwerkadapter.

In der Abbildung 4.22 zeigt die Anwendung des Befehls *ifconfig*, dass hier zwei Netzwerkinterfaces auftauchen, wobei *eth0* dem Ethernet-Adapter mit dem Chip LAN9512 entspricht und *lo* dem bei Linux grundsätzlich vorhandenen, so genannten *Loopback Interface* mit der IP-Adresse 127.0.0.1, welches beispielsweise die lokale Kommunikation zwischen einer Server- und einer Client-Anwendung gestattet, wie es etwa bei der CUPS-Druckerkonfigurierung über die Webseite (siehe vorheriges Kapitel) praktiziert wird.

4.8.2 Netzwerkadressen

Mit der *Hardware Adresse* (Abbildung 4.22) ist bei *eth0* die MAC-Adresse (Media Access Control) gemeint, die jeweils weltweit für jeden Netzwerkadapter einmalig ist, und auf der die jeweils zugeteilte IP-Adresse (Internet Protocol) abgebildet wird. Eine offizielle IP-Adresse ist ebenfalls weltweit einmalig. Diese Adressen sind ursprünglich in den USA einmal festgelegt und zur Vergabe an länderspezifische Institutionen übertragen worden.

Die zentrale Vergabestelle für IP-Adressen ist das *Network Information Center* (NIC) in den USA, welches in die *Internet Corporation for Assigned Names and Numbers* (ICANN) überführt wurde, die die oberste Adressenvergabestelle weltweit darstellt. Es ist jedoch nicht möglich, bei der ICANN eine oder mehrere IP-Adressen direkt zu kaufen, denn im Grunde genommen sind schon alle 4,3 Milliarden IPv4-Adressen reserviert bzw. an länderspezifische Organisationen und Provider weitergegeben worden, die sie dann wieder weiterverteilen.

Eine Erweiterung des Internet Protocols wird als IPv6 bezeichnet und verwendet statt eines Adressraumes von 32 Bit (IPv4) einen mit 128 Bit, was zu einer geradezu unvorstellbaren Anzahl (340,28 Sextillionen) von möglichen IP-Adressen führt. IPv6 oder IPnG (IP Next Generation), wie dieser Standard auch bezeichnet wird, muss zu IPv4 kompatibel sein, was dadurch erreicht wird, dass die bisherigen IPv4-Adressen mit in den unteren Bereich von IPv6 aufgenommen werden können.

In den Besitz von weltweit gültigen IP-Adressen kommt man, wenn diese bei einem Provider beantragt werden. In Deutschland ist für die Registrierung unterhalb der *Top Level Domains* mit der Endung ».de« die DENIC in Frankfurt zuständig. Zahlreiche Provider bieten einen entsprechenden Service für die Domain-Registrierung an, die als reservierte Adresse bei der DENIC oder für internationale Domains (.com, .org, .edu) bei der ICANN eingetragen und verwaltet wird, was kostenpflichtig ist. Für die Benutzung in einem internen Netz (zu Hause, Firma) wird man stattdessen auf die internen oder auch privaten IP-Adressen zurückgreifen, die nichts kosten und nicht im Internet zur Anwendung kommen. Für die Umsetzung der privaten IP-Adressen im LAN auf eine offizielle IP-Adresse im Internet ist der Router zuständig, dem der jeweilige Provider eine (dynamische) IP-Adresse zuteilt.

Eine IPv4-Adresse besteht aus einem 32-Bit langen Feld, wobei jede Zahl kleiner als 256 ist und jeweils durch Punkte getrennt wird (Dotted Decimal Notation, DDN). Die IP-Adresse setzt sich aus zwei Teilen zusammen: der Netzwerk- und der Hostadresse, die mitunter auch als *Rechneradresse* bezeichnet wird. Eine IP-Adressse wird dabei stets in Dezimalzahlen zu vier Böcken, durch einen Punkt voneinander getrennt, angegeben. Ein Block wird auch als *Oktett* bezeichnet.

Die Netzwerkadresse bildet den vorderen (linken) Teil, während der hintere Teil (rechts) von der Hostadresse gebildet wird. Anhand der Netzwerkadresse wird das gesamte Netz bzw. ein Teilnetz (Subnet) angesprochen, nicht aber ein einzelner Host. Der zweite Teil ist die Hostadresse, die innerhalb der jeweiligen Institution (lokal) etwa für einen PC vergeben wird.

Durch diese Aufteilung ist es möglich, beispielsweise einer Firma eine Netzwerkadresse zuweisen zu können, die dann – je nach Klasse – eine bestimmte Anzahl von Host-Adressen zur Verfügung hat. Ein Beispiel:

Netz- Host-Adresse

134.28. 12.10

Der PC mit dieser IP-Adresse (134.28.12.10) befindet sich demnach im gleichen Netzwerk wie einer mit der Adresse 134.28.12.56. Ein PC mit der Adresse 134.29.60.10 befindet sich hingegen in einem anderen Netz, was einen Routing-Vorgang – eine Wegfindung – zur Folge hat, der per Router bzw. Gateway erfolgt. Wie es der Tabelle 4.1 zu entnehmen ist, erhält man in Abhängigkeit von einer

Subnet-Mask den jeweiligen Klassen entsprechend eine unterschiedliche Anzahl von Netz- und Hostadressen.

Für ein LAN in einer Firma oder auch daheim macht es sicher keinen Sinn – und fördert auch nicht gerade die Übersichtlichkeit, wenn mehr als eine einzige Netzadresse verwendet wird. Demnach sollte man sich eine aussuchen und dann eine Unterteilung (z.B. 192.168.0.x) auf einzelne Hosts mit der Subnet-Mask vornehmen, etwa durch 255.255.255.0, was zu einem Netz mit 254 möglichen Hosts führt.

Tabelle 4.1: Die privaten Internetadressen

Adressbereiche	Klasse	Subnet Mask
10.0.0.0 bis 10.255.255.255	A	255.0.0.0
	B	255.255.0.0
	C	255.255.255.0
172.16.0.0 bis 172.31.255.255	B	255.255.0.0
	C	255.255.255.0
192.168.0.0 bis 192.168.255.255	C	255.255.255.0

Bei Adressen der Klasse A wird das erste Oktett (die ersten 8 Bit) für die Netzwerk-ID verwendet, bei Adressen der Klasse B das erste und das zweite Oktett (16 Bit) und bei Adressen der Klasse C die ersten drei (24 Bit), woran sich dementsprechend die Host-IDs anschließen, wie es auch in der Tabelle 4.2 gezeigt ist.

Tabelle 4.2: Die Internet-Adressklassen und die sich daraus ergebende maximale Anzahl von Netz- und Hostadressen

Klasse	Bereich	Netzadressen	Hostadressen in einem Netz
A	0-127	126	16.777.214
B	128-191	16.384	65.534
C	192-223	2.097.152	254
D	224-249	-	-
E	240-255	-	-

Die Adressen der Klasse A lassen einen großen Freiraum für die Adressenvergabe innerhalb eines Unternehmens oder Verbundes zu, da hiermit relativ große Netze aufgebaut werden können. Üblich sind heute Adressen der Klasse B und C, wobei einige für spezielle Aufgaben (Broadcast, Loopback) reserviert sind.

4.8.3 Konfigurationsdatei

Die wichtigste Datei für die Netzwerkkonfiguration ist *interfaces* unter */etc/network*, die standardmäßig die in der folgenden Abbildung gezeigten Einträge enthält und mit einem Editor wie etwa *nano* bearbeitet (`sudo nano /etc/network/interfaces`) werden kann.

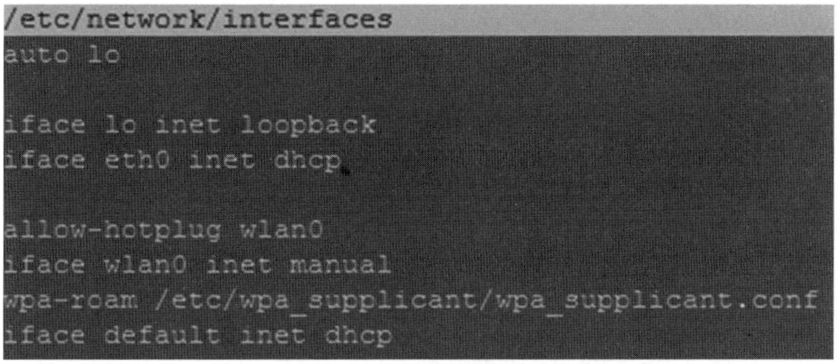

```
/etc/network/interfaces
auto lo

iface lo inet loopback
iface eth0 inet dhcp

allow-hotplug wlan0
iface wlan0 inet manual
wpa-roam /etc/wpa_supplicant/wpa_supplicant.conf
iface default inet dhcp
```

Abbildung 4.23: Der Inhalt der ursprünglichen Interfaces-Datei

Der Interfaces-Datei ist zu entnehmen, dass nach den beiden Einträgen für das Loopback-Interface die Einstellung für das eth0-Interface folgt, welches auf DHCP (iface eth0 inet dhcp) eingestellt ist. Die anderen Zeilen betreffen das WLAN-Interface, wofür die Daten hier bereits voreingestellt sind (siehe Kapitel 4.9.3). Für eine manuelle Vergabe der IP-Adresse ist eben diese, die im gleichen Netz wie die anderen Computer des LANs liegen muss und keinesfalls bereits von einem anderen Gerät verwendet werden darf, festzulegen, außerdem die dazugehörige Netzmaske und die IP-Adresse des Gateway, welches in einem typischen Heimnetz vom (DSL-)Router gebildet wird.

4.8.4 Adressenumsetzung – Domain Name Service

Die Gateway-Adresse wird meist auch als Adresse für den *Domain Name Service* (DNS) verwendet und ist in der Datei */etc/resolv.conf* zu finden. DNS wird für die Umsetzung von IP-Adressen in Internet-Adressen benötigt. Der Router findet meist automatisch einen entsprechenden DNS-Server im Internet bzw. im Router ist explizit eine DNS-Adresse angegeben, die dem Anwender vom jeweiligen Anbieter des Internetzugangs her bekannt ist.

Falls diese Adressenumsetzung nicht funktionieren sollte, kann eine Internetseite zwar direkt über eine IP-Adresse (173.194.113.142), nicht jedoch über den Namen (google.com) aufgerufen werden. Für Verbindungstests eignet sind generell der ping-Befehl. Im Gegensatz zum ping-Pendant bei Windows wird der ping-Befehl bei Linux ohne optionale Angaben fortlaufend ausgeführt, bis er mit strg-c abgebrochen wird.

In der Abbildung 4.24 ist zu erkennen, dass mit dem ersten ping-Kommando das Vorhandensein eines anderen Computers im LAN (192.168.0.2) überprüft wird und mit dem zweiten der Zugriff auf google. Demnach funktioniert hier auch die Adressenumsetzung mit dem DNS-Server, der die Bezeichnung ham02s11-in-f6.1e100.net trägt und in Hamburg von O2 (Hansenet, ehemals Alice) betrieben wird. Falls die Adressenumsetzung mit DNS nicht funktionieren sollte, ist die zum DNS-Server dazugehörige IP-Adresse in */etc/resolv.conf* einzutragen.

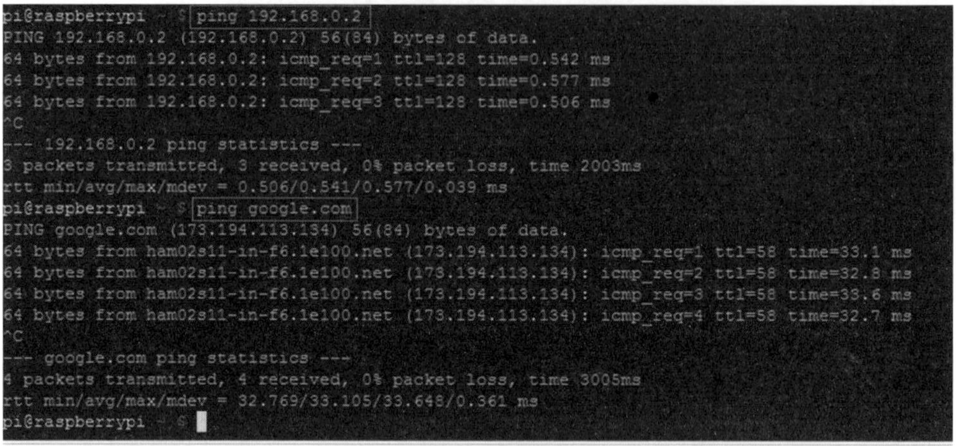

```
pi@raspberrypi ~ $ ping 192.168.0.2
PING 192.168.0.2 (192.168.0.2) 56(84) bytes of data.
64 bytes from 192.168.0.2: icmp_req=1 ttl=128 time=0.542 ms
64 bytes from 192.168.0.2: icmp_req=2 ttl=128 time=0.577 ms
64 bytes from 192.168.0.2: icmp_req=3 ttl=128 time=0.506 ms
^C
--- 192.168.0.2 ping statistics ---
3 packets transmitted, 3 received, 0% packet loss, time 2003ms
rtt min/avg/max/mdev = 0.506/0.541/0.577/0.039 ms
pi@raspberrypi ~ $ ping google.com
PING google.com (173.194.113.134) 56(84) bytes of data.
64 bytes from ham02s11-in-f6.1e100.net (173.194.113.134): icmp_req=1 ttl=58 time=33.1 ms
64 bytes from ham02s11-in-f6.1e100.net (173.194.113.134): icmp_req=2 ttl=58 time=32.8 ms
64 bytes from ham02s11-in-f6.1e100.net (173.194.113.134): icmp_req=3 ttl=58 time=33.6 ms
64 bytes from ham02s11-in-f6.1e100.net (173.194.113.134): icmp_req=4 ttl=58 time=32.7 ms
^C
--- google.com ping statistics ---
4 packets transmitted, 4 received, 0% packet loss, time 3005ms
rtt min/avg/max/mdev = 32.769/33.105/33.648/0.361 ms
pi@raspberrypi ~ $
```

Abbildung 4.24: Verbindungstests mit dem ping-Befehl

4.8.5 Einstellungen

In der Interfaces-Datei (/etc/network) sind für eine feste IP-Adresse die folgenden Eintragungen notwendig, wobei eine entsprechende Einrückung mit der TAB-Taste bei den Adressezeilen durchgeführt werden sollte. Beispielhaft ist hier die IP-Adresse 192.168.0.50 für den Raspberry Pi und 192.168.0.110 für den (DSL-)Router gewählt worden, der den DNS-Server »kennt«.

```
iface eth0 inet static
        address 192.168.0.50
        netmask 255.255.255.0
        gateway 192.168.0.110
```

Nach dem Abspeichern der Interfaces-Datei treten die Änderungen automatisch nach dem nächsten Boot in Kraft, oder es wird ein Restart ausgeführt mit dem Abschalten (ifdown) und Wiederanschalten (ifup) des Interface:

```
pi@raspberrypi ~ $ sudo /etc/init.d/networking restart
pi@raspberrypi ~ $ sudo ifdown eth0
pi@raspberrypi ~ $ sudo ifup eth0
```

Zum Test des Weges – der Route – und optional für die Konfigurierung der IP-Routing-Tabelle kann der Befehl *route* angewendet werden, der den verwendeten Router und weitere Optionen ausweist, wobei mit *man route* hierzu wieder eine Anleitung angezeigt werden kann.

4.8.6 Verbindungen

Um einen Kontakt zwischen dem Raspberry Pi und einem Computer mit Windows, Linux, Mac OS oder auch Android oder iOS aufzunehmen, gibt es – je nach Einsatzzweck – zahlreiche verschiedene Möglichkeiten. In der folgenden Tabelle sind gebräuchliche Verfahren hierfür angegeben, die mithilfe eines LAN oder WLAN funktionieren.

Tabelle 4.3: Kommunikationsmöglichkeiten zwischen Raspberry Pi und anderen Computern

Anwendung/Einsatz	Raspberry Pi	Computer
Windows-Freigaben	Server Message Block (SMB) mit Samba	Windows-Dateimanager als Client
Windows-Desktop	Client mit Remote Desktop Protocol (RDP)	Remote Desktop Service über Remoteverbindung
Webserver	Hyper Text Markup Language (http) mit Apache als Server	Internet Browser als Client
Virtual Network Computing	VNC-Server oder -Client	VNC-Client oder -Server
Remote-Zugriff mit Secure Shell	SSH-Server oder -Client	SSH- Client oder -Server
Dateizugriff mit File Transfer Protocol (FTP)	FTP-Server oder -Client	FTP- Client oder -Server

Prinzipiell ist es unerheblich, von welchem Typ der Computer ist, sei es ein gewöhnlicher PC ein Netbook, ein Tablet oder auch ein Smartphone. Wenn es eine entsprechende Client- oder Serversoftware für das jeweils auf dem Gerät befindliche Betriebssystem gibt, ist es auch möglich, das jeweilige Protokoll mit der passenden Kommunikationsanwendung auszuführen.

Für den Raspberry Pi, der weniger leistungsfähig ist als ein PC oder selbst als ein aktuelles Smartphone, ist diese Limitierung, die nun einmal mit begrenzten Ressourcen (Taktrate, Speicher, Grafik) einhergeht, stets mit zu beachten. Es ist zu bedenken, ob es wirklich sinnvoll ist, umfangreiche Pakete wie für Samba oder

Apache zu installieren, die später beim Zugriff durch (mehrere) Clients nicht schnell genug ausgeführt werden können. Deshalb wird im Folgenden lediglich auf drei verhältnismäßig einfache Verbindungsmechanismen eingegangen, die problemlos und ressourcenschonend auf dem Raspberry Pi aktiviert und ausgeführt werden können.

4.8.7 Secure Shell – SSH

Nachdem der Raspberry Pi im LAN integriert ist, erweist es sich vielfach als bequem und nützlich, wenn der Zugriff auf den Raspberry Pi mithilfe eines PC möglich ist, was auch in umgekehrter Konstellation erfolgen kann. Ein Netzwerkprotokoll, mit dem dies einfach und sicher durchführbar ist, wird als Secure Shell (SSH) bezeichnet. SSH löst technologisch das mittlerweile als veraltet und unsicher – weil abhörbar – betrachtete Telnet-Verfahren ab.

Das SSH-Protokoll setzt einen Server- und einen Client-Dienst zwischen den beiden zu verbindenden Computersystemen voraus. Der SSH-Client ist beim Raspberry Pi automatisch aktiv, so dass beispielsweise mit der *Befehlszeile ssh kdcompter2* auf den Computer2 zugegriffen werden kann, sofern hier ein SSH-Server aktiv ist.

Falls der Raspberry Pi als SSH-Server eingesetzt werden soll, muss dies nur entsprechend aktiviert werden, was im Kapitel 1.5 (Grundlegende Konfigurierung) behandelt ist und jederzeit durch den erneuten Aufruf mit `sudo raspi-config` unter ssh geschehen kann. Dementsprechend muss auf dem PC, mit dem auf den Raspberry Pi zugegriffen werden soll, ein SSH-Client arbeiten. Das Programm PuTTY ist hierfür beispielsweise geeignet, welches kostenlos aus dem Internet bezogen werden kann.

Neben PuTTY existieren natürlich noch andere Programme, die einen Windows-Computer mit SSH-Funktionalität ausstatten können, wie Cygwin oder Winscp, wobei SSH bei Linux-Distribitionen standardmäßig dazugehört.

PuTTY benötigt jedoch keine Installation, kann nach dem Kopieren direkt aufgerufen werden und ist sehr einfach zu handhaben. Im Programm ist lediglich die Adresse des Raspberry Pi anzugeben (hier 192.168.0.50). Unter der Option *Translation* empfiehlt es sich, bei *Remote Character Set* den Zeichensatz UTF-8 zu spezifizieren, damit auch die Darstellung der (meisten) Sonderzeichen funktioniert. Standardmäßig wird der Port 22 für die Kommunikation eingesetzt, was üblicherweise auch nicht geändert werden muss.

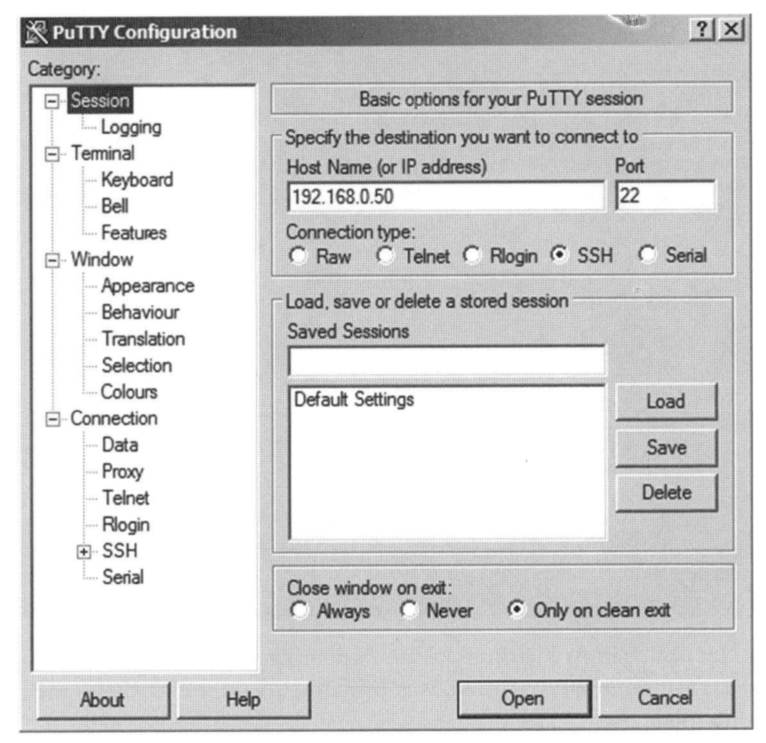

Abbildung 4.25: Kontaktaufnahme eines PC mit dem Raspberry Pi per SSH mithilfe von PuTTY

Nach der Betätigung des *Open*-Buttons erscheint auf dem PC ein Terminalfenster, in dem wie üblich die Anmeldung vorzunehmen ist. Daraufhin kann mit dem PC auf den Raspberry Pi (im Konsolen-/Terminal-/Textmodus) zugegriffen und gearbeitet werden. Außer der Tatsche, dass per SSH keine grafische Oberfläche (LXDE) verwendet werden kann, gibt es prinzipiell keinerlei Einschränkungen dahingehend, ob mit dem Raspberry Pi direkt per angeschlossener Tastatur oder mit einem PC per SSH kommuniziert wird. Das Abspeichern der Kommunikationsparameter (Load) funktioniert im übrigen mit PuTTY nur dann, wenn das Programm nicht direkt aufgerufen, sondern komplett installiert worden ist, wofür unterschiedliche PuTTY-Versionen zur Verfügung stehen.

```
pi@raspberrypi: ~
pi@192.168.0.50's password:
Linux raspberrypi 3.6.11+ #399 PREEMPT Sun Mar 24 19:22:58 GMT 2013 armv6l

The programs included with the Debian GNU/Linux system are free software;
the exact distribution terms for each program are described in the
individual files in /usr/share/doc/*/copyright.

Debian GNU/Linux comes with ABSOLUTELY NO WARRANTY, to the extent
permitted by applicable law.
Last login: Sun Jun  2 15:47:01 2013
pi@raspberrypi ~ $ cat /proc/cpuinfo
Processor       : ARMv6-compatible processor rev 7 (v6l)
BogoMIPS        : 697.95
Features        : swp half thumb fastmult vfp edsp java tls
CPU implementer : 0x41
CPU architecture: 7
CPU variant     : 0x0
CPU part        : 0xb76
CPU revision    : 7

Hardware        : BCM2708
Revision        : 000e
Serial          : 00000000ae048a77
pi@raspberrypi ~ $
```

Abbildung 4.26: Nach der üblichen Anmeldung kann mit dem Raspberry Pi vom PC aus per SSH kommuniziert werden, was prinzipiell keinerlei Besonderheiten unterliegt.

4.8.8 Virtual Network Computing – VNC

Wie erwähnt, erlaubt PuTTY bzw. SSH nicht die Nutzung einer grafischen Oberfläche, sondern funktioniert nur im Textmodus. Mithilfe von *Virtual Network Computing* (VNC) ist es jedoch möglich, Tastatur, Maus und Desktop von einem PC oder anderen Computer aus zu steuern. Hierfür werden wieder zwei Partner benötigt, wobei der eine als VNC-Server und der andere als VNC-Client fungiert. Um wieder die gebräuchlichste Konstellation zu wählen, wird auf dem Raspberry Pi demnach ein VNC-Server und auf dem PC ein VNC-Client benötigt. Wie für SSH-gibt es auch für VNC-Verbindungen verschiedene Software-Lösungen. *Tight VNC* kann beide VNC-Funktionen ausführen, ist kostenlos und für verschiedene Plattformen (Linux, Windows) verfügbar, so dass diese Software hier beispielhaft für den Aufbau einer VNC-Verbindung eingesetzt wird.

Für den Raspberry Pi ist der VNC-Server wie folgt zu installieren:

```
pi@raspberrypi ~ $ sudo apt-get install tightvncserver
```

Danach erfolgt der Aufruf mit:

```
pi@raspberrypi ~ $ tightvncserver
```

Falls dies das erste Mal passiert, wird die Vergabe eines Passworts verlangt, welches mindestens eine Länge von acht Zeichen aufweisen muss und jedes Mal beim VNC-Verbindungsaufbau anzugeben ist.

Als Client wird die Tight VNC-Windows-Software benötigt, die beispielsweise auf `http://www.tightvnc.com/download.php` zum kostenlosen Download zur Verfügung steht. Wie beim Verbindungsaufbau mit PuTTY ist die IP-Adresse des Raspberry Pi anzugeben und ein spezieller Port. Der standardisierte Basisport lautet für TightVNC 5900. Es können mehrere gleichzeitige »Bildschirme« (Sessions) aktiviert werden, so dass der erste mit Port 5901 (Abbildung 4.27), der zweite mit 5902 usw. selektiert wird.

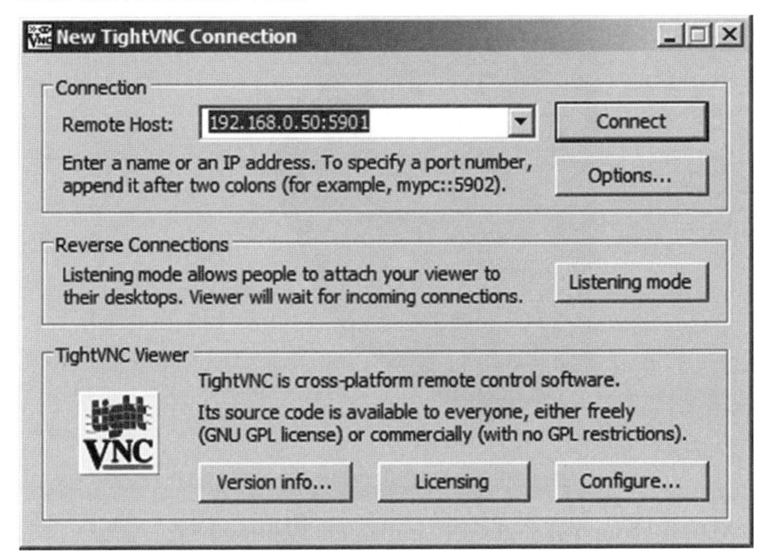

Abbildung 4.27: Verbindung mit TightVNC aufrufen

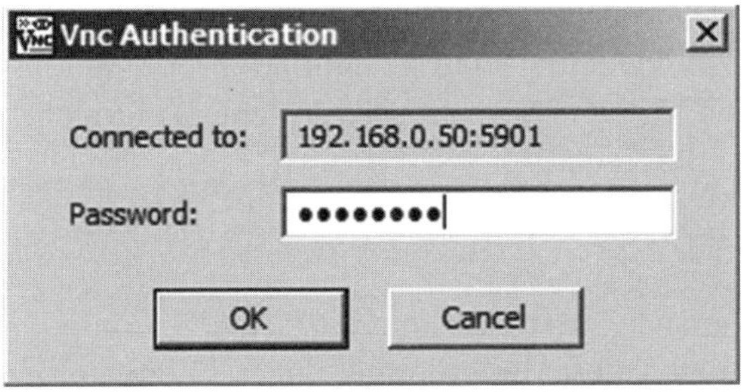

Vnc Authentication
Connected to: 192.168.0.50:5901
Password: ••••••••
OK Cancel

Abbildung 4.28: Bevor die Verbindung etabliert wird, ist das Passwort, welches beim VNC-Server (Raspberry Pi) festgelegt wurde, einzugeben.

Nach den Betätigung des *Connect*-Buttons erfolgt zunächst die Abfrage des Passworts (Abbildung 4.28), woraufhin der LXDE-Desktop (Abbildung 4.29), der sich mit PC-Tastatur und PC-Maus bedienen lässt, auf dem PC-Monitor dargestellt wird.

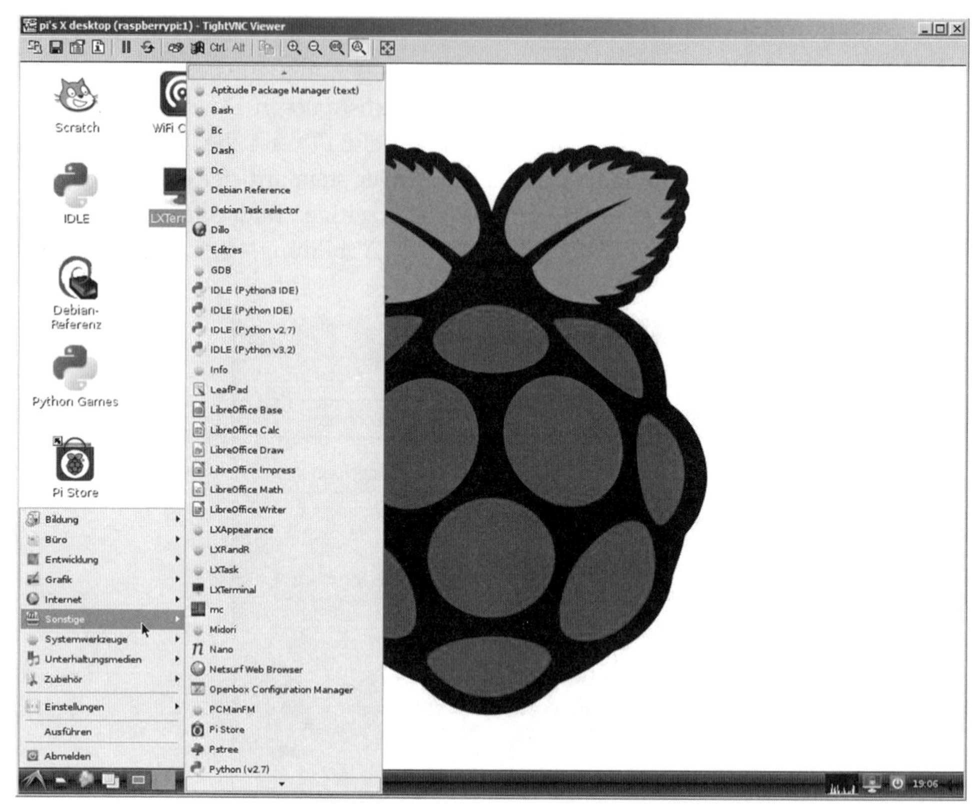

Abbildung 4.29: Der LXDE-Desktop per TightVNC auf einem Windows-PC

Damit Tightvncserver nicht nach jedem Neustart des Raspberry Pi erst manuell aufgerufen werden muss, sondern gleich automatisch startet, ist ein separates Shell Script (Init Script, z.B. als vncserver) notwendig, welches mit dem Programm *insserv* aktiviert wird, indem es den dazugehörigen Link in einem Runlevel-Verzeichnis (z.B. `etc/init.d/vncserver`) setzt.

4.8.9 File Transfer Protocol – FTP

Die bisher betrachteten Verfahren dienen in erster Linie dazu, einen Computer fernzusteuern. Auch wenn es mit einigen dieser Programme (WinSCP) möglich ist, Daten zwischen Computern hin und her zu kopieren, soll hier noch kurz auf das *File Transfer Protocol* (FTP) eingegangen werden, welches die Basis für diese Funktionalität bietet. Ist FTP, bzw. die sichere Implementierung davon, SFTP, auf dem Raspberry Pi (als Server) installiert, kann hierauf mit den verschiedenen FTP-Clients unterschiedlicher Betriebssysteme zugegriffen werden, was den Datentransfer zwischen Computern sehr vereinfacht und dies mit akzeptablen Datenraten. FTP-Programme für Linux und damit auch für den Raspberry Pi gibt es eine ganze Reihe, wobei hier stellvertretend der *Very Secure FTP Daemon* (vsftpd) eingesetzt wird. Die Installation erfolgt dabei auf die übliche Art und Weise. Wie immer empfiehlt sich zuvor die Aktualisierung der Paketdatenbank mit:

```
pi@raspberrypi ~ $ sudo apt-get update
pi@raspberrypi ~ $ sudo apt-get install vsftpd
```

Nach der Installation wird der FTP-Server automatisch gestartet, der fortan auch nach jedem Boot aktiv wird, was anhand der Bootmeldung (Starting FTP server: vsftpd) zu erkennen ist.

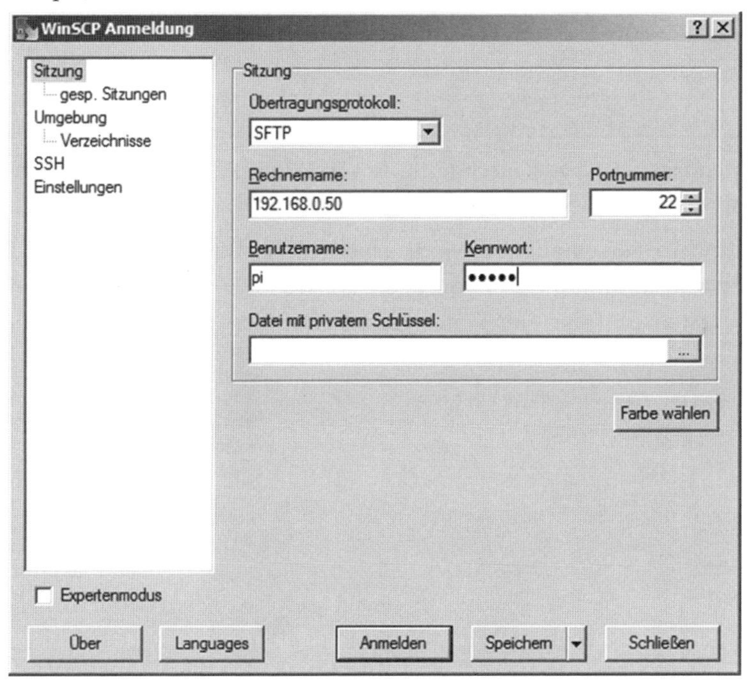

Abbildung 4.30: FTP-Verbindung mit WinSCP von einem Windows-PCs aus initiieren

Die Konfiguration befindet sich in der Datei `/etc/vsftpd.conf` und kann im Bedarfsfall an die eigenen Wünsche angepasst werden. Falls der übliche Raspberry Pi-Anwender (pi) über einen (Windows-)PC per FTP Zugriff auf sein Verzeichnis auf dem Raspberry Pi haben soll, sind lediglich `local_enable=YES` und `write_enable=YES` notwendig. Optionen für Verschlüsselung und Zertifikate sind ebenfalls in der Konfigurationsdatei einstellbar.

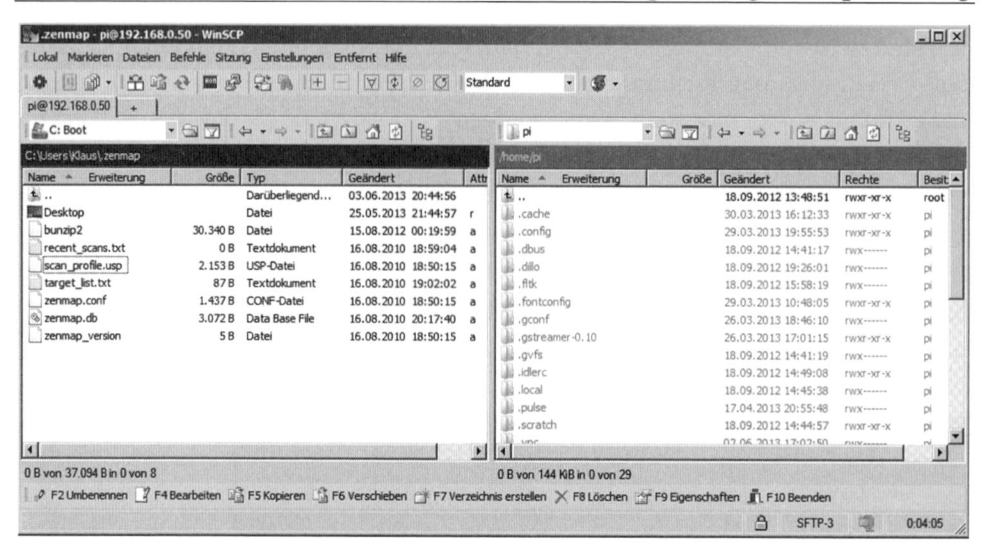

Abbildung 4.31: Problemloser Datenaustausch mithilfe von WinSCP: links das Verzeichnis des Windows-PC, rechts das vom Raspberry Pi.

Prinzipiell kann vsftpd in verschiedenen Modi arbeiten, als Daemon oder Stand Alone, wobei die letztere Methode zu bevorzugen ist, was mit listen=YES festgelegt wird. Die wichtigsten Einträge der Datei vsftpd.conf sind im Folgenden gezeigt:

```
# Run standalone? vsftpd can run either from an inetd or as a standalone
# daemon started from an initscript.
listen=YES
#
# Allow anonymous FTP?
# anonymous_enable=YES
#
# Uncomment this to allow local users to log in.
local_enable=YES
#
# Uncomment this to enable any form of FTP write command.
write_enable=YES
#
# Activate directory messages - messages given to remote users when they
# go into a certain directory.
dirmessage_enable=YES
#
# Activate logging of uploads/downloads.
xferlog enable=YES
#
```

```
# Make sure PORT transfer connections originate from port 20 (ftp-data).
connect_from_port_20=YES
#
# This option should be the name of a directory which is empty. Also,
# the directory should not be writable by the ftp user. This directory is
# used as a secure chroot() jail at times vsftpd does not require
# filesystem access.
secure_chroot_dir=/var/run/vsftpd/empty
#
# This string is the name of the PAM service vsftpd will use.
pam_service_name=vsftpd
#
# This option specifies the location of the RSA certificate to use for
# SSL encrypted connections.
rsa_cert_file=/etc/ssl/private/vsftpd.pem
```

4.9 WLAN

Unter *Wireless Local Area Networks* (WLANs) wird meist eine Implementierung laut IEEE 802.11 verstanden, die auch unter der Bezeichnung Wi-Fi geführt wird. Gegenüber den Kabel-basierten Netzwerklösungen weisen WLANs von der Stabilität und von der Leistung her einige Nachteile auf, doch sie sind auch nicht dazu gedacht, die üblichen LANs zu ersetzen. Vielmehr stellen sie eine Ergänzung oder auch Erweiterung von lokalen Netzen dar. Ein typisches WLAN-Einsatzgebiet ist deshalb überall dort, wo keine Kabel verlegt werden können oder sollen, also auch die Verwendung daheim, wo man nicht die Wände aufstemmen will, um Computer netzwerktechnisch miteinander zu koppeln.

WLANs bieten einen lokalen Funk, typischerweise mit einer Überdeckung von maximal 300 m. Dabei gibt es generell mehrere Unwägbarkeiten, welche die Nutzdatenrate gegenüber kabelbasierten Lösungen weniger vorhersagbar machen. Dazu gehört in erster Linie die Frage, wie sich die zu überbrückende Luftstrecke darstellt, denn Dinge wie Möbel oder Wände stellen sich als Hindernisse dar. Außerdem ist die Datenrate auch von der Entfernung abhängig; sie wird mit größerem Abstand geringer. Die Geräte schalten automatisch einen oder mehrere »Gänge« herunter.

Allgemein gilt, dass die angegebenen Datenübertragungsraten für WLANs stets als Brutto-Datenraten auf der MAC-Ebene zu verstehen sind. Was davon als Nutzdatenrate – quasi auf IP-Ebene – übrig bleibt, ist von so vielen Faktoren abhängig, dass verlässliche Vorhersagen für die erreichbare Datenrate nicht möglich sind.

Prinzipiell können alle möglichen Geräte, die über einen (integrierten) WLAN-Adapter verfügen, wie PCs, Notebooks, Netbooks, Tablets oder auch Smartphones in einem WLAN miteinander kommunizieren, Voraussetzung ist hierfür, dass sie alle »die gleiche Sprache beherrschen«, d.h., mindestens einen gemeinsamen WLAN-Modus unterstützen. Eine Orientierung hierfür bietet das Wi-Fi-Symbol, mit dem entsprechende kompatible Einheiten gekennzeichnet werden können. Auch wenn ein Gerät nicht explizit mit Wi-Fi gekennzeichnet ist, kann es möglicherweise dennoch mit anderen (Wi-Fi)-Netzwerkeinheiten kommunizieren, was letztendlich im jeweils implementieren WLAN-Standard (siehe Tabelle 4.4) begründet ist.

4.9.1 Standards und Kompatibilität

Der Standard IEEE 802.11 stellt im Grunde genommen die drahtlose Ethernet-Realisierung dar. Für die ersten IEEE-WLANs kommt entweder ein Modulationsverfahren mit der Bezeichnung *Frequency Hopping Spread Spectrum* (FHSS) oder *Direct Sequence Spread Spectrum* (DSSS) zum Einsatz. Letzteres ist ab IEEE 802.11b als Standard anzusehen.

Die darauffolgenden IEEE-WLAN-Standards sehen maximal 54 MBit/s (802.11a/g/h) vor, was im Wesentlichen durch ein verbessertes Modulationsverfahren (OFDM) erreicht wird. Das *Orthogonal Frequency-Division Multiplex-Verfahren,* welches auch unter Multiträger-Modulations-Verfahren (MCM, Multi Modulation Carrier) firmiert, wird quasi von allen neueren Entwicklungen (ADSL, DVB-T, LTE) eingesetzt und benötigt eine verhältnismäßig komplizierte Logik für die Umsetzung vom Frequenz- in den Zeitbereich.

Tabelle 4.4: Die wichtigsten Daten der IEEE 802.11-Standards

Standard	Einführung	Frequenzband	Max. Datenrate	Funktechnik
IEEE 802.11	1997	2,4 GHz	2 MBit/s	FHSS, DSSS
IEEE 802.11a	1999	5 GHz	54 MBit/s	OFDM
IEEE 802.11b	1999	2,4 GHz	11 MBit/s	DSSS
IEEE 802.11g	2003	2,4 GHz	54 MBit/s	OFDM
IEEE 802.11h	2003	5 GHz	54 MBit/s	OFDM
IEEE 802.11n	2009	2,4 GHz	600 MBit/s	OFDM-MIMO

Systeme nach IEEE 802.11a arbeiten statt im 2,4 GHz- im 5 GHz-Bereich. Weil dieses Band in Europa von Ortungs- und Satellitenfunk sowie Radarsystemen verwendet wird, erfordert IEEE 802.11a eine europäische Anpassung, was im Standard IEEE 802.11h resultiert.

Geräte nach dem aktuellen Standard IEEE 802.11n sind für eine maximale Datenrate von bis zu 600 MBit/s vorgesehen. Dieser Standard verwendet ebenfalls OFDM und löst die Versionen IEEE 802.11a und IEEE 802.11g ab. Als wesentliche Neuerung wird bei IEEE 802.11n eine (Antennen-)Schaltungstechnik mit der Bezeichnung *Multiple Input Multiple Output* (MIMO) eingesetzt. MIMO kennzeichnet, dass das Signal auf unterschiedlichen »Wegen« empfangen und auch gesendet werden kann, wofür mehrere Antennen zum Einsatz kommen. Wenn mehrere Antennen zusammengefasst arbeiten, ist ein stärkeres Empfangssignal möglich als mit nur einer Antenne, so dass eine Funkverbindung damit verbessert werden kann. Aktuelle Einheiten nach diesem Standard werden mit einer Datenrate von 300 MBit/s bei einem Takt von 20 MHz ausgewiesen. Durch eine Verdopplung auf 40 MHz sind dann die 600 MBit/s prinzipiell möglich, was momentan aber noch nicht erreicht wird.

4.9.2 Topologien

Für den Aufbau von WLANs gibt es mehrere Möglichkeiten, die sich weniger in der jeweiligen Technologie, sondern vielmehr in der Topologie von einander unterscheiden:

- Adhoc WLAN
- Infrastructure WLAN

Die einfachste Art ist es, wenn zwei oder mehrere Clients mit einem WLAN-Adapter (Wi-Fi) ausgestattet sind und damit direkt miteinander gekoppelt werden können, was zu einem Peer-to-Peer-Netz führt. Die mobilen Geräte wie Notebooks, Tablet-PCs oder auch Smartphones verbinden sich zu einem »vermaschten« Netz, welches keine feste Infrastruktur aufweist.

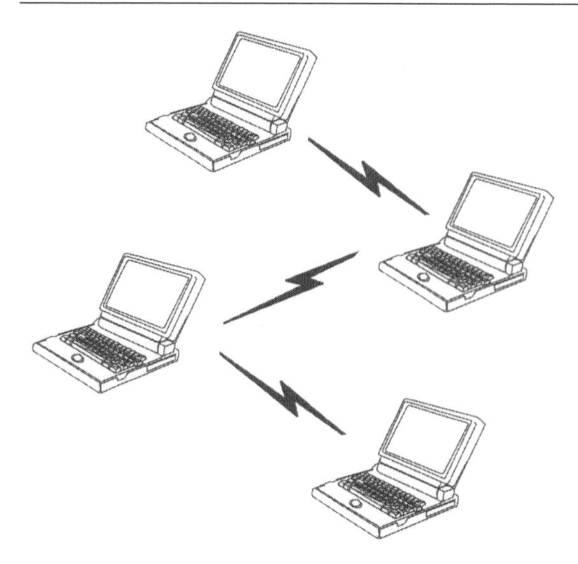

Abbildung 4.32: Ein WLAN im Adhoc-Modus entspricht einem klassischen Peer-to-Peer-Netz.

Wie es bei einem reinen Peer-to-Peer-Netz üblich ist, werden dabei Ressourcen freigegeben und entsprechend verbunden, was sich meist auf Verzeichnisse oder auch Peripherie-Einheiten wie etwa einen gemeinsam zu verwendenden Drucker bezieht. Mit dieser Methode hat man im Grunde genommen im Nu – daher rührt auch die Bezeichnung für ein derartiges WLAN »adhoc« – ein drahtloses Netzwerk realisiert, wie es sich in kleineren Büros oder auch für daheim anbietet.

Durch die Verwendung eines oder auch mehrerer *Access Points* lässt sich eine Verbindung von WLAN-Clients (Mobile Units) zu einem üblichen LAN schaffen. Auch die Kopplung von separaten LANs ist über Access Points möglich. In der Abbildung 4.33 sind typische Anwendungen hierfür gezeigt. Diese Topologien werden im sogenannten *Infrastructure Mode* betrieben, was derartigen WLANs damit ihre Bezeichnung verleiht.

Kopplung zwischen LAN und WLAN mit einem Access Point

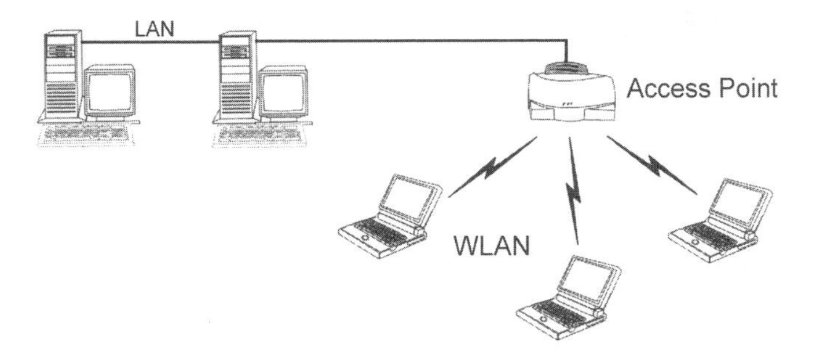

Mit mehreren Access Points wird das WLAN ausgedehnt

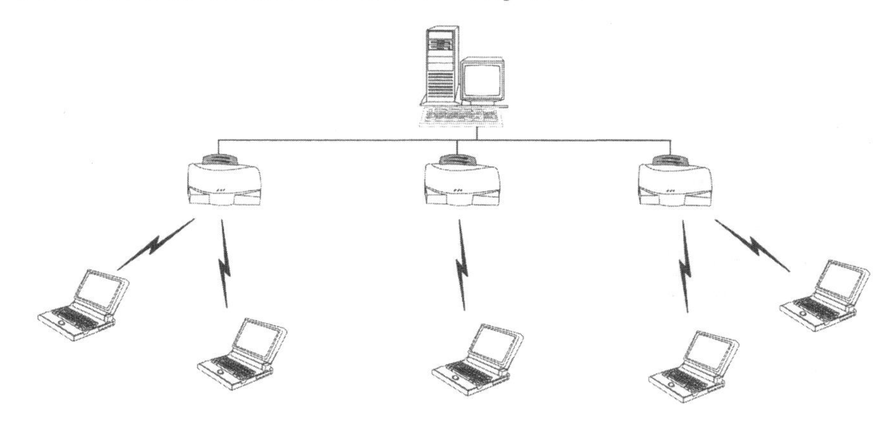

Kopplung von zwei LANs mit zwei Access Points

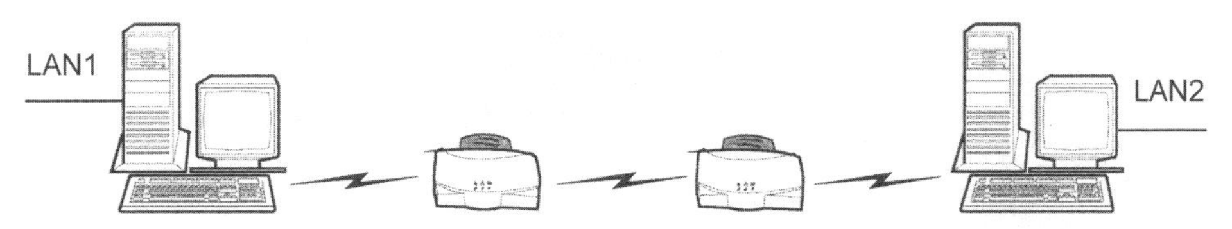

Abbildung 4.33: WLAN-Realisierungen mit Access Points firmieren unter Infrastructure-Implementierungen.

Der Access Point (AP) fungiert als Bridge zwischen einem Ethernet-LAN und dem Ethernet-WLAN. Er verfügt zumeist über einen Anschluss laut 100BaseT (RJ45) und wird im Prinzip wie ein Switch im LAN integriert. Demnach sind hierfür im

Gegensatz zu einem WLAN-Adapter lokal keinerlei Treiber zu installieren. In einem DSL-Modem ist oftmals neben dem Router und dem Switch auch ein WLAN Access Point mit integriert, wie es etwa bei den bekannten FRITZ! Box-Geräten der Firma AVM der Fall ist.

4.9.3 Raspberry Pi für das WLAN konfigurieren

Der Raspberry Pi kann nachträglich mit einem WLAN-Adapter ausgestattet werden, der an eine USB-Buchse anzuschließen ist. Wie für andere Raspberry Pi-Komponenten und -Peripherie auch, werden im Internet verschiedene Kompatibilitätslisten geführt, die ausweisen, welcher WLAN-Adapter (Wi-Fi-Dongle) hierfür geeignet ist.

Die WLAN-Unterstützung ist bei den meisten für den Raspberry Pi geeigneten Betriebssystemen (z.B. Raspbian) bereits im Kernel integriert. In der Abbildung 4.34 ist ein kompatibler Wi-Fi-Dongle gezeigt, der explizit für den Raspberry Pi vorgesehen ist, weshalb er unter der Bezeichnung Wi-Pi geführt wird. Er unterstützt die Standards IEEE 802.11b, IEEE 802.11g und IEEE 802.11n (vgl. Tabelle 4.4) mit einer (theoretischen) maximalen Datenrate von 150 MBit/s in den beiden erläuterten Topologien (Adhoc, Infrastrcture).

Abbildung 4.34: Dieser Wi-Fi-Dongle ist für den Raspberry Pi spezifiziert.

Nach dem Anschluss des Adapters sollte zunächst – wie bei jedem »neuen« USB-Gerät – durch Anwendung des Befehls *lsusb* (vgl. Kapitel 4.6) festgestellt werden, ob das Gerät erkannt worden ist. Bei direkter Unterstützung durch den Kernel ist keine separate Treiberinstallation notwendig.

Andernfalls ist der passende Linux-Treiber zunächst aus dem Internet (von der Herstellerseite) zu beziehen und per FTP oder SD-Karte für den Raspberry Pi zugänglich zu machen. Je nach Adapter und Hersteller existiert ein bestimmtes Installationsskript (*.sh), welches aufzurufen ist, damit die Software für den Adapter installiert wird. Wie beim LAN-Adapter (siehe Kapitel 4.8.5) landen die Einträge in der Datei `/etc/network/interfaces`, deren Inhalt entsprechend angepasst werden kann. Abbildung 4.23 zeigt die vorgegebenen WLAN-Adaptereinstellungen, die unmittelbar für das Funktionieren des Adapters mit DHCP sorgen. Wie für den LAN-Adapter könnte hierfür auch eine manuelle IP-Adressenvergabe erfolgen.

Auf dem LXDE-Desktop gibt es die Applikation *WiFi Config*, mit deren Hilfe die Konfigurierung des WLANs für den Raspberry Pi bequem zu erledigen ist. Unter *Adapter* (Abbildung 4.35) sollte ein wlan0-Eintrag erschienen. Durch die Betätigung von *Scan* wird die Umgebung daraufhin nach vorhandenen WLANs abgesucht.

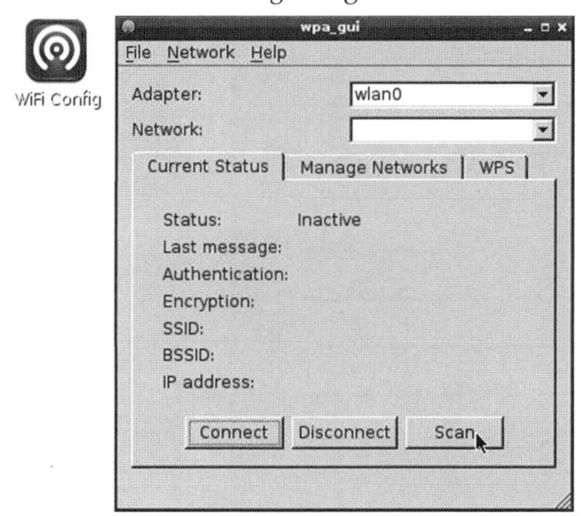

Abbildung 4.35: Der Adapter wlan0 wurde detektiert.

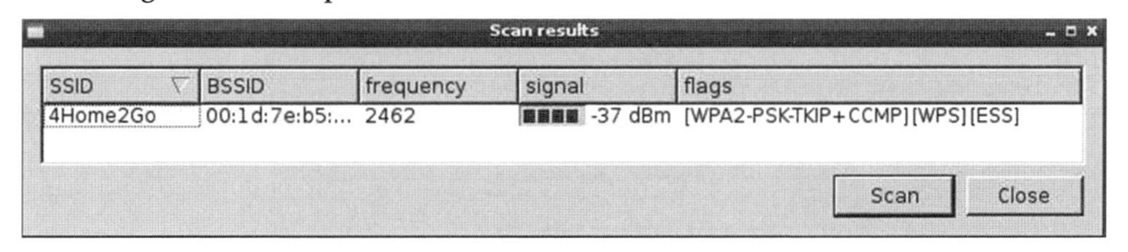

Abbildung 4.36: Es wurde ein WLAN mit der Bezeichnung 4Home2Go gefunden.

Die gefundenen WLANs werden daraufhin in einem separaten Fenster (Abbildung 4.36) angezeigt. Durch einen Klick auf den jeweiligen Eintrag erscheint das Konfigurationsfenster für den WLAN-Zugang. Hier sind die jeweiligen Parameter des WLANs einzutragen, die von der Konfigurierung des *WLAN Access Point* (DSL-

Modem/Router/Switch) her bekannt sind. Üblicherweise werden die meisten Parameter automatisch erkannt (Abbildung 4.37), so dass dann nur das Passwort anzugeben ist, was hier unter PSK (Pre Shared Key) notwendig ist. Der Wi-Fi-Dongle unterstützt alle aktuellen Verfahren für Verschlüsselungen und Authentifizierungen, wie *Wi-Fi Protected Access 2* (WPA) mit dem *Temporal Key Integrity Protocol* (TKIP).

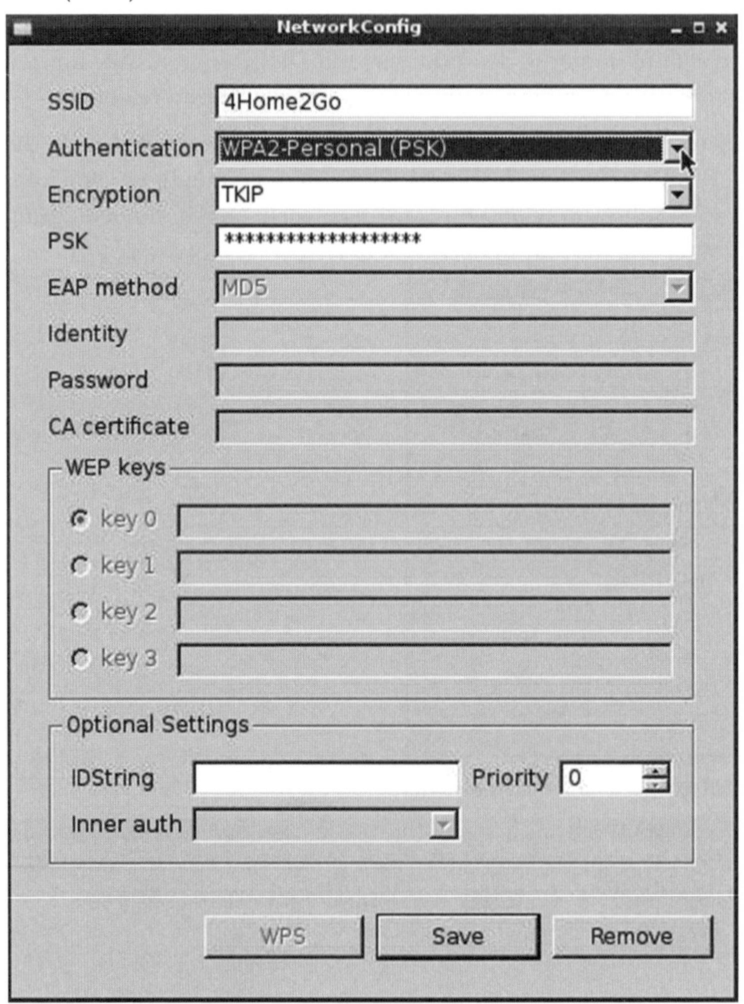

Abbildung 4.37: Festlegen des WLAN-Zugangs

Die festgelegten Parameter können mit *Save* abgespeichert werden. Die Verbindung mit dem WLAN wird dann per *Connect* (Abbildung 4.38) hergestellt. Nachdem der Raspberry Pi mit dem WLAN verbunden ist, erhält er seine IP per DHCP vom *WLAN Access Point* (DSL-Modem/Router/Switch).

Es empfiehlt sich, den Raspberry Pi entweder per LAN oder per WLAN netzwerktechnisch zu koppeln, d.h. das LAN-Kabel beim Einsatz des WLAN abzuziehen, andernfalls können sich unübersichtliche Konstellationen ergeben, was bis hin zum Nichtfunktionieren des Netzwerkes führt.

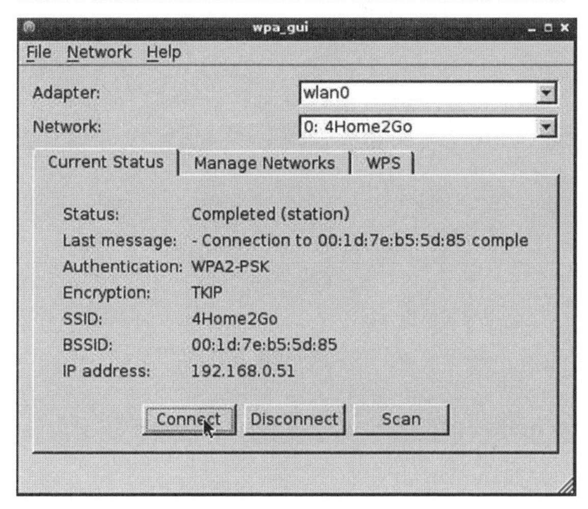

Abbildung 4.38: Der Raspberry Pi ist mit dem WLAN verbunden.

Der Rasberry Pi kann nunmehr auch per WLAN in das Internet gelangen und mit dem ab Kapitel 4.8.6 erläuterten Tools Daten mit anderen Computern austauschen. Eine einfache Kontrolle, ob dies prinzipiell möglich ist, kann wieder mithilfe des Befehls *ping* (Kapitel 4.8.4, Abbildung 4.24) erfolgen. Wie bereits erwähnt, ist der Raspberry Pi in einem Windows-Netz nur dann (direkt) sichtbar, wenn er das Samba-Paket verwendet, was für die einfache Kommunikation untereinander und für den Datenaustausch für die Verwendung auf dem Raspberry Pi überdimensioniert erscheint.

Eine Kontrolle der vorhandenen Netzwerkadapter ist wieder durch die Eingabe von `ifconfig` (vgl. Abbildung 4.22) möglich. Genauere Daten zum WLAN, wie der Name (ESSID), die unterstützten Datenraten (Bit Rates) oder auch zur Verschlüsslung (Encrytion) und Authentifizierung (Authentication) des Adapters, sind schnell mit der Eingabe von `iwlist wlan0 scan` (Abbildung 4.39) zu ermitteln.

```
pi@raspberrypi ~ $ iwlist wlan0 scan
wlan0     Scan completed :
          Cell 01 - Address: 00:1D:7E:B5:5D:85
                    Channel:11
                    Frequency:2.462 GHz (Channel 11)
                    Quality=70/70  Signal level=-35 dBm
                    Encryption key:on
                    ESSID:"4Home2Go"
                    Bit Rates:1 Mb/s; 2 Mb/s; 5.5 Mb/s; 11 Mb/s; 6 Mb/s
                              9 Mb/s; 12 Mb/s; 18 Mb/s
                    Bit Rates:24 Mb/s; 36 Mb/s; 48 Mb/s; 54 Mb/s
                    Mode:Master
                    Extra:tsf=0000000000af0180
                    Extra: Last beacon: 2151295038ms ago
                    IE: Unknown: 000834486F6D6532476F
                    IE: Unknown: 010882848B960C121824
                    IE: Unknown: 03010B
                    IE: IEEE 802.11i/WPA2 Version 1
                        Group Cipher : TKIP
                        Pairwise Ciphers (2) : CCMP TKIP
                        Authentication Suites (1) : PSK
                    IE: Unknown: 2A0100
                    IE: Unknown: 32043048606C
                    IE: Unknown: DD180050F2020101020003A4000027A4000042435E00623
```

Abbildung 4.39: Anzeige wichtiger WLAN-Daten

5 Programmierung

Der Raspberry Pi ist in erster Linie dafür entwickelt worden, um das Programmieren zu erlernen und den Kontakt zur Hardware herzustellen. Programmiersprachen gibt es in vielen unterschiedlichen Ausprägungen und für verschiedene Plattformen (Betriebssysteme). Diese haben meist ein bevorzugtes Einsatzgebiet (Internet, Datenbank, Office-Anwendungen, Hardwareprogrammierung). Sie sind also für bestimmte Dinge besonders gut geeignet, für andere hingegen weniger bis gar nicht. Außerdem stellen der Zugang und der Umfang der Programmiersprache sowie die Programmierumgebung unterschiedliche Ansprüche an die Vorkenntnisse des Programmierers, so dass eine beträchtliche Zeit verstreichen kann, bis mit der jeweiligen Programmiersprache erste Ergebnisse zu erzielen sind.

Entsprechend der Intention der Raspberry Pi Foundation soll der Einstieg in die Programmierung für eine möglicht große Anwendergruppe einfach sein und der Schwierigkeitsgrad dementsprechend niedrig. Die Erfahrung zeigt, dass Programme im Laufe der Zeit quasi aus der Applikation heraus fast automatisch immer umfangreicher und komplexer werden, so dass das Programmierumfeld selbst eigentlich keine unnötigen Hürden aufbauen sollte.

Im Gegensatz zu Windows, welches ohne die grafische Oberfläche gar nicht denkbar ist, ist aus den bisherigen Erläuterungen zu Linux sicher erkennbar, dass hier ein Arbeiten im Textmodus (Terminalmodus) möglich ist, wenn man auf den Komfort eines Desktops (LXDE) verzichten kann, zumal bestimmte Dinge viel einfacher und schneller im Textmodus zu erledigen sind. Bereits aus diesem Grunde wirkt eine Programmiersprache für Linux im Textmodus nicht derart »erschlagend« wie es etwa bei den Visual Studio-Sprachen von Microsoft der Fall ist. Es werden dabei weit weniger Ressourcen beansprucht, was für den Raspberry Pi schließlich von Bedeutung ist.

Die klassische Programmiersprache für Linux ist C, die gemeinhin als sehr »hardware-nah« gilt, so dass es nicht verwundert, dass Betriebssystemen wie Linux und auch Windows umfangreicher C-Code zugrunde liegt. Weil es C in zahlreichen unterschiedlichen Implementierungen gibt, die im Großen und Ganzen auf einem Standard-C basieren (ANSI C), handelt es sich um eine der wenigen »Hardware-nahen« Programmiersprachen, die prinzipiell Plattform-übergreifend eingesetzt werden können. Die »Besonderheiten« der jeweiligen Hardware (Mikrocontroller, PC, DSP) werden in die Programme über Bibliotheken mit eingebunden, die nicht selten von den Chipherstellern selbst zur Verfügung gestellt werden, wie es etwa bei Mikrocontrollern und digitalen Signalprozessoren (DSP) üblich ist.

Position May 2013	Position May 2012	Delta in Position	Programming Language	Ratings May 2013	Delta May 2012
1	1	=	C	18.729%	+1.38%
2	2	=	Java	16.914%	+0.31%
3	4	↑	Objective-C	10.428%	+2.12%
4	3	↓	C++	9.198%	-0.63%
5	5	=	C#	6.119%	-0.70%
6	6	=	PHP	5.784%	+0.07%
7	7	=	(Visual) Basic	4.656%	-0.80%
8	8	=	Python	4.322%	+0.50%
9	9	=	Perl	2.276%	-0.53%
10	11	↑	Ruby	1.670%	+0.22%
11	10	↓	JavaScript	1.536%	-0.60%
12	12	=	Visual Basic .NET	1.131%	-0.14%
13	15	↑↑	Lisp	0.894%	-0.05%
14	18	↑↑↑↑	Transact-SQL	0.819%	+0.16%
15	17	↑↑	Pascal	0.805%	0.00%
16	24	↑↑↑↑↑↑↑↑	Bash	0.792%	+0.33%
17	14	↓↓↓	Delphi/Object Pascal	0.731%	-0.27%
18	13	↓↓↓↓↓	PL/SQL	0.708%	-0.41%
19	22	↑↑↑	Assembly	0.638%	+0.12%
20	20	=	Lua	0.632%	+0.07%

Abbildung 5.1: Beliebtheit von Programmiersprachen (TIOBE Software) © TIOBE Software

In der Abbildung 5.1 ist ein Ranking der beliebtesten Programmiersprachen angegeben, welches von der Firma TIOBE Software ermittelt wird. Die Kriterien für das Ranking ergeben sich aus verschiedenen Befragungen und Internet-Recherchen, die monatlich veröffentlicht werden. Dabei sagt die Liste nichts Direktes darüber aus, wie viele Code-Zeilen damit erstellt worden sind und auch nicht, dass C die »beste« Programmiersprache ist, die es ohnehin nicht geben kann, weil die bevorzugten Einsatzgebiete hierfür recht unterschiedlich sein können. Gleichwohl rangiert C mit seinen »Abkömmlingen« wie C++, C# und Objective C stets auf den oberen Rängen, so dass ein (angehender) Programmierer eigentlich nicht an dieser Programmiersprache vorbeikommt.

Für Linux existiert für fast jede Programmiersprache ein passendes – kostenloses – Pendant. Die mit C oder der objektorientierten Variante C++ erstellten Programme können sehr schnell ausgeführt werden und sind auch für rechenintensive Aufgaben geeignet. Sie werden mit einem Editor erstellt und mit einem Compiler in Maschinensprache übersetzt, woraus sich auch die relativ schnelle Ausführung ergibt. Allerdings gilt C nicht als Einsteigerprogrammiersprache. Linux liefert standardmäßig einen C-Compiler (gcc) mit und verschiedene Editoren, was als Grundgerüst für die Programmierung im Textmodus bereits ausreichen kann. Im Kapitel 5.3 wird hierauf näher eingegangen.

5.1 Hardware-nahe Programmierung

Neben C sind in der Vergangenheit insbesondere Assembler und Pascal – als Turbo Pascal – für die Programmierung von Hardware eingesetzt worden. Beide Sprachen liefern Programme, die in punkto Effizienz und Geschwindigkeit geradezu als vorbildlich zu bezeichnen sind.

5.1.1 Assembler

Ein Prozessor kann lediglich Zahlen in Befehle umsetzen und sie daraufhin ausführen. Prozessoren kennen – je nach Typ – eine unterschiedliche Anzahl von so genannten *Maschinenbefehlen (Opcodes)*, die intern auf ganz bestimmten Zahlen abgebildet werden und dann die gewünschte Funktion im Prozessor hervorrufen.

Neben den Zahlen, die für bestimmte Befehle stehen, rechnet ein Prozessor selbstverständlich auch mit Zahlen, die beispielsweise im Speicher abgelegt und über eine Adresse zu selektieren sind, was letztendlich auch wieder Zahlen entspricht. Als Programmierer wird man jedoch keine unübersichtlichen Zahlenfolgen eingeben wollen, wie es in den Anfängen der Prozessortechnik üblich war.

Stattdessen lässt sich ein Programm unter Verwendung von *mnemonischen Codes* oder *Mnemonics* mit einem Editor erstellen. Die nachfolgende Übersetzung in ein ablauffähiges Programm erfolgt mit einem *Assembler*, weshalb derartige Programme auch als Assembler-Programme bezeichnet werden. *Mnemonische Codes*, etwa MOV oder ADD, sind Kurzbezeichnungen für bestimmte Prozessorfunktionen, wie in diesem Fall für das Verschieben oder Addieren. Sie dienen nur der vereinfachten Programmierung, denn statt eines ADD-Befehls könnte hierfür auch der dazugehörige Opcode von beispielsweise 83h angegeben werden. Der Additionsbefehl wird demnach für den Prozessor durch den Opcode oder Maschinenbefehl von 83h dargestellt.

Wie die Zahlenfolgen durch den Prozessor zu interpretieren sind, was also ein Opcode und was eine Adresse ist, wird durch ein *Machine Instruction Format* (MIF) festgelegt, welches wie die Opcodes bzw. der korrespondierende Maschinenbefehl speziell für eine bestimmte Prozessorfamilie ausgelegt ist. Ein Assembler-Befehlssatz für Intel-Prozessoren ist demnach völlig anders als etwa für einen Mirocontroller der Firma Microchip oder einen ARM-Prozessor.

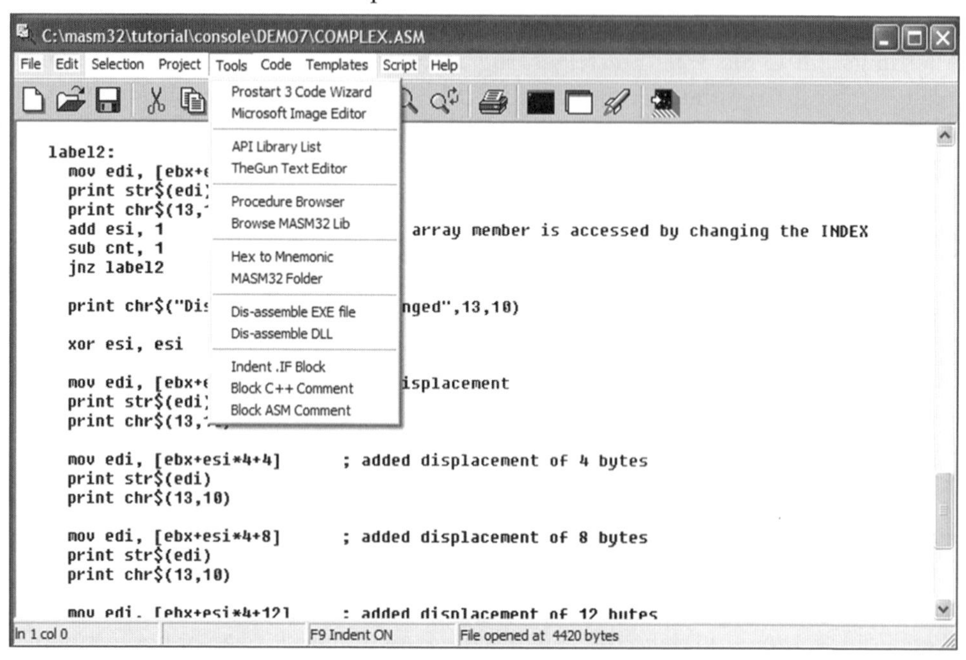

Abbildung 5.2: MASM32 ist ein 32-Bit-Assembler für Windows

Bei der Programmierung in einer Hochsprache wie etwa C/C++ oder Visual Basic wird das Quellprogramm durch ein Programm mit der Bezeichnung *Compiler* in die Maschinensprache übersetzt. Eine vielleicht recht einfach und zudem verständlich erscheinende Anweisung in einer Hochsprache hat typischerweise eine Vielzahl von Maschinenbefehlen zur Folge, was beispielsweise mit einem Debugger oder einem Disassembler kontrolliert werden kann, der für die bessere Lesbarkeit (wieder) den Assembler-Code eines Programms darstellen kann.

Die Übersetzung von Assembler-Code in die jeweilige Maschinensprache hat im Vergleich zu Hochsprachen – die die gleiche Aufgabe wie das Assembler-Programm erfüllen sollen – grundsätzlich den effizienteren Code zur Folge, der daher sehr schnell und mit geringem Speicherbedarf ausgeführt werden kann. Nur ein Assembler, der von der Funktion her letztendlich ja auch ein Compiler ist, kann

Programme generieren, die eine sehr enge und unmittelbare Beziehung zur Hardware mithilfe eines Maschinen-Codes herstellen.

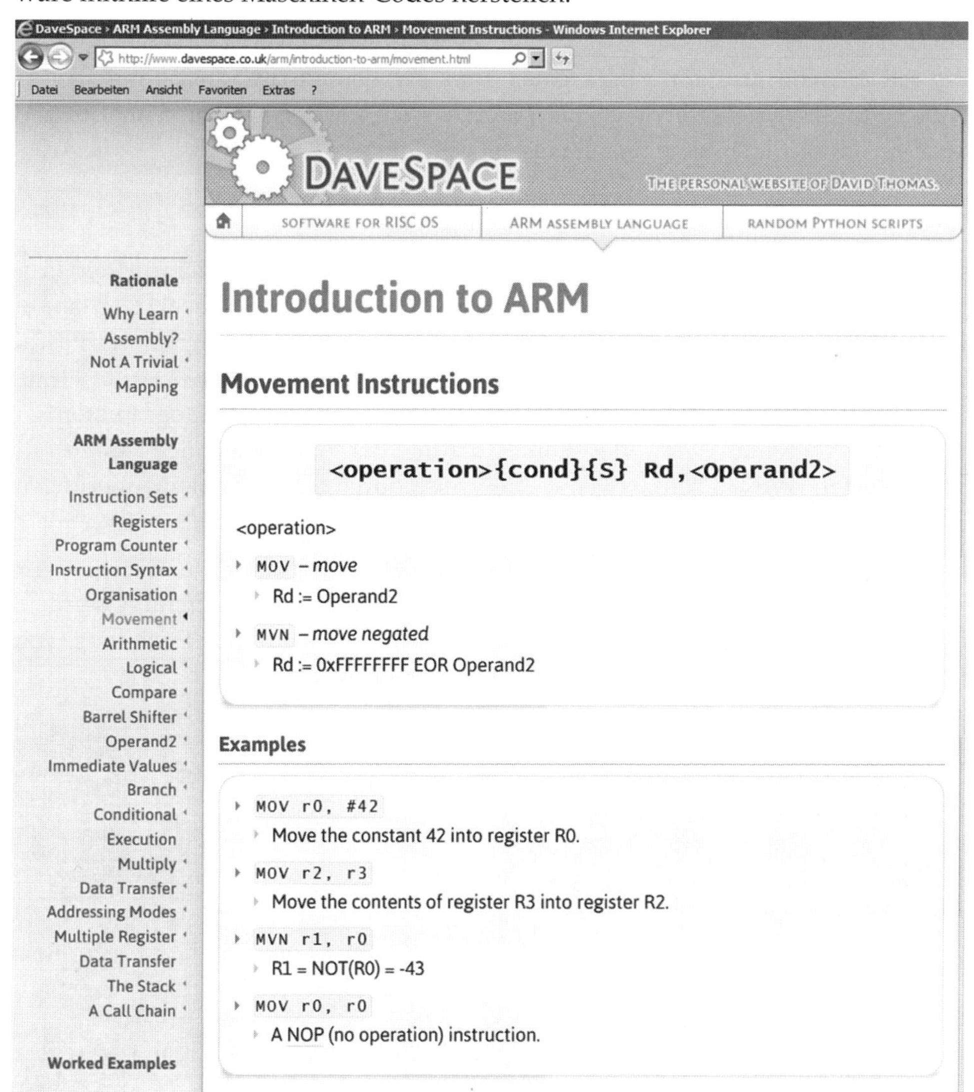

Abbildung 5.3: Die erste Anlaufstelle für die ARM-Assembler-Programmierung ist davespave.co.uk. © davespave.co.uk

Hochsprachen sind demgegenüber für die Lösung bestimmter Probleme auf höheren Anwendungsebenen konzipiert. Gleichwohl ist es auch möglich, in Hochsprachenprogrammen Assembler-Code zu erzeugen und zu integrieren, wie es mit aktuellen C-Versionen (Visual C++) praktiziert werden kann, die über so genannte Inline-Assembler verfügen. Assemblerbefehle können dann beispielsweise innerhalb eines C-Programms genutzt werden, um direkt auf die Hardware zuzugreifen (Prozessor, Schnittstellen) oder auch um zeitkritische Routinen auszuführen.

Für den Raspberry Pi selbst existiert kein spezieller Assembler. Stattdessen aber für die ARM-Architektur im Allgemeinen und für den im BCM2835 enthaltenen ARM1176JZ-F-Prozessorkern im Besonderen. Im gcc-Compiler kann im Übrigen auch ein ARM-Inline Assembler eingesetzt werden.

5.1.2 Turbo Pascal

Turbo Pascal der Firma Borland ist die bekannteste Implementierung der Programmiersprache Pascal für Personal Computer, die sich ab den achtziger Jahren großer Beliebtheit erfreute. Sie wurde in den neunziger Jahren in Borland Pascal umbenannt und ist in Delphi aufgegangen, welches nunmehr im Besitz der Firma Embaccadero ist. Mit Delphi begann der Übergang von DOS-Programmen zu Windows-Programmen mit der Unterstützung der entsprechenden Microsoft-Technologien (WIN32 API, .NET), die teilweise durch eigene Implementierungen ersetzt wurden.

Eine spezielle Delphi-Version für Linux wurde 2001 unter der Bezeichnung Kylix veröffentlicht, so dass ab diesem Zeitpunkt beide Plattformen unterstützt wurden. Das aktuelle Delphi XE4 verzichtet auf Linux und ist für die Erstellung von Windows-, iOS und MacOS-Applikationen vorgesehen.

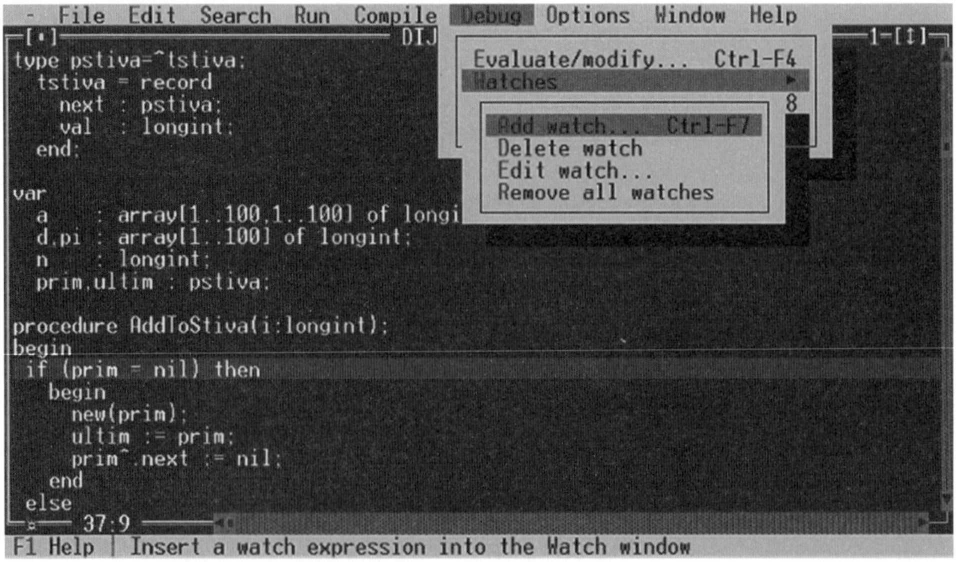

```
 - File Edit Search Run Compile Debug Options Window Help
                                    Evaluate/modify...  Ctrl-F4
type pstiva=^tstiva;                Watches
  tstiva = record                     Add watch...    Ctrl-F7
    next : pstiva;                    Delete watch
    val  : longint;                   Edit watch...
  end;                                Remove all watches

var
  a    : array[1..100,1..100] of longi
  d,pi : array[1..100] of longint;
  n    : longint;
  prim,ultim : pstiva;

procedure AddToStiva(i:longint);
begin
 if (prim = nil) then
   begin
     new(prim);
     ultim := prim;
     prim^.next := nil;
   end
 else
    37:9
F1 Help | Insert a watch expression into the Watch window
```

Abbildung 5.4: Die Turbo Pascal-Entwicklungsumgebung

Wegweisend war damals die Turbo Pascal-Entwicklungsumgebung (IDE) unter DOS, wobei der Compiler eine bis dato unerreichte Geschwindigkeit aufwies und das gesamte Paket aus Editor, Linker und Compiler eine Größe von lediglich ca. 60 kByte. Der dabei erzeugte echte Maschinencode hatte fast die Effizienz von Assembler und ermöglichte ein recht komfortables Programmieren von Hardware-nahen-Anwendungen.

Eine Besonderheit von Turbo Pascal ist die Tatsache, dass der Code mithilfe von *Prozeduren* und *Units* sehr gut modularisiert werden kann, weil damit häufig benutze Funktionen ausgelagert werden können und der Code in den Units nur ein einziges Mal übersetzt werden muss. Mitunter findet man im Internet – auch auf der Seite von Embaccadero – die Original Turbo Pascal-Versionen als Freeware.

Als die Firma Borland die Entwicklung von Turbo Pascal einstellte, wurde die Entwicklung von freien, kompatiblen Compilern gestartet, wobei die Versionen *GNU Pascal* und insbesondere *Free Pascal* recht verbreitet sind. Free Pascal (http://www.freepascal.org/) ist für zahlreiche Architekturen (Intel x86, PowerPC, ARM) und dementsprechend Plattformen wie DOS, Windows, MacOS und Linux verfügbar, so dass es auch mit dem Raspberry Pi genutzt werden kann.

5.2 Skriptsprachen

Für die Automatisierung von Verwaltungsaufgaben unter Linux können so genannte Bash-Scripts eingesetzt werden. Dies ist im Prinzip nichts anderes als eine Batch-Datei, wie man sie vielleicht von DOS oder Windows her kennt (autoexec.bat), mit der einzelne Befehle im Script der Reihe nach abgearbeitet werden. Die entsprechende Unterstützung ist bei Linux bereits automatisch enthalten. Wie ein einfaches Bash-Script aussehen kann, welches nur den Text »So isses« ausgibt, ist im Folgenden gezeigt.

`pi@raspberrypi ~ $ which bash`	Feststellen wo sich der Bash-Interpreter befindet
`pi@raspberrypi ~ $ #!/bin/bash`	Skript mit Interpreter starten
`pi@raspberrypi ~ $ STRING="So isses"`	String definieren
`pi@raspberrypi ~ $ echo $STRING`	String ausgeben
`So isses`	

Was hier ganz simpel direkt eingegeben wurde, wird üblicherweise mit einem Editor erstellt, damit abgespeichert und daraufhin als Skript durch den Aufruf des Namens gestartet. Wichtig ist dabei stets der Verweis auf den Interpreter. Die Bash-Programmierung scheint sich immer größerer Beliebtheit zu erfreuen, denn sie belegt in der Liste den Platz 16 mit steigender Tendenz, wobei hiermit eher keine Programme im klassischen Sinne, sondern Verwaltungsabläufe automatisiert werden.

Die Programmiersprache Perl (Platz 9) ist eine mächtige Skriptsprache, mit der sich umfangreiche Aufgaben erledigen lassen. Perl ist wie Bash-Script automatisch bei Linux und damit auch bei Raspbian für den Raspberry Pi vorinstalliert. Die erste Zeile muss auch hier eine Verknüpfung zum Perl-Interpreter enthalten (#!/usr/bin/perl).

PHP5 (Personal Home Page) ist ebenfalls eine Skriptsprache. Sie verwendet eine Syntax, die wie eine Kombination aus Perl und C wirkt. Die Programmierung wird entweder mit Funktionen oder mit einem objektorientierten Ansatz ausgeführt, wobei auch beide Konzepte gemischt werden können. PHP ist insbesondere für Webanwendungen gedacht und bietet eine Unterstützung für verschiedene Internet-Protokolle sowie Datenbanken. Wer mit dem Raspberry Pi einem Webserver (Apache) betreiben will, kommt an PHP nicht vorbei, welches separat (`sudo apt-get install php5-cli`) zu installieren ist. PHP5 ist zwar eine mächtige Skriptsprache, die Ausführung dauert jedoch – weil das Skript auch hier durch den dazugehörigen Interpreter ausgeführt werden muss – verhältnismäßig lang. Deshalb eignet sich PHP5 auch kaum für andere Zwecke als Internet-Anwendungen.

5.3 Java

Java ist eine plattformübergreifende, objektorientierte Sprache mit einem riesigen Funktionsumfang. Die Applikationen laufen in einem *Java Runtime Enviromment* (JRE), also einer für das jeweilige Betriebssystem bestimmten speziellen Laufzeitumgebung. Java kann von der Firma Sun (jetzt Oracle) kostenlos bezogen werden, wozu neben der JRE hierzu passende Entwicklungswerkzeuge (Java Development Kit, JDK) verfügbar sind. Dazu gehört der Java-Compiler, der den Quelltext in einen Java-Byte-Code übersetzt, welcher daraufhin in einer virtuellen Umgebung (JRE) ausgeführt wird, was letztlich für die Plattformunabhängigkeit verantwortlich ist.

Da es Java für Linux gibt, kann es auch für den Raspberry Pi eingesetzt werden, welches wie folgt zu installieren ist. Zunächst das JDK:

```
pi@raspberrypi ~ $ sudo apt-get install openjdk-7-jdk
```

gefolgt von der Laufzeitumgebung:

```
pi@raspberrypi ~ $ sudo apt-get install openjdk-7-jre
```

Die Ressourenanforderungen für Java sind recht hoch, so dass es für ARM-basierte Embedded Systeme und als Ableger damit auch für den Raspberry Pi eine *Java Embedded Micro Edition* (Java ME) gibt. Java arbeitet dann nicht mit seiner Laufzeitumgebung unter einem Betriebssystem, sondern quasi direkt mit der jeweiligen Hardware. Hiermit können dann Java-basierte Embedded-Systeme entworfen werden, die für ganz bestimmte Aufgaben (Interface, Messsystem, Funkknoten, Regler) vorgesehen sind, was eine Fülle von neuen elektronischen Applikationen mit dem Raspberry Pi eröffnet. In vielen Geräten, wie beispielsweise Autoradios, Druckern oder Routern, arbeitet eine solche Java Embedded-Version.

5.4 Microsofts .NET

Microsofts Reaktion auf Java ist .NET, wo mithilfe von verschiedenen Sprachen (C#, VB.NET, ASP.NET) ein Programm erstellt werden kann. Dieses wird per Compiler in einen Byte-Code (Common Intermediate Language) umgesetzt, der dann in einer Laufzeitumgebung – dem *Microsoft .NET Framework* – abläuft. Im Gegensatz zu Java steht .NET lediglich für Windows zur Verfügung. Es ist vorgesehen, dass die Entwicklung mit den Microsoft-Programmiersprachen erfolgt. Für bestimmte Mikrocontroller und -prozessoren, wie sie in Embedded Systems sowie Smartphones und Tablets eingesetzt werden oder auch für die Gadgeteer-Plattform (siehe *Einführung*) gibt es zwar das *.NET Micro Framework*, gleichwohl ist auch auf diesem Einsatzgebiet Java mit den entsprechenden Ergänzungen, etwa dem Android SDK, die führende Technologie.

5.4.1 Mono

Um Programme, die mit .NET erstellt worden sind, auch unter Linux ausführen zu können, ist freie Software verfügbar, die eine Implementierung des Windows .NET Frameworks darstellt. Dabei handelt es sich um *DotGnu* und die bekanntere mit der Bezeichnung *Mono*. Somit ist es prinzipiell möglich, in Visual Basic unter Linux zu programmieren und die Applikation dann auch unter Windows auszuführen oder in C# unter Windows zu programmieren und die Applikation unter Linux auszuführen. Eine sicher interessante Möglichkeit, um mit Microsoft-Technologie eine gewisse Plattformunabhängigkeit zu erreichen, ob dies allerdings den Aufwand (gegenüber Java) rechtfertigt, zumal Kompatibilitätsprobleme dazugehören (die es bekanntermaßen aber auch innerhalb der Microsoft .NET Technologie gibt) hängt sehr stark von der jeweiligen Anwendung ab und wird sich in den meisten Fällen nicht lohnen.

Mono hat sich nicht wie gehofft durchgesetzt, was auch daran liegen mag, dass es auf den GNOME-Desktop (und nicht auf KDE oder LXDE oder andere) zugeschnitten ist. Erfolgreicher ist der Ableger MonoTouch, mit dem Applikationen erstellt werden können, die sowohl unter Android als auch unter iOS ablauffähig sind.

5.5 Standard Tools auf dem Desktop

Auf dem LXDE-Desktop befinden sich bereits standardmäßig einige Tools für die Programmierung. Für die jüngsten Anwender (ab acht Jahre) ist *Scratch* vorgesehen, eine Programmierumgebung, bei der kein Quelltext zu verfassen ist, sondern Code quasi per Drag-and-Drop generiert wird. Scratch wird direkt per Klick vom Desktop aus gestartet, wobei eine lachende orange Katze das zentrale Element darstellt.

Scratch gliedert sich in vier Bildschirmabschnitte: Rechts die Stage (Bühne) mit der Katze, wo die Animation oder das Spiel abläuft. Darunter die Sprite List, welche zunächst nur die Katze enthält. Sprites bilden bei Scratch die Elemente (Charaktere), die dargestellt und auf der Bühne bewegt werden können.

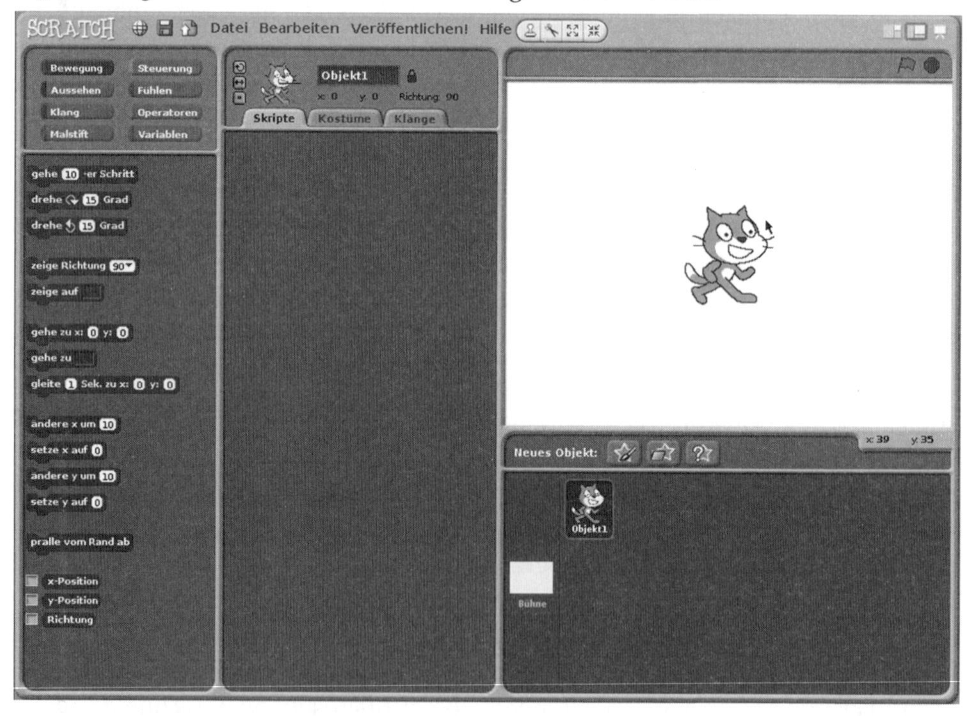

Abbildung 5.5: Die Scratch-Umgebung

Das Programm wird durch das Zusammenfügen von Blöcken (Snapping) erstellt, die kurzen Instruktionen entsprechen. Ganz links ist die dazugehörige Block-Palette positioniert, die die Bewegungen beschreiben und auslösen. In der Mitte befindet sich das »Script Gebiet« (Script Area), in dem das Programm mithilfe der Blocks erstellt wird. Scratch ist am MIT-Forschungsinstitut im Jahre 2006 entwickelt worden und ermöglicht einen spielerischen Zugang zum Programmieren und das Erstellen einfacher Spiele wie »Katze jagt Maus« mit Geräuschen und Musik.

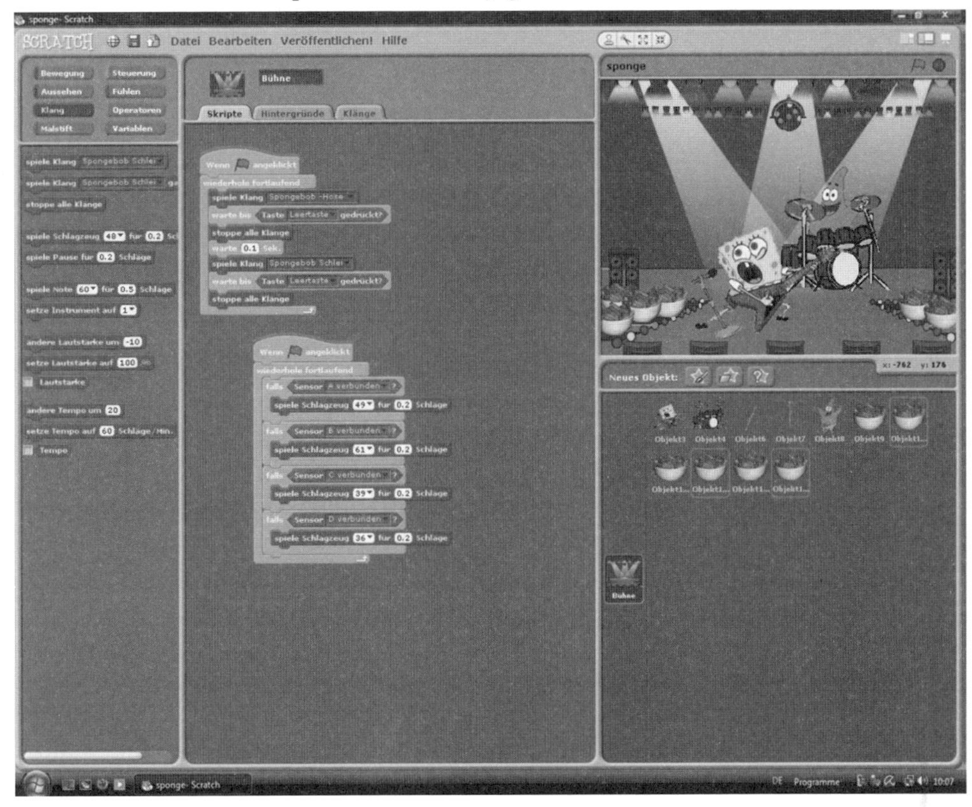

Abbildung 5.6: Ein Spaßmusikprogramm mit Scratch für die Nachwuchsförderung von der Hochschule in Wismar © Hochschule Wismar

Die Programmiersprache Python gehört zu den beliebtesten überhaupt (vgl. Abbildung 5.1, Platz acht). Python ist von der Raspberry Pi Foundation als *die* Programmiersprache für den Raspberry Pi ausgesucht worden und hat auch zur Namensgebung (Pi = Py) des Systems beigetragen. Der Name *Python* selbst ist in Anlehnung an die Komikergruppe Monty Python gewählt worden, was zeigt, dass man mit Spaß dabei ist und vielleicht nicht alles so ernst (streng) zu nehmen ist.

Python ist deswegen so beliebt, weil es sehr einfach zu erlernen ist, was zunächst daran liegt, dass die Programmierbefehle durch relativ wenige einfache, verständliche (englische) Ausdrücke gebildet werden. Außerdem steht Python nicht nur für Linux, sondern auch für Windows und MacOS zur Verfügung. Diese Flexibilität wird noch dadurch erhöht, dass mit Phyton auf Bibliotheken (Libraries) mit C- oder C++-Code zugegriffen werden kann.

Auf dem LXDE-Desktop sind zwei Versionen der Python Entwicklungsumgebung (Python Shell) zugänglich, IDLE und IDLE 3. Mit *Idle* wird in der Prozessortechnik ein Leerlaufprozess bezeichnet, was hiermit jedoch nicht gemeint ist, sondern die IDE (Integrated Development Environment), also die Entwicklungsumgebung.

Abbildung 5.7: Für den Einsteig in die Programmierung ist bereits gesorgt.

Neben den beiden Python Shells ist noch *Python Games* auf dem LXDE-Desktop zu finden. Dahinter verbergen sich einige simple Spiele (Arcade Games), die mit einer speziellen Python-Bibliothek (Pygame) erstellt worden sind, wobei sich einige Pygame-Module (siehe folgendes Kapitel) durchaus für andere Zwecke nutzen lassen, denn sie ermöglichen den einfachen Zugriff auf das Display und die Nutzung von Sound, Bildern, Filmen (mpeg) und bieten ein Control Timing.

5.6 Programmieren mit Python

Wie erwähnt, sind bei Raspbian zwei Python-Versionen (IDLE, IDLE3) vorinstalliert. Dabei handelt es sich um die Versionen 2.7 (IDLE) und 3.2 (IDLE3), die nur bedingt zueinander kompatibel sind, weshalb beide Versionen vorhanden sind. Python 3 existiert bereits seit dem Jahr 2008. Die Unterschiede zur Vorgängerversion sind prinzipiell – aus der Sicht des Programmierers – nicht besonders groß, allerdings sind zahlreiche Bibliotheken (Add-ons, Libraries) für die 2.x-Versionen ausgelegt, die nicht mit der aktuellen Version funktionieren, so dass viele Programme auch weiterhin mit der älteren Python-Version erstellt werden.

Da Python ebenfalls für Mac OS und Windows verfügbar ist, können Programme auch auf einer dieser Plattformen entwickelt werden. Dabei sind auftretende Inkompatibilitäten möglich, was insbesondere den unterschiedlichen Bibliotheken für 32-Bit-Windows und 64-Bit-Windows geschuldet ist.

In Abbildung 5.8 ist zu erkennen, dass hier die Version 2 und die Version 3 aufgerufen worden sind. Wie bei anderen Programmiersprachen kann auch bei Python mithilfe des Print-Befehls eine Zeichenkette (String) ausgegeben werden, die in Anführungszeichen zu setzen ist (bei Python sind sowohl »'« als auch »"« hierfür erlaubt), was mit der Version 2 sofort funktioniert, während bei Version 3 eine Fehlermeldung (Syntax Error) auftritt.

Beim Anklicken der Programmzeile erscheint automatisch eine kontextsensitive Hilfe, die angibt, dass der Print-Befehl hier eine Klammer verlangt. Nach dieser Änderung funktioniert dann auch die Ausgabe mit der Version 3. Ähnlichen Unterschieden bei der Python-Programmierung begegnet man auch bei anderen Befehlen, wobei sich die Probleme meist leicht mithilfe der praktischen Hilfefunktion lösen lassen.

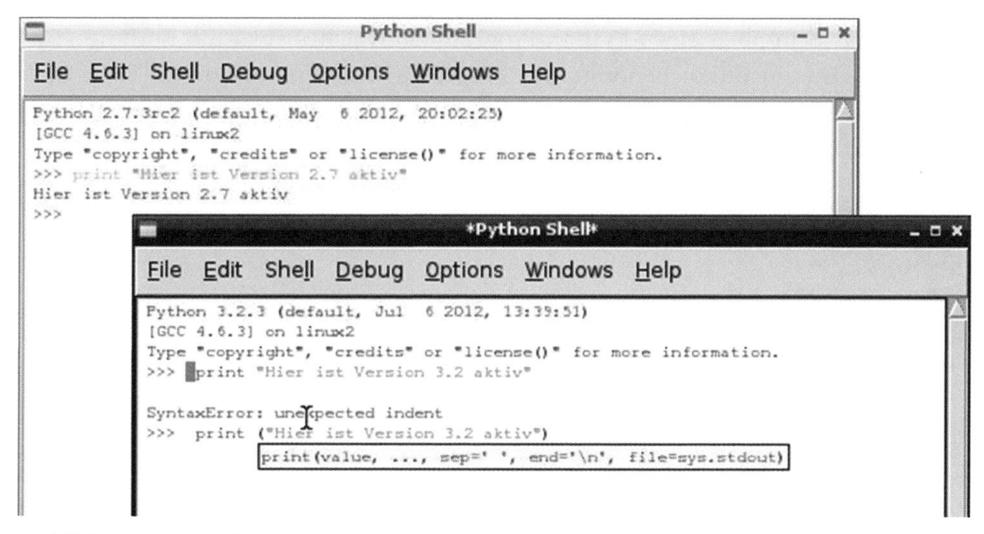

Abbildung 5.8: Bei der Ausgabe mit dem Print-Befehl gibt es einen Unterschied zwischen der Python-Version 2 und der -Version 3.

Python ist eine Interpreter-Spache, die während der Laufzeit mithilfe des benötigten Interpreters ausgeführt wird, was direkt in den beiden Python-Shells erfolgen kann. Python kann genauso gut direkt von der Konsole aus oder in einem Terminal durch die Eingabe von *python* gestartet werden, woraufhin der Eingabe-Prompt >>> erscheint und auf Eingaben wartet, die nach Betätigung der Eingabetaste ausgeführt werden. In einer Python-Shell (Abbildung 5.8) ist die Bedienung und Kommunikation einfacher möglich, weil hier die üblichen Befehle des Betriebssystems (zum Kopieren etc.) sowie die Maus aktiv sind und die kontextsensitive Hilfe automatisch zur Verfügung steht.

In Abbildung 5.8 ist die Eingabe der folgenden Zeile in der Shell der Version 2.7 zu erkennen:

```
print "Hier ist die Version 2.7 aktiv"
```

und in der Shell der Version 3.2

```
print "Hier ist die Version 3.2 aktiv"
```

wobei aufgrund der Inkompatibilität der beiden Versionen beim Print-Befehl ein Fehler auftritt, der durch das Hinzufügen der Klammer bei der Version 3.2 beseitigt wird:

```
print ("Hier ist die Version 3.2 aktiv")
```

Die direkte Eingabe am Python-Prompt (Interactive Mode) ist eigentlich nur für Testzwecke interessant. Deshalb ist für richtige Aufgaben ein Programm zu erstellen. Für das Schreiben eines Python-Programms, welches stets die Endung »py« aufweist, wird ein Editor benötigt, der wie alle anderen notwendigen Tools über die Menüleiste der Python Shell (File, Edit, Shell Debug, Options, Windows, Help) zur Verfügung steht.

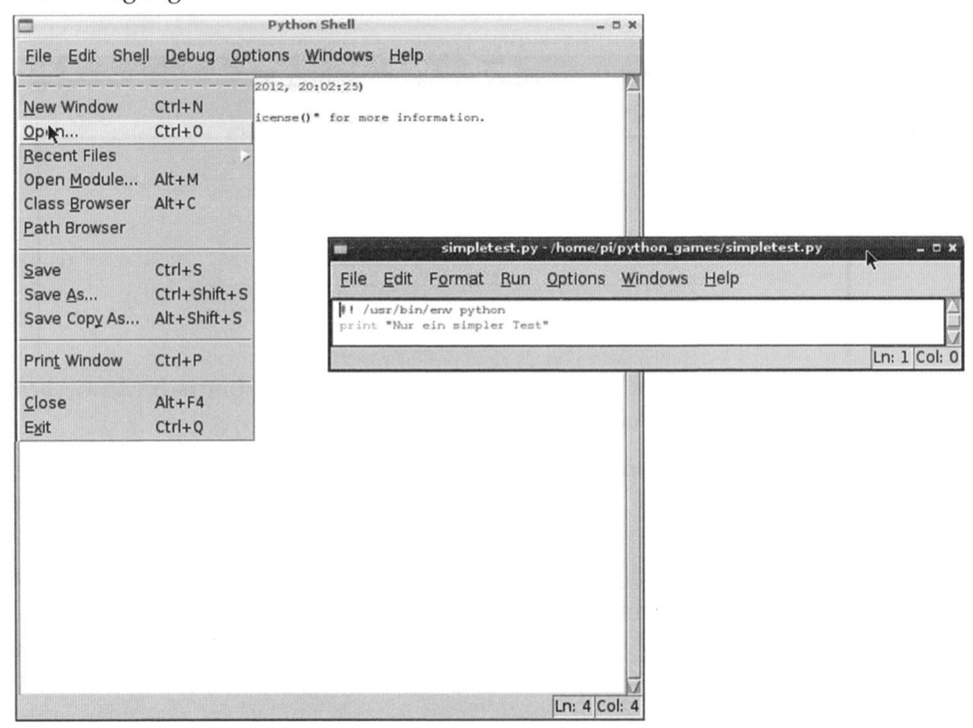

Abbildung 5.9: Öffnen des Editors und Schreiben eines einfachen Programms

Prinzipiell kann für das Schreiben eines Python-Programms ein Editor nach Wahl eingesetzt werden. Außerdem gibt es eine Reihe von (komfortableren) Entwicklungsumgebungen (Geany, Stani's Python Editor), über die das Python-Programm getestet und ausgeführt werden kann. Mit IDLE bzw. IDLE3 stehen jedoch alle wichtigen Funktionen zur Verfügung, so dass zunächst keine Notwendigkeit besteht, weitere Tools zu installieren. Das Programm (Abbildung 5.9) besteht lediglich aus den beiden folgenden Zeilen:

```
#! /usr/bin/env python
```

```
print "Nur ein simpler Test"
```

Nach dem Speichern des Programms (z.B. als simpletest.py), ist es durch das Voranstellen von *python* (Interpreteraufruf) ausführbar, also mit:

```
pi@raspberrypi ~ $ python simpletest.py
```

Dabei ist es von Bedeutung, in welchem Verzeichnis das Programm gespeichert ist und aus welchem Verzeichnis heraus es aufgerufen wird. Der Einfachheit halber wird das Programm beispielsweise dort gespeichert, wo sich auch andere Python-Programme befinden, also unter `/home/pi/python_games`, so dass es auch von hier aus und/oder mit der Angabe des kompletten Pfades ausgeführt werden kann.

Die erste Zeile des Programms (Abbildung 5.9) spezifiziert die Position des Python-Interpreters, weshalb es keiner besonderen Pfadangabe bedarf, sondern stets automatisch lokalisiert werden kann. Diese erste Zeile, die in jedem Python-Programm vorhanden sein sollte und auch als *shebang line* bezeichnet wird, ermöglicht es außerdem, das Python-Programm auch direkt, ohne die separate Angabe des Python-Interpreter-Aufrufs auszuführen.

Hierfür muss die Datei als ausführbar (siehe Kapitel 2.4 Zugriffsrechte) gekennzeichnet sein, d.h., das Dateiattribut, welches zunächst nur schreiben und lesen erlaubt (Eigentümer, Gruppe, Andere), ist um diese Funktionalität zu erweitern, was wie folgt zu lösen ist, woraufhin das Programm gestartet werden kann:

```
pi@raspberrypi ~ /python_games $ chmod +x simpletest.py
pi@raspberrypi ~ /python_games $ ./simpletest.py
```

Damit die Programmausführung aus dem aktuellen Verzeichnis funktioniert, ist »./« voranzustellen. Der lange Verzeichnisname kann dann weggelassen werden.

Um das Programm wie jedes andere auch, welches als Konsolenprogramm (im Terminal) zur Verfügung steht, per Name von einem beliebigen Verzeichnis aus aufzurufen, muss es ebenfalls im Verzeichnis `/user/local/bin` vorhanden sein. Es ist wie folgt dorthin zu kopieren:

```
pi@raspberrypi ~ /python_games $ sudo cp simpletest.py
/user/local/bin
```

Wenn jetzt noch die Extension .py stört, kann das Programm einfach umbenannt und die Extension weggelassen werden (wobei es sich um eine einzige Befehlszeile handelt).

```
pi@raspberrypi ~ $ sudo mv /usr/local/bin/simpletest.py
/usr/local/bin/simpletest
```

Als Beispiel für ein Python-Programm wurde hier tatsächlich nur eine ganz einfache Ausgabe mit dem Print-Befehl realisiert, wobei jedoch alle wesentlichen Schritte absolviert wurden, um das Programm letztendlich wie ein übliches Linux-Programm aussehen und funktionieren zu lassen.

Python verfügt über alle für eine Programmiersprache gebräuchlichen Befehlen und Funktionen. Arrays – wie sie von anderen Sprachen her bekannt sind – gibt es bei Python allerdings nicht. Stattdessen werden hierfür *lists* und *dictionaries* verwendet. Kommentarzeilen werden mit einem vorangestellten »#«-Zeichen als solche kenntlich gemacht und demnach nicht ausgeführt. Bei der Verwendung von Kontrollstrukturen wie bei if-, for-, oder while-Schleifen sowie bei der Definition von Funktionen (mit def) ist eine Einrückung des Codes innerhalb der Struktur notwendig, damit dieser Codeabschnitt, der mit einem Doppelpunkt »:« eingeleitet wird, vom Interpreter als solcher erkannt wird. Hierfür wird üblicherweise die TAB-Taste verwendet, wobei aber auch einzelne Leerzeichen erlaubt sind. Dabei sollte stets die gleiche Anzahl von Leerzeichen für die Strukturierung verwendet werden. Im Folgenden ist ein Beispiel angegeben, welches unter Verwendung der pygame-Bibliothek eine Uhr (Abbildung 5.10) auf dem Bildschirm darstellt.

```
import time,pygame
pygame.init()
theFont = pygame.font.Font(None,72)
clock = pygame.time.Clock()
screen = pygame.display.set_mode([320, 200])
pygame.display.set_caption('Pi Time')
while True:
        clock.tick(1)
        theTime=t1me.strftime("%H:%M:%s",time.localtime())
        timeText=theFont.render(str(theTime),
        True,(255,255,255),(0,0,0))
        screen.blit(timeText,(80,60))
        pygame.display.update()
```

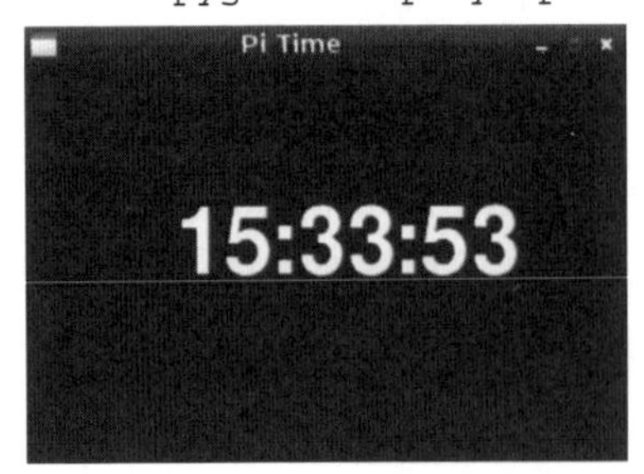

Abbildung 5.10: Ausgabe des Beispielprogramms

Hilfe zur Python-Programmierung ist standardmäßig über *man python* oder auch *info python* verfügbar sowie unter */user/share/doc/python/FAQ.html*. Diese html-Datei ist über den Browser (Midori) mit der folgenden Zeile aufrufbar:

```
file:///user/share/doc/python/FAQ.html
```

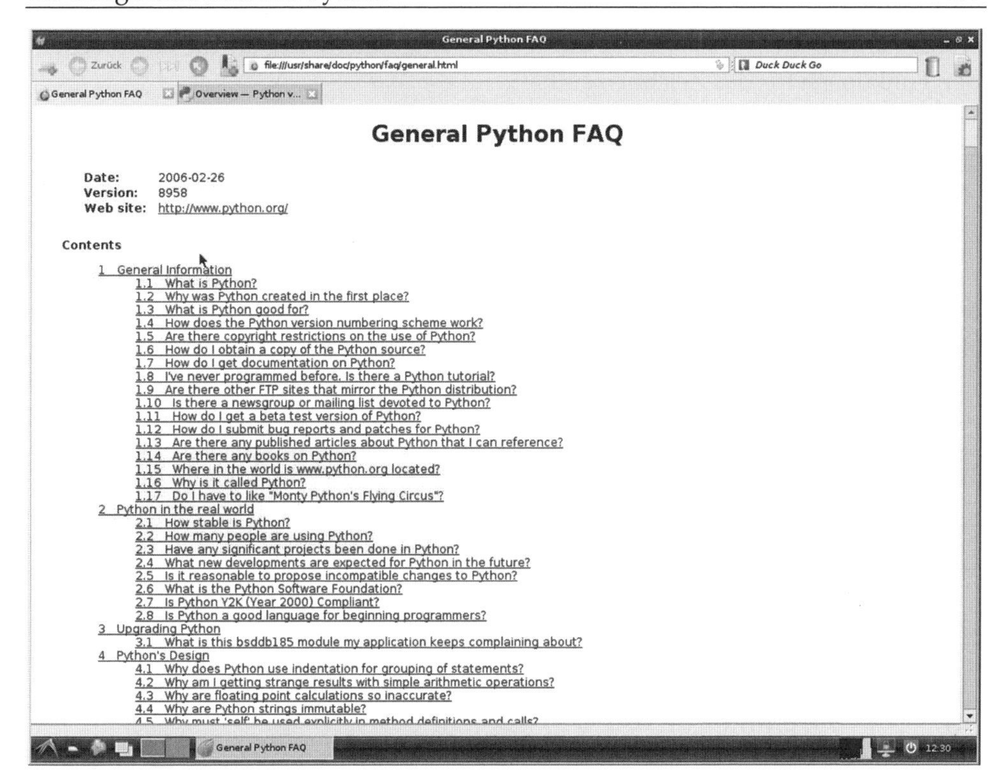

Abbildung 5.11: Die lokale Datei ist ein guter Ausgangspunkt für die weitere Informationsbeschaffung. © http://www.python.org/

Diese Internetseite kann der Ausgangspunkt für die weitere Informationsbeschaffung zur Python-Programmierung sein, was insbesondere über *http://www.python.org* mit den zahlreichen Ablegern sowie der deutschen Seite unter *http://tutorial.pocoo.org/* möglich ist.

Trotz der Einfachheit von Python stehen Funktionen für die Umsetzung parallel arbeitender Programme (thread) zur Verfügung sowie spezielle Funktionen (socket API) für die Netzwerkkommunikation, was auch professionellen Ansprüchen genügt.

Mit Python ist zudem die objekt-orientierte Programmierung (class) leicht durchführbar, ohne dass hierfür besonders strenge Konventionen zu beachten und spezielle Anstrengungen zu unternehmen sind, wie es bei anderen Programmiersprachen der Fall ist. Die Möglichkeit, eine Mischung aus konventioneller (funktionaler) und objekt-orientierter Programmierung – auch innerhalb eines Programms – vornehmen zu können, erweist sich in der Praxis als äußerst nützlich und schnell umsetzbar. Im Folgenden ist ein Listing für ein Programm gezeigt, welches wieder die pygame-Bibliothek verwendet und einfache Kreise zeichnet, wobei die Klasse *circle* (hier nicht angegeben) eingesetzt wird, die die entsprechenden Funktionen für das Zeichnen enthält.

```
Import pygame, circle
pygame.int()
clock = pygame. time.Clock() # Clock to limit speed
WIDTH=600; HEIGHT=600
screen = pygame.display.set_mode([width, height])
BLACK=(0,0,0)
screen.fill(BLACK)
circles=[]
for n in range(100):
       clock.tick(45)
       circles.append(circle.Circle(screen,WIDTH,HEIGHT))
       pygame.display.update()
clock.tick(1)
for c in circles:
       clock.tick(45)
       c.clear_circle(screen)
       pygame.di splay.update()
raw_input("Press a key")
```

5.7 Programmieren mit C

Die klassische Programmiersprache für Linux ist C, die aufgrund ihres Umfangs und ihrer Komplexität eher nicht als Einsteigerprogrammiersprache gilt, sondern vielmehr als professionelle Programmiersprache für Systemspezialisten. Mit C und der objektorientierten Variante davon C++ kann sehr systemnah und damit eng mit der Hardware, der Firmware, dem Kernel und dem Betriebssystem gearbeitet werden, was ein tieferes Verständnis über die genauen Zusammenhänge erfordert. Gleichwohl gelingt es auch dem Einsteiger, mit wenigen Code-Zeilen und unter Verwendung der zahlreichen vorhandenen Bibliotheken ein C-Programm zu realisieren, was in diesem Kapitel etwas näher betrachtet werden soll. Es ist wie das vorherige Kapitel über Python als praxisorientierte Übersicht gedacht, um die Programme für die Ansteuerung der Hardware im folgenden Kapitel nachvollziehen zu können.

Die Programme werden mit einem Editor erstellt und mit einem Compiler in Maschinensprache übersetzt, woraus sich die relativ schnelle Ausführung der C-Programme ergibt. Linux liefert standardmäßig einen C-Compiler (gcc) mit, der sowohl mit C- als auch mit C++-Code umgeben kann. Verschiedene Editoren sind ohnehin bei Linux mit enthalten, was als Grundgerüst für die Programmierung im Textmodus ausreicht. Hierfür existieren ebenfalls verschiedene Entwicklungsumgebungen, die mit einer benutzerfreundlichen grafischen Oberfläche arbeiten und alle notwendigen Tools integrieren. Wie für Python gilt Geany, welches mit `sudo apt-get install spe` installiert werden kann, als leistungsfähige IDE, die mehrere Templates für verschiedene Programmiersprachen mitbringt und demnach recht universell eingesetzt werden kann.

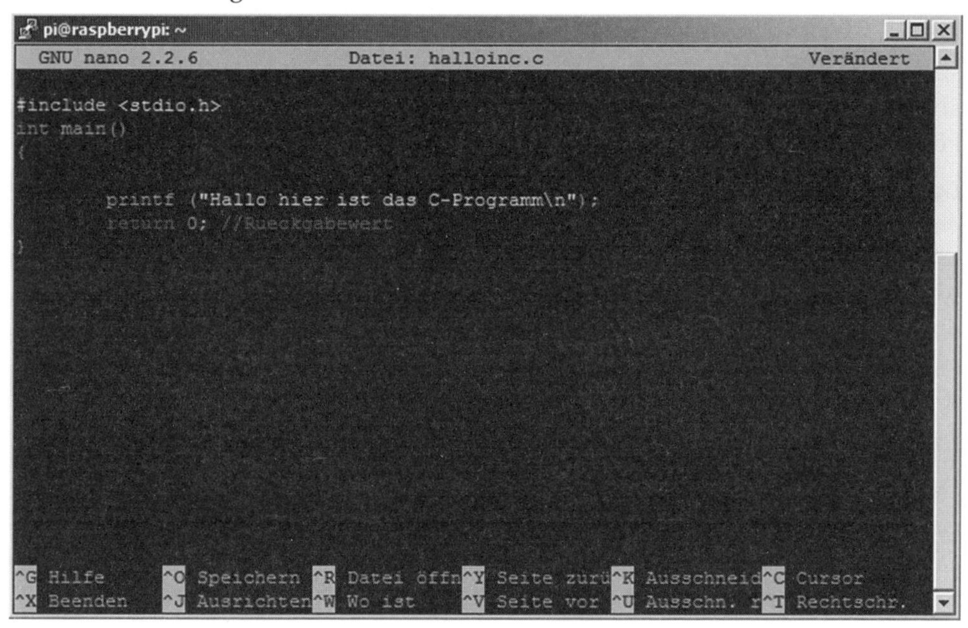

Abbildung 5.12: Einfache C-Programme können problemlos mit dem Editor nano erstellt werden.

Im einfachsten Fall wird mit dem Editor (z.B. nano, Abbildung 5.12) eine Datei mit dem folgenden Inhalt erstellt:

```
#include <stdio.h>
int main ()
{
        printf ("Hallo hier ist das C-Programm\n");
        return 0; //Rueckgabewert;
}
```

Das Programm gibt die Meldung »Hallo hier ist das C-Programm« aus, was mithilfe der printf-Anweisung erfolgt, die außerdem den Cursor mit *\n* in die folgende Zeile springen lässt. Mit *#include* wird der Inhalt der Standardbibliothek (stdio.h), die den printf-Befehl kennt, zum Programm hinzugefügt. Per *int main ()* werden die folgenden Zeilen zum Hauptprogramm definiert, welches mit geschweiften Klammern umschlossen wird. Jede Programmzeile ist mit einem Semikolon abzuschließen, was jedoch nicht bei Kontrollstrukturen wie den if-, for-, oder while-

Schleifen durchzuführen ist. Kommentare werden üblicherweise mit vorangestelltem »//« gekennzeichnet.

Fehlerfrei ausgeführte Funktionen liefern einen Rückgabewert an die aktive Instanz zurück, der in diesem Fall mit Null (return 0) definiert ist, denn im Main-Klammerausdruck (main()) sind keine Übergabevariablen definiert, wie es typischerweise in Unterprogrammen (Funktionen) praktiziert wird. Strenggenommen, aber eigentlich optional, wird eine derartige »leere Konstruktion« mit (void) gekennzeichnet.

Damit dieses Programm ausführbar wird, ist es (mit gcc) zu kompilieren. Genaugenommen ist gcc jedoch nicht nur ein Compiler, sondern auch ein Linker. Zunächst bewirkt gcc, dass aus der Quelldatei (halloinc.c) eine Objektdatei erzeugt wird, die mit Objektcode aus den Bibliotheken »gebunden wird«, was Aufgabe eines Linkers ist. Im letzten Schritt generiert der Compiler daraus eine ausführbare Datei. Damit dies wie gewünscht funktioniert, ist lediglich die folgende Eingabe notwendig:

```
pi@raspberrypi ~ $ gcc halloinc.c
```

Damit ist das Programm entsprechend umgesetzt worden und kann mit `./a.out` gestartet werden. Falls bei gcc keine Option angegeben wird, wird die kompilierte Datei stets als a.out angelegt. Mit gcc sind eine Vielzahl von Optionen (ca. 600) möglich, die hier – bis auf eine Ausnahme – nicht weiter von Bedeutung sind. Die Ausnahme betrifft die Option -o, die dafür sorgt, dass ein Name für die kompilierte – mithin die ausführbare –Datei angegeben werden kann und nicht die Standardnamenskonvention angewendet wird.

```
pi@raspberrypi ~ $ gcc halloinc.c -o halloinc
```

Bereits aus diesem einfachen Beispiel ist ersichtlich, dass bei einem C-Programm weitaus mehr Konventionen (stets ein Main-Modul, Code mit geschweiften Klammern umschließen, Semikolon am Ende einer Befehlszeile, Rückgabewert definieren) als bei einem vergleichbaren Python-Programm (vgl. Abbildung 5.9) zu beachten sind.

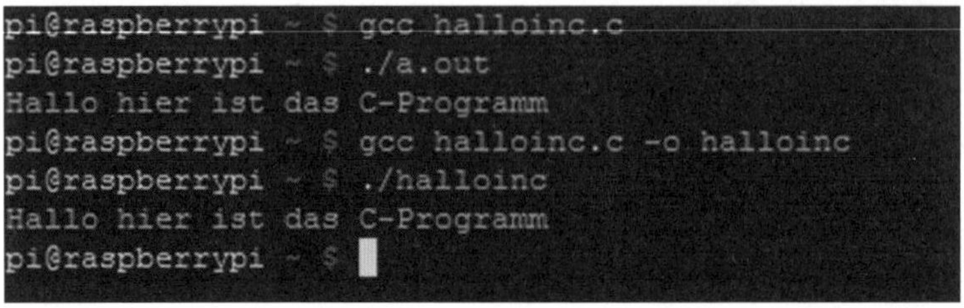

```
pi@raspberrypi ~ $ gcc halloinc.c
pi@raspberrypi ~ $ ./a.out
Hallo hier ist das C-Programm
pi@raspberrypi ~ $ gcc halloinc.c -o halloinc
pi@raspberrypi ~ $ ./halloinc
Hallo hier ist das C-Programm
pi@raspberrypi ~ $
```

Abbildung 5.13: Kompilieren der Quelldatei ohne gcc-Option liefert a.out als ausführbares Programm. Durch die Option -o kann hierfür ein eigener Name gewählt werden.

Der GNU C-Compiler (gcc) ist ein mächtiges Werkzeug, auch wenn es auf den ersten Blick mit dem simplen Kompilierungsaufruf nicht so erscheint. Gcc unterstützt auch andere Sprachen wie Fortran oder Java und stellt auf *http://gcc.gnu.org/* hilfreiche Dokumentationen zur Verfügung, bietet jedoch keine Hilfe oder ein Tutorial für die eigentliche C-Programmierung. Dies wird in erster Linie durch die zahlreichen Fachbücher zur C-Programmierung (ANSI-C) geleistet, die teilweise auch als On Line-Ausgaben im Internet zu finden sind.

Im Lieferumfang von Raspbian sind einige Beispielprogramme in C zu finden, die, bis auf hello_world, speziell auf den Raspberry Pi zugeschnitten sind und eine gute Ausgangsbasis für eigene Entwicklungen bieten. Zu finden sind die Quelldateien nebst Bibliotheken und dazugehörigen Make-Files, die die Kompilierung entsprechend steuern (die Kompilierung erfolgt dann durch den Aufruf von *make* im jeweiligen Verzeichnis), unter `/opt/vc/src/hello_pi`.

```
pi@raspberrypi /opt/vc/src/hello_pi $ ls -l
insgesamt 64
drwxrwxr-x 2 root users 4096 Mär 28 19:36 hello_audio
drwxrwxr-x 2 root users 4096 Sep 18  2012 hello_dispmanx
drwxr-xr-x 2 root root  4096 Mär 28 16:47 hello_encode
drwxrwxr-x 2 root users 4096 Sep 18  2012 hello_font
drwxr-xr-x 2 root root  4096 Mär 28 16:47 hello_jpeg
drwxr-xr-x 2 root root  4096 Mär 28 16:47 hello_teapot
drwxrwxr-x 2 root users 4096 Sep 18  2012 hello_tiger
drwxrwxr-x 2 root users 4096 Sep 18  2012 hello_triangle
drwxrwxr-x 2 root users 4096 Sep 18  2012 hello_triangle2
drwxrwxr-x 2 root users 4096 Sep 18  2012 hello_video
drwxr-xr-x 2 root root  4096 Mär 28 16:47 hello_videocube
drwxrwxr-x 2 root users 4096 Sep 18  2012 hello_world
drwxrwxr-x 4 root users 4096 Sep 18  2012 libs
-rw-rw-r-- 1 root users 1125 Mär 28 16:47 Makefile.include
-rw-rw-r-- 1 root users  257 Mär 28 16:47 README
-rwxrwxr-x 1 root users  624 Mär 28 16:47 rebuild.sh
pi@raspberrypi /opt/vc/src/hello_pi $
```

Abbildung 5.14: Die Verzeichnisse mit den Beispielprogrammen in C

6 Hardware-Kommmunikation

Der Raspberry Pi verfügt über eine Pfostenleiste (Expansion Header), die in zwei Reihen zu jeweils 13 Pins angeordnet ist und verschiedene Signale führt, wobei einige eine Doppelfunktion aufweisen, wie es im Kapitel 3.6 erläutert ist. Hier sind mehrere GPIO-Pins, eine I²C-, zwei SPI- und eine serielle Schnittstelle vorhanden, um die Kommunikation mit externer Peripherie – der Hardware – zu ermöglichen, was im einfachsten Fall eine Leuchtdiode (Ausgabe) und ein Taster (Eingabe), die jeweils an einen GPIO-Pin angeschlossen werden, bedeutet.

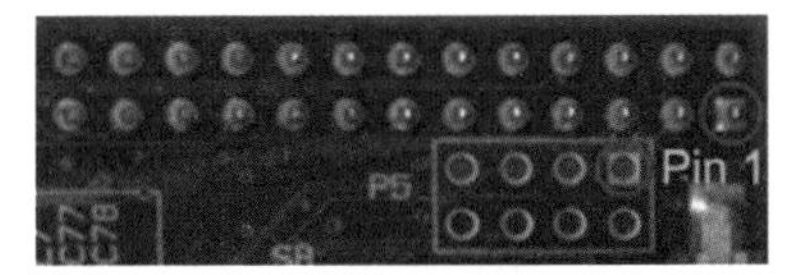

Abbildung 6.1: Die Raspberry Pi-Platine von der Rückseite aus, wo oben die 26 Kontakte des Expansion-Header und unten der zweite GPIO-Port (P5) zu erkennen ist.

Neben der 26-poligen Leiste, bei der einige Pins in Abhängigkeit von der Raspberry Pi -Board-Version eine unterschiedliche Bedeutung und Funktion aufweisen, ist bei der aktuellen Version 2 ein zweiter GPIO-Port vorhanden, der mit P5 auf der Platinenrückseite (Abbildung 6.1) gekennzeichnet ist. Er ist nicht mit einer Leiste herausgeführt, sondern für eine Erweiterung durch Hardware-Hersteller reserviert sein.

Gleichwohl kann er wie die anderen GPIO-Pins auch verwendet werden. Bei der Signalzuordnung an P5 (Tabelle 6.1) ist zu beachten, dass hier der Pin 1 nicht (wie bei der 26-poligen Leiste) links, sondern rechts lokalisiert ist, die Pins demnach von rechts nach links gezählt werden.

Tabelle 6.1: Die Kontaktbelegung des zweiten GPIO-Ports

Pin	Signal	Pin	Signal
2	3,3 V	1	5 V
4	GPIO 29	3	GPIO 28
6	GPIO 31	5	GPIO 30
8	Masse (GND)	7	Masse (GND)

Des Weiteren sind am Anschluss des *Camera Serial Interface* (CSI) vier weitere GPIO-Pins (GPIO 2, 3, 5, 27) zu finden, die ebenfalls für eigene Schaltungen eingesetzt werden können, genauso wie ein durch den fehlenden Ethernet-Chip beim Modell A freigewordener Anschluss (GPIO 6).

6.1 OnBoard-LED ansteuern

Der Raspberry Pi verfügt zwischen der Audioausgangsbuchse und den USB-Anschlüssen über fünf Leuchtdioden. Die PWR-LED (rot) leuchtet, wenn die Versorgungsspannung anliegt, während die grüne ACT-LED beispielsweise dann blinkt, wenn der Bootvorgang von der SD-Karte stattfindet.

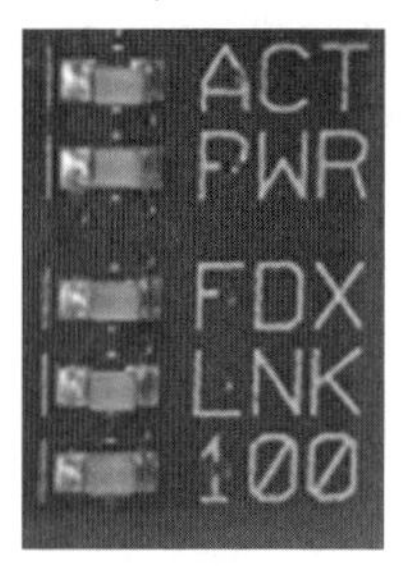

Abbildung 6.2: Die Leuchtdioden auf dem Raspberry Pi Board

Die unteren drei LEDs signalisieren den Netzwerkstatus. Die grüne FDX-LED zeigt an, dass die Übertragung im Full Duplex-Modus stattfindet, die grüne LNK-LED, dass eine Netzwerkverbindung vorhanden ist. Die gelbe 100-LED signalisiert, dass der Übertragungsmodus von 100 MBit/s (Fast Ethernet) genutzt wird.

Diese Leuchtdioden werden, bis auf die PWR-LED, vom Linux-Kernel gesteuert, wobei sich die ACT-LED (GPIO 16) auch separat ansteuern lässt, so dass dem Anwender und/oder dem Programmierer hiermit eine Status-LED für eigene Einsatzzwecke zur Verfügung steht. Die Steuerung erfolgt über Dateien, die im Verzeichnis `/sys/class/leds/led0` zu finden sind.

6.1.1 Trigger

In der Datei *Trigger* sind die Auslösebedingungen (Trigger-Bedingungen) definiert, die *none* oder *mmc0* lauten, wobei jeweils die in eckigen Klammern gesetzte Option gültig ist. Standardmäßig ist dies *[mmc0]*, was bedeutet, dass die LED beim Zugriff auf die SD-Karte aufleuchtet.

Damit die ACT-LED stattdessen per Software zu steuern ist, ist *none* in der Trigger-Datei zu aktivieren. Hierfür sind root-Rechte notwendig, was prinzipiell auch per *sudo* mit dem Editor *nano* durchgeführt werden kann:

```
pi@raspberrypi ~ $ sudo nano /sys/class/leds/led0/trigger
```

oder auch direkt per

```
pi@raspberrypi ~ $ echo none | sudo tee /sys/class/leds/led0/trigger
```

Wenn die eckigen Klammern nunmehr um *none* gesetzt sind, wird die ACT-LED nicht mehr beim Zugriff auf die SD-Karte leuchten. Nach einem Neuboot gilt allerdings wieder die ursprüngliche Einstellung.

6.1.2 Heartbeat

Zum Funktionstest der LED-Ansteuerung empfiehlt sich ein so genannter *Heartbeat,* d.h. eine Funktion, die kontinuierlich die Aktivität des Betriebssystems signalisiert, was per *ledtrig_heartbeat* und damit über die ACT-LED erfolgen kann. Hierfür ist zunächst das passende zusätzliche Kernel-Modul notwendig, welches per *modprobe* zu installieren ist:

```
pi@raspberrypi ~ $ sudo modeprobe ledtrig_heartbeat
```

Dann wird heartbeat in die Trigger-Datei eingetragen und aktiviert:

```
pi@raspberrypi ~ $ echo heartbeat | sudo tee
/sys/class/leds/led0/trigger
```

Daraufhin blinkt die ACT-LED kontinuierlich in einem bestimmten Rhythmus, solange das Betriebssystem arbeitet.

```
pi@raspberrypi ~ $ echo none | sudo tee /sys/class/leds/led0/trigger
none
pi@raspberrypi ~ $ sudo modprobe ledtrig_heartbeat
pi@raspberrypi ~ $ echo heartbeat | sudo tee /sys/class/leds/led0/trigger
heartbeat
pi@raspberrypi ~ $ echo none | sudo tee /sys/class/leds/led0/trigger
none
pi@raspberrypi ~ $ echo 255 | sudo tee /sys/class/leds/led0/brightness > /dev/null
pi@raspberrypi ~ $ echo 0 | sudo tee /sys/class/leds/led0/brightness > /dev/null
pi@raspberrypi ~ $
```

Abbildung 6.3: Triggerbedingung auf none setzen, Kernel-Modul ledtrig_heartbeat installieren und die Triggerbedingung auf heartbeat setzen, was die LED zum selbsttätigen, kontinuierlichen Blinken veranlasst. Danach wieder die Triggerbedingung wieder auf none setzen und die LED mithilfe der Brightness-Datei manuell an- und ausschalten.

6.1.3 Mit Brightness schalten

Im Verzeichnis `/sys/class/leds/led0` befindet sich neben *trigger* die Datei *brightness,* die entweder den Wert 0 (LED aus) oder den Wert 255 (LED aus) beinhaltet. Durch das Schreiben dieser Werte kann somit auf einfache Art und Weise die LED ein- oder ausgeschaltet werden.

LED an:

```
pi@raspberrypi ~ $ echo 255 | sudo tee
/sys/class/leds/led0/brightness > /dev/null
```

LED aus:

```
pi@raspberrypi ~ $ echo 0 | sudo tee /sys/class/leds/led0/brightness
> /dev/null
```

Die beiden obigen Zeilen sind einzeilig einzugeben. Unter Nutzung der Kommandozeilen-Historie (Pfeil-Auf-Taste »↑«) lässt sich die LED dann leicht manuell schalten.

6.1.4 Python-Programm

Das zuvor gezeigte Prinzip kann natürlich auch in eigenen Programmen (Python, C) eingesetzt werden, die den gewünschten Wert in die brightness-Datei schreiben. Ausgangspunkt ist dabei stets die Einstellung *[none]* in der Datei *Trigger*. Wie dies in Phyton aussehen kann, zeigt das folgende Listing.

```
import re
dir_led = "/sys/class/leds/led0"
original_use = none

def led_claim():
        "LED-Kontrolle uebernehmen"
        global original_use
        trigger_file = dir_led+"/trigger"
        with open trigger_file, ' r') as f:
                m = re.match('\[(.*)\]', f.read())
        if m:
                original_use = m.group(1)
        else:
                original_use = none
                with open (trigger_file, 'w') as f:
                f.write('none')


def led_release():
        "LED-Kontrolle abgeben"
        global original_use
        if original_use:
                with open(dir_led+"/trigger", 'w') as f:
                f.write(original_use)


def led_on():
        "LED an"
        with open(dir_led+"/brightness", 'w') as f:    f.write('255')


def led_off():
        "LED aus"
        with open(dir_led+"/brightness", 'w') as f:    f.write('0')
```

Ein einfaches Programm, welches die oben definierten Funktionen anwendet, ist im Folgenden gezeigt:

```
import time
def main():
        led_claim()
        for i in range(100):
                print("an")
                led_on()
                time.sleep(1)
                print("aus")
                led_off()
                time.sleep(1)
        led_release()
        return 0
```

6.2 Einsatz des GPIO-Ports

Um eigene Peripherie mit den GPIO-Anschlüssen verbinden zu können, wird eine geeignete Steckverbindung benötigt. Kabel, wie sie in PCs für USB-Slots oder auch für Audioverbindungen (DVD-Laufwerk) zum Einsatz kommen, können hierfür »missbraucht werden, wenn nur einige wenige Pins von der Pfostenleiste abgegriffen werden sollen.

Abbildung 6.4: Ausrangierte PC-Kabelverbindungen eignen sich für den Anschluss eigener Hardware an den Raspberry Pi.

6.2.1 Erweiterungsplatinen

Neben dem Selbstbasteln der Verbindung gibt es natürlich auch die Möglichkeit, entsprechendes Zubehör für den Raspberry Pi käuflich zu erwerben. Es sind mehr oder weniger nützliche Erweiterungen verfügbar, wobei die Preise hierfür nicht selten recht hoch sind, was insbesondere im Vergleich mit dem günstigen Preis für den Raspberry Pi selbst auffällt.

Für den Bastelaufbau von Schaltungen eignen sich die bekannten Steckplatinen (Breadboards) auf die die Bauteile einfach gesteckt werden können. Die elektrischen Verbindungen werden durch die Kontakte des Boards selbst oder mit kleinen Steckbrücken hergestellt.

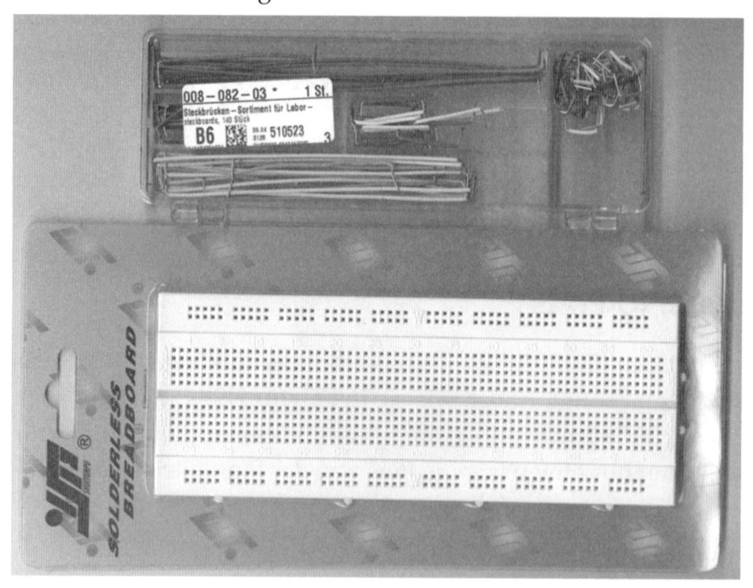

Abbildung 6.5: Kostengünstig sind die universellen Breadboards und Steckbrücken.

Falls mehr als vier Verbindungen zwischen Breadboard und Raspberry Pi herzustellen sind, um beispielsweise alle möglichen Signale einfach messen und ausprobieren zu können, empfiehlt sich der spezielle *Pi Cobbler* der Firma Adafruit aus den USA.

Sowohl beim Zusammenbau als auch beim späteren Anschluss des Pi Cobbler ist unbedingt auf die Orientierung der Signale zu achten, damit nicht unabsichtlich eine Signalverdrehung hergestellt wird, was durchaus zur elektrischen Zerstörung des Raspberry Pi führen kann. Wie im Kapitel 3 erwähnt, sind die GPIO-Pins direkt mit dem BCM2835 verbunden. Es gibt hier keine Schutzschaltung.

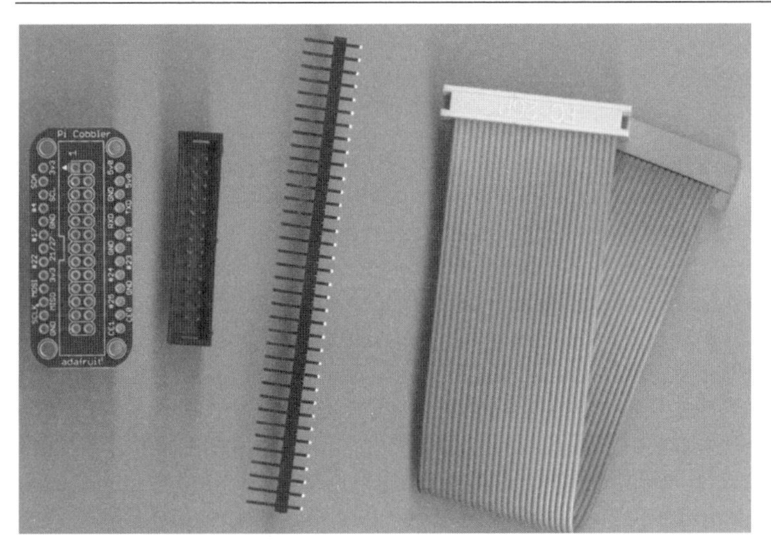

Abbildung 6.6: Der Pi Cobbler wird als Bausatz geliefert.

Grundsätzlich sollte man sich stets am Pin 1 der Verbindung orientieren, der beim Verbindungskabel rot markiert ist und auf der Cobbler- sowie auf der Raspberry Pi-Platine ebenfalls kenntlich gemacht ist. Zudem wird der Pin 1 auf den Platinen stets mit einem eckigen Lötpad, statt mit runden wie bei den anderen Pins, ausgeführt. Die auf den Cobbler einzusetzende Pfostenleiste verfügt über eine Einsparung, so dass das Kabel nur in einer Richtung eingesetzt werden kann (die Leiste kann allerdings auch falsch herum eingelötet werden).

Abbildung 6.7: Der Pi Cobbler führt alle Signale des Raspberry Pi GPIO-Ports auf ein Breadboard, womit sich schnell eine Schaltung zusammenstecken lässt.

Breadboards eignen sich nicht für finale Schaltungen, sondern lediglich für Testaufbauten. Für den Raspberry Pi sind einige Platinen verfügbar, die mit entsprechenden Schaltkreisen für (gepufferte) digitale Ein- und Ausgänge sowie Tastern und LEDs bestückt sind und sich für eigne Entwicklungen empfehlen, wie etwa das PiFace-Board, welches direkt auf die Raspberry Pi-Platine – mithin auf die 26-polige Pfostenleiste – gesteckt wird.

Das Platine des Gertboard geht funktionell darüber hinaus und enthält auch zweikanalige A/D- und D/A-Umsetzer, einen Motor-Controller sowie einen Mikrocontroller der Firma Atmel (ATmega328P), der sich Arduino-gemäß programmieren lässt. Das Board ist doppelt so groß wie das des Raspberry Pi. Die Verbindung zwischen beiden wird mit einem Flachbandkabel hergestellt. Der Anschaffungspreis hierfür liegt über dem des Raspberry Pi, was deshalb eigentlich nicht in das ursprüngliche Raspberry Pi-Konzept passt. Bei derartigen universellen Boards wird oftmals nur ein Bruchteil der vorhandenen Funktionen und Bauteile für die eigene Anwendung benötigt und alle möglichen Funktionen – die ja mit bezahlt worden sind – liegen brach, vom unnötigen Stromverbrauch einmal abgesehen. Insbesondere beim Gertboard hat man den Eindruck, dass es sich nicht mehr um Peripherie für den Raspberry Pi handelt, sondern hiermit eine »eigene Baustelle« eröffnet wird, was durch ein verwirrendes Routing der Bauelemente sowie spezielle Software unterstützt wird. Deshalb kann es durchaus passieren, dass man einer eigenen Problemlösung, wie etwa der Temperaturmessung mit einem Sensor, durch ein derartiges Board nicht wirklich näher kommt, sondern eigentlich einfache Zusammenhänge unnötig verkompliziert erscheinen.

Abbildung 6.8: Eigene kompakte Schaltungen lassen sich mit dieser Platine selbst aufbauen.

Aus diesem Grunde ist eine Platine entwickelt worden, die genau auf die Raspberry Pi-Platine (wie das PiFace-Board) passt und alle Signale weiterführt, so dass die für die eigene Entwicklung benötigten Bauelemente wie bei einer üblichen Lochrasterplatine bestückt und verlötet werden können.

6.2.2 Software

Für die Steuerung der GPIO-Signale sind bereits mehrere Bibliotheken und Tools entwickelt worden, wie *RPI.GPIO* oder *wiringPi,* die dem Entwickler und dem Programmierer einen möglichst einfachen Hardware-Zugriff ermöglichen.

Gleichwohl bietet der Linux Kernel selbst – auf den diese Bibliotheken aufsetzen – GPIO-Treiber in Form von C-Funktionen, die für eigene Treiber eingesetzt werden können. Damit ist eine sehr direkte Kommunikation mit der Hardware möglich, was mit den geringsten Latenzen und Verzögerungen einhergeht und insbesondere in zeitkritischen Applikationen (Timer) eine wichtige Rolle spielt.

Aber selbst die Funktionen des Kernels nutzen (noch) nicht alle Möglichkeiten aus, die der BCM2835-Prozessor prinzipiell für die unterschiedlichen Leitungen des GPIO-Ports vorsieht, wie etwa den PCM-Ausgang (GPIO 21, Pin 13) oder den General Purpose Clock (GPIO 7, Pin 7). Stattdessen werden nur die GPIO-Funktionen und die Schnittstellen (SPI, I²C, Serial) unterstützt. Um auch die »alternativen« Funktionen nutzen zu können, ist demnach eine direkte Programmierung der betreffenden fünf Register des BCM2835 notwendig, die sich über physikalische Adressen im ARM-Speicherbereich ansprechen lassen. Dabei wird der eingebaute GPIO-Treiber des Kernels für die (direkte) Programmierung ignoriert. Beispiele für diese Programmierung mithilfe einer speziellen C-Bibliothek (bcm2835.h) für den BCM2835 sind unter `http://www.airspayce.com/mikem/bcm2835/` zu finden (siehe Abbildung 6.9).

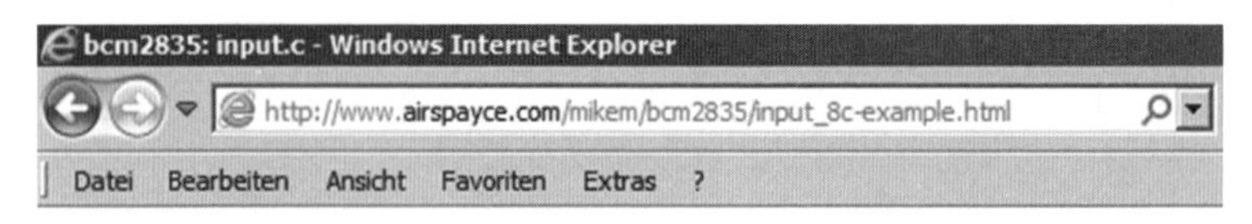

bcm2835 1.25

Main Page | Modules | Files | Examples

input.c

Reads the state of an RPi input pin

```
// input.c
//
// Example program for bcm2835 library
// Reads and prints the state of an input pin
//
// After installing bcm2835, you can build this
// with something like:
// gcc -o input input.c -l bcm2835
// sudo ./input
//
// Or you can test it before installing with:
// gcc -o input -I ../../src ../../src/bcm2835.c input.c
// sudo ./input
//
// Author: Mike McCauley
// Copyright (C) 2011 Mike McCauley
// $Id: RF22.h,v 1.21 2012/05/30 01:51:25 mikem Exp $

#include <bcm2835.h>
#include <stdio.h>

// Input on RPi pin GPIO 15
#define PIN RPI_GPIO_P1_15

int main(int argc, char **argv)
{
    // If you call this, it will not actually access the GPIO
    // Use for testing
//    bcm2835_set_debug(1);

    if (!bcm2835_init())
        return 1;

    // Set RPI pin P1-15 to be an input
    bcm2835_gpio_fsel(PIN, BCM2835_GPIO_FSEL_INPT);
    //  with a pullup
    bcm2835_gpio_set_pud(PIN, BCM2835_GPIO_PUD_UP);

    // Blink
    while (1)
    {
        // Read some data
        uint8_t value = bcm2835_gpio_lev(PIN);
        printf("read from pin 15: %d\n", value);

        // wait a bit
        delay(500);
    }

    bcm2835_close();
    return 0;
}
```

Abbildung 6.9: Beispiel für die direkte Registerprogrammierung des BCM2835

6.2.3 Kernel GPIO-Unterstützung

Ohne (zunächst) weitere Software installieren zu müssen, ist eine GPIO-Unterstützung bereits automatisch vorhanden, die unter `/sys/class/gpio` in Form zweier Dateien namens *export* und *unexport* zu finden ist. Wie bei der Veränderung der Triggerdatei im Kapitel 6.1.1 sind auch hier für das Schreiben Root-Rechte notwendig, so dass es am einfachsten ist, wenn man sich mit dem User *root* anmeldet (oder sudo -s ausführt).

Weil dem üblichen User *pi* bei diesen hardware-nahen Operationen die notwendigen Rechte fehlen, kommt es immer wieder vor, dass bestimmte Zugriffe auf Dateien und/oder Verzeichnisse nicht funktionieren wollen, zumal wenn sie (wie hier) gar nicht physikalisch vorhanden sind, sondern nur im Speicher existieren. Der Gefahr, dass der User root unabsichtlich Systemdateien löschen oder überschreiben kann, muss man sich dabei stets bewusst sein.

Der Inhalt des oben genannten Verzeichnisses lässt sich anzeigen mit:

```
root@raspberrypi:/home/pi# ls /sys/class/gpio
```

woraufhin die beiden oben erwähnten Dateien (export, unexport) zu erkennen sind. Um beispielsweise den Port GPIO 25 (an Pin 22) zu verwenden, wird die folgende Zeile angegeben:

```
root@raspberrypi:/home/pi# echo 25 > /sys/class/gpio/export
```

Grundsätzlich – und sicherheitshalber – sollte zumindest für die ersten Tests der GPIO-Funktion ein GPIO-Port gewählt werden, der definitiv keine alternative Funktion (etwa für SPI oder I^2C) kennt. Deshalb empfehlen sich hier die Ports 22 bis 25 (vgl. Tabelle 3.4).

Durch die obige Zeile wird eine neue Datei mit der Bezeichnung gpi025 angelegt, was wieder mit dem ls-Kommando überprüft werden kann. Nach der Angabe von *unexport* auf die Nr. 25 wird diese gpio25-Datei wieder automatisch gelöscht.

```
root@raspberrypi:/home/pi# ls /sys/class/gpio/gpio25
```

Wenn das ls-Kommando explizit auf das neue Verzeichnis (gpio25) abgesetzt wird, erscheinen sieben weitere Dateien: active_low, direction, edge, power, subsystem, uevent und value, mit denen die Signaleigenschaften bestimmt werden.

Für die Signalausgabe über gpio25 ist zunächst die Pegeldefinition (active low oder active high) zu bestimmen. Mit der folgenden Zeile wird dies per active_low-File definiert. Bei Angabe einer 1 ist active_low definiert, bei einer 0 active_high, d.h., bei der späteren Angabe einer Eins für den Ausgabewert (value) hat dies ein Signal von 3,3 V zur Folge, bei einer Null dementsprechend 0 V.

```
root@raspberrypi:/home/pi# echo 0 >
/sys/class/gpio/gpio25/active_low
```

Danach ist die Signalrichtung per *direction* zu bestimmen. Mit der folgenden Zeile und der Angabe *out* wird gpio25 zum Ausgang:

```
root@raspberrypi:/home/pi# echo out >
/sys/class/gpio/gpio25/direction
```

Damit das gpio25-Signal von standardmäßig 0 V auf 3,3 V (high) schaltet, wird nun angegeben:

```
root@raspberrypi:/home/pi# echo 1 > /sys/class/gpio/gpio25/value
```

Am Pin 22 kann der Pegelwechsel mit einem Multimeter leicht nachgemessen werden, wenn die obige Zeile abwechselnd mit `echo 1 >` und `echo 0 >` ausgegeben wird.

Für das Einlesen eines Signals ist dementsprechend die Richtung (direction) zu ändern. Eine Lesefunktion mit cat auf value auszuführen.

```
root@raspberrypi:/home/pi# echo out >
/sys/class/gpio/gpio25/direction
```

```
root@raspberrypi:/home/pi# cat /sys/class/gpio/gpio25/value
```

Je nach angelegtem Pegel am Pin 22 liefert *cat* als Anzeige den Wert 1 oder 0. Vom GPIO-Prinzip her, d.h. ohne separate Signalpufferung für *in* und *out*, ist es natürlich nicht möglich, dass der zuvor ausgegebene Pegel am gleichen Pin wieder eingelesen werden kann. In dem Moment, in dem die Umschaltung zwischen *out* und *in* stattfindet, ist der Out-Wert verschwunden. Der Eingang liefert so lange eine Null, bis am Pin ein High-Signal von maximal 3,3 V angelegt wird.

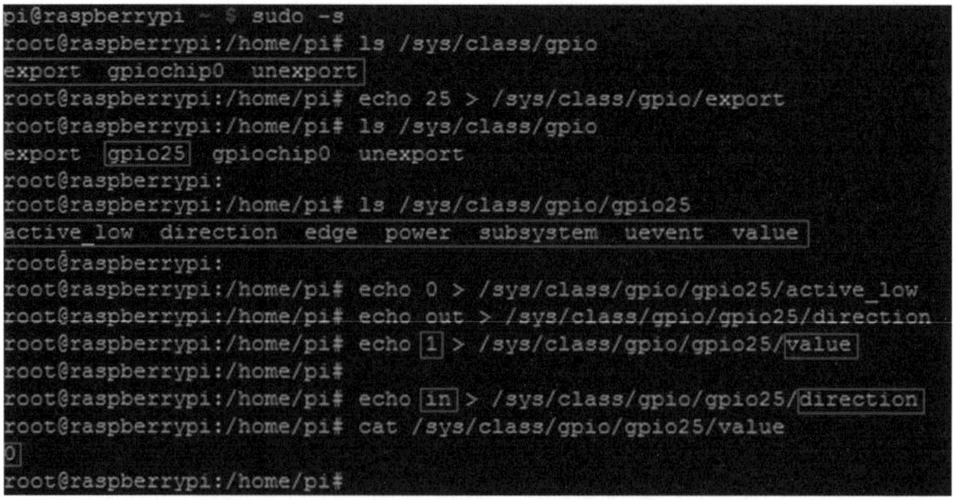

```
pi@raspberrypi ~ $ sudo -s
root@raspberrypi:/home/pi# ls /sys/class/gpio
export  gpiochip0  unexport
root@raspberrypi:/home/pi# echo 25 > /sys/class/gpio/export
root@raspberrypi:/home/pi# ls /sys/class/gpio
export  gpio25  gpiochip0  unexport
root@raspberrypi:
root@raspberrypi:/home/pi# ls /sys/class/gpio/gpio25
active_low  direction  edge  power  subsystem  uevent  value
root@raspberrypi:
root@raspberrypi:/home/pi# echo 0 > /sys/class/gpio/gpio25/active_low
root@raspberrypi:/home/pi# echo out > /sys/class/gpio/gpio25/direction
root@raspberrypi:/home/pi# echo 1 > /sys/class/gpio/gpio25/value
root@raspberrypi:/home/pi#
root@raspberrypi:/home/pi# echo in > /sys/class/gpio/gpio25/direction
root@raspberrypi:/home/pi# cat /sys/class/gpio/gpio25/value
0
root@raspberrypi:/home/pi#
```

Abbildung 6.10: Den GPIO-Port 25 als Ausgang und als Eingang testen

6.2.4 GPIO mit Python

Die Python-Bibliothek RPi.GPIO gibt es für Python 2 und für Python 3. Nach wie vor ist Python 2 die gebräuchlichere Version und die hierfür passende Bibliothek wird wie folgt installiert:

```
pi@raspberrypi ~ $ sudo apt-get install python-rpi.gpio
```

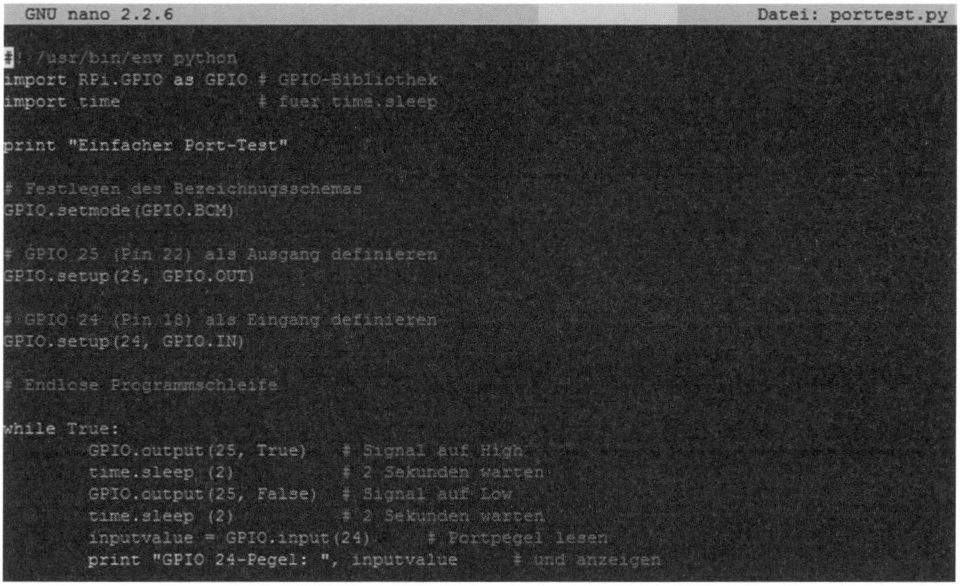

```
GNU nano 2.2.6                                          Datei: porttest.py

#! /usr/bin/env python
import RPi.GPIO as GPIO # GPIO-Bibliothek
import time             # fuer time.sleep

print "Einfacher Port-Test"

# Festlegen des Bezeichnugsschemas
GPIO.setmode(GPIO.BCM)

# GPIO 25 (Pin 22) als Ausgang definieren
GPIO.setup(25, GPIO.OUT)

# GPIO 24 (Pin 18) als Eingang definieren
GPIO.setup(24, GPIO.IN)

# Endlose Programmschleife

while True:
        GPIO.output(25, True)   # Signal auf High
        time.sleep (2)          # 2 Sekunden warten
        GPIO.output(25, False)  # Signal auf Low
        time.sleep (2)          # 2 Sekunden warten
        inputvalue = GPIO.input(24)     # Portpegel lesen
        print "GPIO 24-Pegel: ", inputvalue     # und anzeigen
```

Abbildung 6.11: Einfaches Testprogramm für die GPIO-Ausgabe und -Eingabe

Die Anwendung ist recht einfach. Im Python-Programm ist die Bibliothek zu importieren, woraufhin per GPIO.setmode festzulegen ist wie die folgenden Nummern für die Ports zu interpretieren sind: Entweder als BOARD, womit die Nummerierung der Pins auf der Platine gemeint ist, oder als BCM, womit die GPIO-Nummern gemeint sind, wie es auch im folgenden Programm (porttest.py) angewendet wird.

```
#! /usr/bin/env python    #shebang line

import RPi.GPIO as GPIO   # GPIO-Bibliothek
import time          # fuer time.sleep

print "Einfacher Port-Test"

# Festlegen des Bezeichnungsschemas
GPIO.setmode (GPIO.BCM)

# GPIO 25 (Pin 22) als Ausgang definieren
GPIO.setup(25, GPIO.OUT)

# GPIO 24 (Pin 18) als Eingang definieren
GPIO.setup(24, GPIO.IN)

# Endlose Programmschleife
```

```
while True:
        GPIO.output(25, True)       # Signal auf High
        time.sleep (2)              # 2 Sekunden warten

        GPIO.output(25, False)      # Signal auf Low
        time.sleep (2)              # 2 Sekunden warten

        inputvalue = GPIO.input(24)             # Portpegel lesen
        print "GPIO 24-Pegel: ", inputvalue     # und anzeigen
```

Mit dem GPIO.setup-Kommando werden die betreffenden Anschlüsse entweder als Ausgang oder als Eingang definiert. Das Programm gibt in einer Endlosschleife, die mit STRG-C abgebrochen werden kann, auf GPIO 25 ein High (3,3 V), gefolgt von einem Low (0 V), aus, wobei dazwischen eine Wartezeit von 2 s verstreicht. Im letzten Schritt erfolgt das Einlesen des Pegels an GPIO 24 (inputvalue) mit der Anzeige des ermittelten Pegels.

Weil der Zugriff auf die Bibliothek root-Rechte erfordert, ist die Ausführung des Programms zu initiieren mit:

```
pi@raspberrypi ~ $ sudo python porttest.py
```

```
pi@raspberrypi ~ $ sudo python porttest.py
Einfacher Port-Test
GPIO 24-Pegel:  0
GPIO 24-Pegel:  0
GPIO 24-Pegel:  1
GPIO 24-Pegel:  0
KeyboardInterrupt
pi@raspberrypi ~ $
```

Abbildung 6.12: Die Programmausführung

Optional könnte dem Programm noch die Zeile `GPIO.setwarnings(False)` hinzugefügt werden, damit beim mehrmaligen Programmaufruf oder beim Abbruch keine Warnmeldung angezeigt wird.

Ein Taster, zwischen dem 3,3 V-Anschluss (Pin 1) des Pfostensteckers und dem Anschluss GPIO 24 (Pin 18) geschaltet, kann für die simple Funktionsüberprüfung des Eingangs eingesetzt werden. Eine gewöhnliche Leuchtdiode, deren Pluspol (Anode, der längere Anschluss) über einen Vorwiderstand von ca. 330 Ohm mit GPIO 25 (Pin 18) und deren Katode mit Masse (Pin 6) verbunden wird, dient der Funktionsüberprüfung des Ausgangs.

6.3 Serial Peripheral Interface – SPI

Das *Serial Peripheral Interface* (SPI) ist ursprünglich eine von der Firma Motorola entwickelte synchrone Schnittstelle, die in erster Linie für die Kommunikation zwischen Mikrocontrollern und Peripheriebausteinen genutzt wird; im Prinzip für die gleichen Einsatzzwecke wie der I²C-Bus (siehe Kapitel 6.4). Dabei ist SPI jedoch nur für relativ kurze Verbindungen auf einer Leiterplatte gedacht, nicht für externe Verbindungen.

SPI ist für möglichst hohe Datenraten konzipiert, wobei durchaus 20 MByte/s möglich sind, etwa bei der Anbindung von Speicherkarten (SD). Die beteiligten Komponenten (Controller + Peripheriechip) bestimmen die jeweils maximal mögliche Datenrate, die vom Controller flexibel gehandhabt werden kann, weshalb es bei den integrierten SPI-Interfaces in den Mikrocontrollern verhältnismäßig viele Einstellungsoptionen gibt.

SPI entspricht – im Gegensatz zum I²C-Bus – keinem »richtigen Bussystem«, weil jede SPI-Einheit eine eigene Leitung (/SS) benötigt und keinerlei Definitionen in Hinblick auf maximale Ausdehnung, Datenrate und damit Pull-Up oder Terminierung existieren. SPI stellt somit einen sehr »lockeren Standard« dar. Es ist eine genaue Verifizierung der jeweils zu verwendenden SPI-Einheiten notwendig, was in der Praxis immer wieder zu Kompatibilitätsproblemen führt.

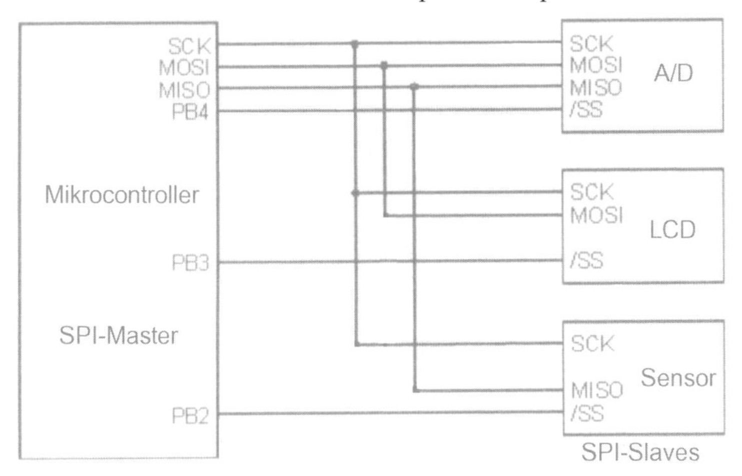

Abbildung 6.13: Aufbau eines SPI-Systems mit drei unterschiedlichen Slaves.

In der Standardkonfiguration zwischen einem Master und einem Slave sind zwei Steuer- und zwei Datenleitungen vorgesehen, was eine Full-Duplex-Übertragung gestattet. In der folgenden Aufzählung sind die SPI-Signale mit der entsprechenden Implementierung beim Raspberry Pi (in Klammern) angegeben.

- /SS: Slave Select (SPI Chip Select 0, Pin 23 und SPI Chip Select 1, Pin 26)
- SCK: Serial Clock (GPIO11, Pin 23)
- MOSI: Master Out Slave In (GPIO10, Pin 19)
- MISO: Master In Slave Out (GPIO21, Pin 23)

Theoretisch können beliebig viele Teilnehmer an den Bus angeschlossen werden, wobei es immer exakt nur einen einzigen Master geben darf. Für jeden Teilnehmer existiert jeweils eine eigene SS-Leitung (aktiv low) zwischen Master und Slave, mit deren Hilfe der jeweilige Slave selektiert wird. Der Raspberry Pi, d.h. der im BCM2835 integrierte SPI-Controller, bildet dabei den Master, mit dem zwei SPI Devices (Chip Select 0 und 1) unterstützt werden.

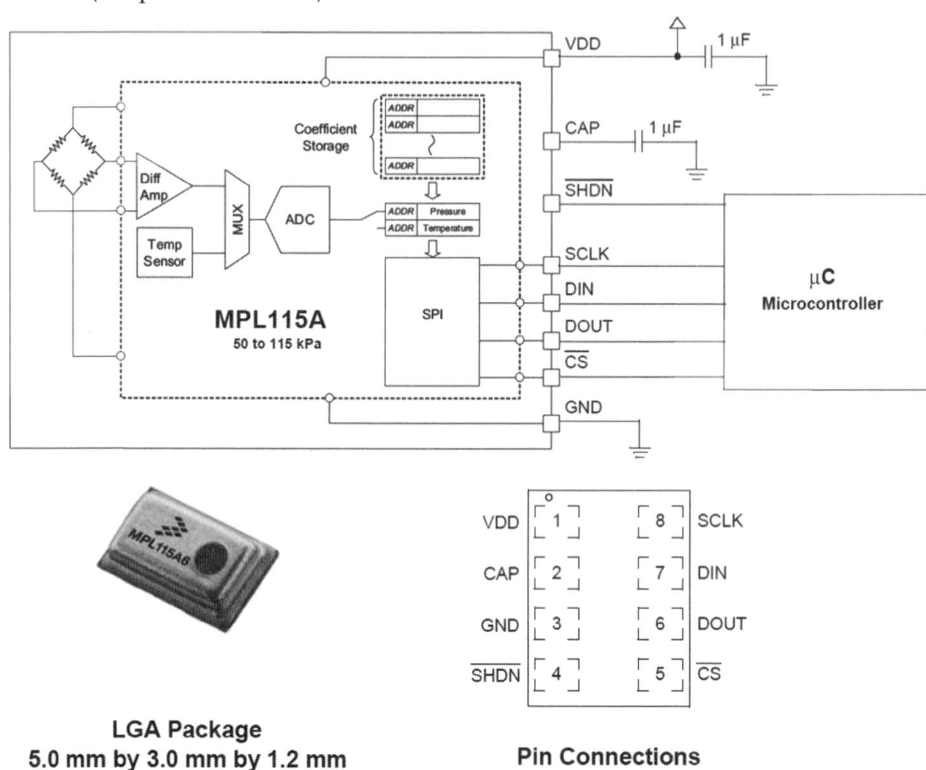

Abbildung 6.14: Der Luftdrucksensor der Firma Freescale arbeitet mit SPI.

Das Spektrum von Komponenten mit SPInterface reicht vom einfachen Schieberegister über Sensoren und Wandler (A/D, D/A), über Displays bis hin zu Mikrocontrollern. Das Grundprinzip des Schieberegisters ist bei allen SPI-Komponenten anzutreffen, obgleich einige nicht alle vier Signalleitungen führen. Die Befehlscodes und Datenwerte werden seriell über die Leitungen gesendet, in ein Schieberegister eingelesen und stehen dann im Baustein zur Weiterverarbeitung zur Verfügung. Die Länge der Schieberegister ist nicht fest definiert, sondern kann von Baustein zu Baustein unterschiedlich sein.

6.3.1 Chip-Kommunikation

Der Master generiert das Taktsignal (SCK, typischerweise ab 100 kHz) und legt über die jeweilige SS-Leitung (auch als /CS=Chip Select bezeichnet) fest, mit welchem Slave die Kommunikation stattfinden soll, was mit einem Low-Pegel bestimmt wird. Im unselektierten Zustand sind die Signalleitungen im hochohmigen Zustand, wodurch der Baustein vom Bus abgekoppelt ist. Anschließend wird 1 Byte vom Master zum Slave gesendet und – je nach Bausteintyp – möglicherweise ein weiteres Byte vom Slave zum Master (MISO).

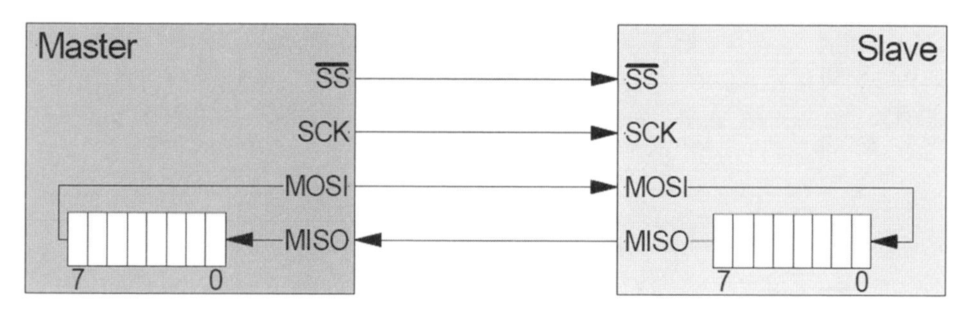

Abbildung 6.15: Die Datenübertragung zwischen dem Master und einem Slave erfolgt Full-Duplex über integrierte Schieberegister.

Einige Register benötigen eine ansteigende Flanke zum Schieben, andere eine abfallende. Um das Datensignal dem Taktsignal richtig zuordnen zu können, ist der jeweilige Datenübertragungsmodus mit den beiden Parametern Clock Polarity (CPOL) und Clock Phase (CPHA) einstellbar, was üblicherweise im Mikrocontroller durch entsprechende Register erfolgt. Insgesamt existieren vier verschiedene SPI-Betriebsarten, die in der Tabelle 6.2 angegeben sind.

Ist CPOL gleich 0, ist die Taktleitung (SCK) in Ruhe auf Low-Potenzial, also High-aktiv, bei CPOL gleich 1 ist die Taktleitung in Ruhe auf High, also Low-aktiv. Der Parameter CPAH gibt an, auf welcher Taktflanke die Daten übernommen werden sollen. Bei CPAH gleich Null werden sie bei der ersten ansteigenden Flanke übernommen, bei CPAH gleich Eins findet die Datenübernahme bei der ersten abfallenden Flanke statt. Im Bild 6.16 ist ein Beispiel zur Steuerung der SPI-Datenübertragung angegeben. Bei jeder Taktperiode wird ein Bit übertragen. Dementsprechend endet der Datentransfer üblicherweise nach acht Taktperioden, wobei grundsätzlich auch mehrere Bytes nacheinander übertragen werden können. Die Datenübertragung endet, sobald das /SS-Signal wieder auf High-Potential geführt wird.

Tabelle 6.2: SPI-Betriebsarten

SPI-Modus	Clock Polarity (CPOL)	Clock Phase (CPAH)
0	0	0
1	0	1
2	1	0
3	1	1

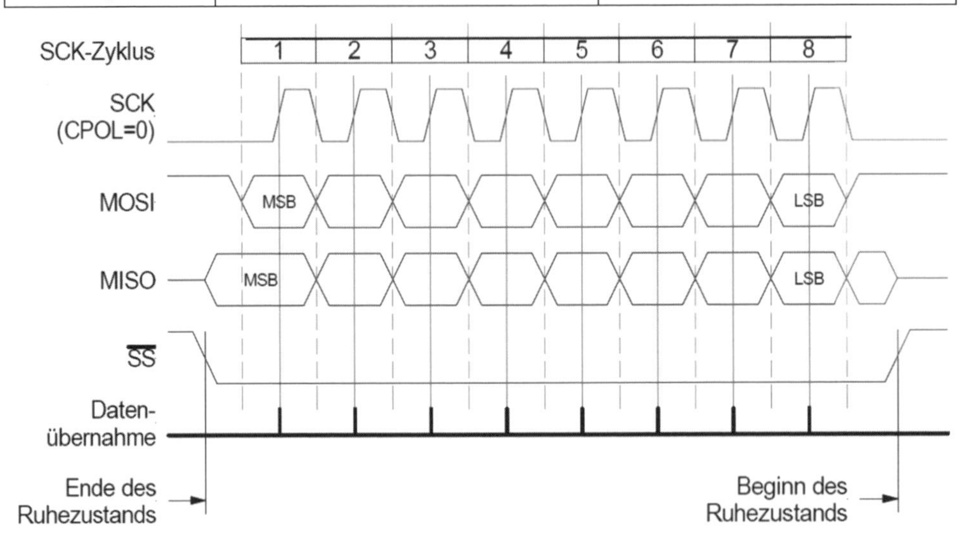

Abbildung 6.16: Datenübertragung im SPI-Modus Null. Die Daten werden auf der ersten ansteigenden Taktflanke übernommen.

6.3.2 Linux-Treiber und Anwendung

Für SPI ist ein Linux-Treiber verfügbar, der über ein eigenes Modul (spi-bcm2708) verfügt, welches im Bedarfsfall erst freizugeben ist, weil die für SPI vorgesehen Pins (siehe obige Aufzählung) standardmäßig als GPIO-Ports fungieren.

6.3.2.1 Blacklist

Das Sperren bzw. die Freigabe von Treibern erfolgt mithilfe einer *Blacklist*, damit der SPI-Treiber daraufhin aktiviert und auch automatisch geladen werden kann. Diese Blacklist wird mit dem Editor *nano* wie folgt aufgerufen:

```
pi@raspberrypi ~ $ sudo nano /etc/modprobe.d/raspi-blacklist.conf
```

In der Liste befinden sich mindestens zwei Einträge: *blacklist spi-bcm2708* für SPI und *blacklist i2c-bcm2708* für I²C, d.h., die passenden Treiber sind bereits auf dem System installiert, werden jedoch durch diese Einträge gesperrt, so dass diese gelöscht oder auch als Kommentar (mit #) gekennzeichnet werden, um diese Einstellung später leicht wieder rückgängig machen zu können. Nach einem Reboot sollte daraufhin spi_bcm2708 angezeigt werden. Wenn die Entsperrung bei dieser Gelegenheit auch gleich für I^{2}C durchgeführt wird, dementsprechend auch das Modul i2c_bcm2708. Um festzustellen, welche Module beim Start automatisch geladen werden, wird der Befehl *lsmod* (Abbildung 6.17) angewendet.

```
pi@raspberrypi ~ $ lsmod
Module                  Size  Used by
snd_bcm2835            15846  0
snd_pcm                77560  1 snd_bcm2835
snd_page_alloc          5145  1 snd_pcm
snd_seq                53329  0
snd_seq_device          6438  1 snd_seq
snd_timer              19998  2 snd_pcm,snd_seq
snd                    58447  5 snd_bcm2835,snd_timer,snd_pcm,snd_seq,snd_seq_de
spidev                  5224  0
evdev                   9426  3
spi_bcm2708             4816  0
i2c_bcm2708             3759  0
pi@raspberrypi ~ $
```

Abbildung 6.17: Die Module für SPI und I^{2}C sind geladen

Damit sollten ein neues Verzeichnis sowie zwei neue Einheiten (spi0.0 und spi0.1) im Dateisystem auftauchen, die wie folgt sichtbar gemacht werden können:

```
pi@raspberrypi ~ $ ls /sys/bus/spi/devices
```

Diese beiden Einheiten, die als Dateien anzusehen sind, repräsentieren die zwei SPI-Schnittstellen und können im Prinzip so angesprochen werden, wie es für die GPIO-Ports im Kapitel 6.2.3 (Kernel GPIO-Unterstützung) erläutert ist. Hierfür sind demnach auch wieder Root-Rechte notwendig. Die Einheiten müssen außerdem im Verzeichnis /dev vorhanden sein, damit sie als Gerät (device) behandelt werden können, was entsprechend zu überprüfen ist, wie es in der Abbildung 6.18 gezeigt ist.

```
pi@raspberrypi / $ ls /sys/bus/spi/devices/
spi0.0  spi0.1
pi@raspberrypi / $ ls /dev/spi*
/dev/spidev0.0  /dev/spidev0.1
pi@raspberrypi / $
```

Abbildung 6.18: Die beiden SPI-Schnittstellen im Dateisystem

Die Kommunikation mit SPI-Einheiten, wie etwa einem Sensor (Abbildung 6.14), unterliegt generell einigen Unwägbarkeiten, weil es sich dabei um einen »lockeren Standard« handelt und die Hersteller unterschiedliche Implementierungen sowie Bezeichnungen für SPI, wie etwa Microwire, verwenden. Die Kennzeichnung der Anschlüsse, die Betriebsart (Tabelle 6.2), die zulässige Taktfrequenz und die Anzahl der zu sendenden und zu empfangenden Bits können sich demnach bei SPI-

Chips unterscheiden. Die Übertragung findet dabei stets in beiden Richtungen (Abbildung 6.16) statt, so dass – je nach Chiptyp – bestimmte Bits keine Bedeutung haben, weil jeweils die gleiche Anzahl von Bits für das Senden und für das Empfangen verwendet wird.

6.3.2.2 Systemzugriff mit Input/Output Controls

Der Zugriff auf die SPI-Schnittstellen kann über *Input/Output Controls* (IOCTL), eine spezielle Art von Systemaufruf, erfolgen, was sich leicht in C-Programmen verwenden lässt. Im Folgenden ist hierfür Beispielcode gezeigt, der auf spidev0.0 zugreift und dabei verschiedene Funktionen einsetzt, die in spidev.h definiert sind. Welcher Mode, welcher Takt und wie viele Bits in welcher Reihenfolge (LSB oder MSB zuerst) dabei notwendig sind, hängt vom angeschlossenen Chip oder Sensor ab.

```
#include <linux/spi/spidev.h>

// Bus Device oeffnen, File Descriptor fd zuweisen
fd = open("/dev/spi.dev0.0", O_RDWR);

int rc1, rc2, rc3, rc4; // Return Codes
int mode = SPI_CPHA | SPI_CPOL; // Mode setzen
int actual_mode;
int tx_bits = 8; //Sendebits
int rx_bits = 8; //Empfangsbit

// Schreib-Modus festlegen
rc1 = ioctl(fd, SPI_IOC_WR_MODE, &mode);

// Lese-Modus festlegen
rc2 = ioctl(fd, SPI_IOC_RD_MODE, &actual_mode);

// Bit-Anzahl fuer das Schreiben ermitteln
rc3 = ioctl(fd, SPI_IOC_WR_BITS_PER_WORD, &tx_bits);

// Bit-Anzahl fuer das Lesen ermitteln
rc4 = ioctl(fd, SPI_IOC_RD_BITS_PER_WORD, &rx_bits);

// Bit-Folge mit LSB in beiden Richtungen zuerst
SPI_IOC_RD_LSB-FIRST
SPI_IOC_WD_LSB-FIRST

// Einzelnes Byte (in &byte) schreiben
char byte = 0;
n = write(fd, &byte, 1); //n = gesendete Byteanzahl

// Einzelnes Byte (in &byte) lesen
n = read(fd, &byte, 1); //n = empfangene Byteanzahl

Close(fd)
```

6.3.2.3 Python-Bibliothek

Für die Erstellung von Programmen, die mit SPI-Einheiten kommunizieren sollen, sind verschiedene spezielle Bibliotheken entwickelt worden, wobei die bekannteste die py-spidev-Bibliothek ist, die für Python bestimmt ist. In der Abbildung 6.19 ist gezeigt, wie sie installiert wird. Die Funktionen der Bibliothek können in Python über die Hilfefunktion mit *import spidev* und der Eingabe von *help(spidev)* eingesehen werden.

```
pi@raspberrypi ~ $ git clone git://github.com/doceme/py-spidev
Cloning into 'py-spidev'...
remote: Counting objects: 9, done.
remote: Compressing objects: 100% (7/7), done.
remote: Total 9 (delta 2), reused 9 (delta 2)
Receiving objects: 100% (9/9), 6.16 KiB, done.
Resolving deltas: 100% (2/2), done.
pi@raspberrypi ~ $ cd py-spidev/
pi@raspberrypi ~/py-spidev $ sudo python setup.py install
running install
running build
running build_ext
building 'spidev' extension
creating build
```

Abbildung 6.19: Installation der py-spidev-Bibliothek

6.4 Inter Integrated Bus – I²C

Den gebräuchlichsten seriellen Peripheriebus stellt der I²C-Bus dar, der in einer Vielzahl von Geräten, insbesondere in der Consumerelektronik (DVD-Player, Autoradios, allgemeine HiFi-Technik) verwendet wird. Der I²C-Bus (Inter Integrated Circuit Bus) ist eine Entwicklung der Firma Philips Semiconductors (jetzt NXP) aus dem Jahre 1982 für die serielle Verbindung von integrierten Schaltungen auf einer Platine bzw. innerhalb eines Gerätes. Statt zahlreicher paralleler Leitungen werden für die Kopplung der Bauelemente lediglich zwei Verbindungen und eine Masseleitung benötigt.

6.4.1 Betriebsarten

Zehn Jahre nach der Vorstellung des I²C-Bus wurde die Version 1.0 als Standard veröffentlicht (100 MBit/s). Mit der Version 2. 0 (Fast Mode, 400 kBit/s) aus dem Jahre 1998 war bereits ein Standard etabliert, der an 50 Firmen lizenziert war und für den über 1000 verschiedene ICs existierten. Aus lizenzrechtlichen Gründen bezeichnen einige Hersteller (z.B. Microchip) dieses System auch *Two Wire Interface* (TWI). Die Entwicklung des Systems ist geprägt durch das Hinzufügen des Fast-Mode-Plus (1 MBit/s) mit der Version 3.0 im Jahre 2007. Es hängt von den einzelnen I²C-Chips ab, welche Betriebsart möglich ist. Diese wird stets vom Master des Systems bestimmt. Die meisten I²C-Chips unterstützen den Standard- und den

Fast-Mode. Auch Chips, die explizit den High Speed-Mode unterstützen, können automatisch in eine der »langsameren« Betriebsarten schalten. Der Raspberry Pi unterstützt maximal den Fast Mode mit 400 kBit/s.

Tabelle 6.3: Betriebsarten des I²C-Bussystems

Modus	Datenrate
Standard Mode	100 kBit/s
Fast Mode	400 kBit/s
Fast Mode Plus	1 MBit/s
High Speed Mode	3,4 MBit/s
Ultra Fast Mode	5 MBit/s

Die neueste Entwicklung ist der Ultra-Fast-Mode, der einige Besonderheiten mit sich bringt und nicht wie die vorherigen Implementierungen abwärtskompatibel ist. Er arbeitet nur unidirektional bis maximal 5 MHz und ist für die Anbindung von solchen Bausteinen gedacht, die einerseits hohe Transferraten benötigen, andererseits keine Rückmeldung an den Master benötigen, wie etwa Display-Controller oder LED-Driver.

Der I²C-Bus wird auch auf PC-Mainboards eingesetzt und dient hier der Kommunikation mit Überwachungsbausteinen (Supervisory Chips oder System Health Chips), die mit Hilfe von Sensoren die Temperatur der CPU und des PC-Innern überwachen, einen Tachometereingang für die Kontrolle der Drehzahl des CPU-Kühlers und – je nach Typ – noch weitere Optionen besitzen. Der I²C-Bus wird bei dieser Anwendung als SMB (System Management Bus) bezeichnet und kommuniziert außerdem mit dem EEPROM, welches sich auf den Speicher-Modulen befindet und dem BIOS die jeweiligen SDRAM-Parameter für die automatische Konfigurierung mitteilt.

Neben NXP stellen insbesondere Firmen wie Analog Devices, Intel, Texas Instruments, OKI, Toshiba und Sony verschiedene Bauelemente für den I²C-Bus her. Fast jede Firma, die Umsetzerbausteine wie A/D- und D/A-Wandler oder auch »Intelligente Sensoren« (Abbildung 6.20) anbietet, führt entsprechende Chips mit I²C-Bus-Interface.

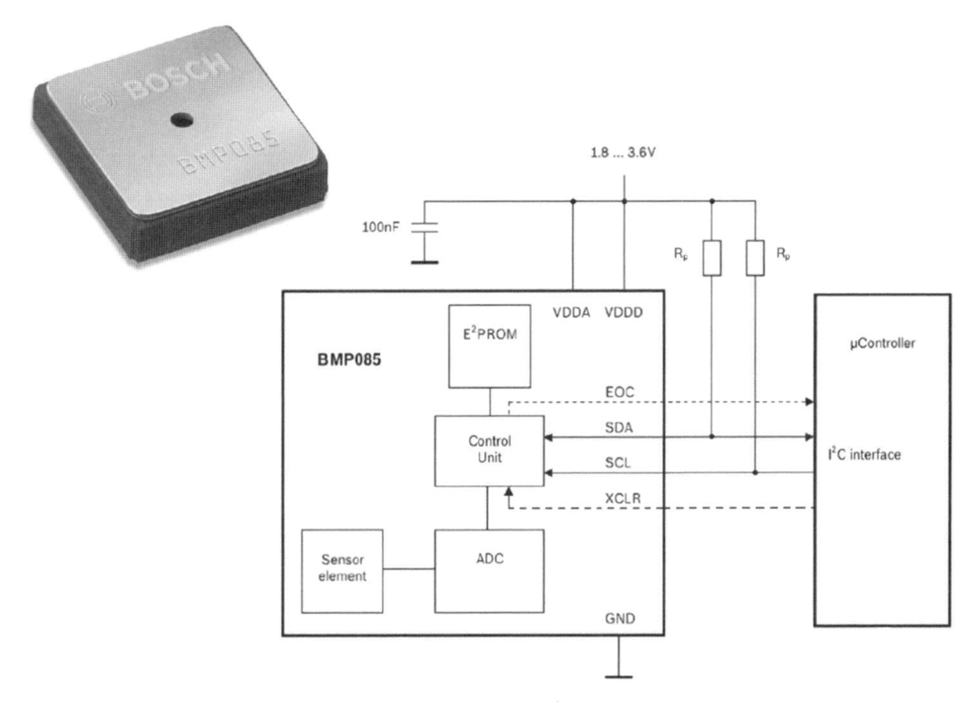

Abbildung 6.20: Der Luftdrucksensor der Firma Bosch Sensortec wird über den I²C-Bus angesteuert und ausgelesen.

6.4.2 Bus-Kommunikation

Jedes I²C-Bauelement verfügt über eine eigene Adresse und kann in Abhängigkeit von seiner Funktion als Sender (Transmitter) oder Empfänger (Receiver) arbeiten. Des Weiteren kann ein Bauelement entweder als Master, von denen mehrere am Bus möglich sind (Multimasterbus), oder als Slave arbeiten.

Der Raspberry Pi stellt üblicherweise den Master dar. Ein Sensor (Abbildung 6.20) oder auch Umsetzerchip bildet dann den Slave. Gleichwohl könnte der Raspberry Pi auch als Slave – etwa als Messknoten – mit einem Master, der von einem anderen Mikroprozessor oder Computer gebildet wird, per I²C-Bus kommunizieren. Ein Multimaster-System ist ebenfalls realisierbar.

Die räumliche Ausdehnung eines I²C-Bussystems kann nur wenige Meter betragen. Zwei Busleitungen sind für die Datenübertragung zwischen den ICs zuständig: eine Datenleitung (SDA, Serial Data- Line) und eine Taktleitung (SCL, Serial Clock Line). Innerhalb der ICs befinden sich Transistoren mit Open-Collector- oder mit Open-Drain-Ausgängen, wodurch sich eine Wired-AND-Verknüpfung aller Busteilnehmer ergibt.

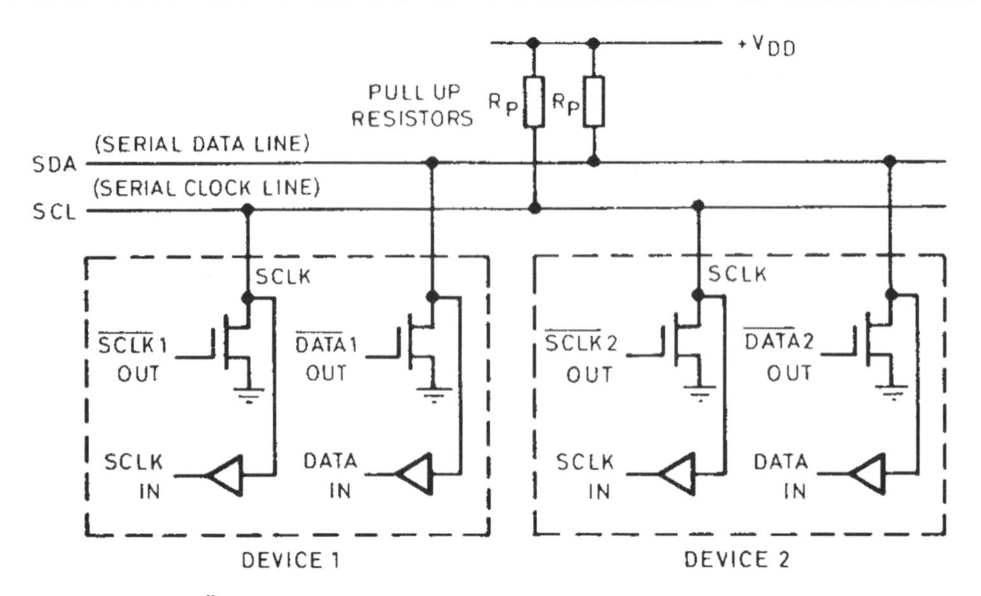

Abbildung 6.21: Über die Innenschaltung der Busteilnehmer findet eine Wired AND-Verknüpfung statt.

Die beiden Datenbussignale werden über Pull Up-Widerstände mit der positiven Versorgungsspannung verbunden, was für die beiden I²C-Bus-Signale (SDA: Pin 3, SCL: Pin 5) bereits auf der Raspberry Pi-Platine durchgeführt wurde, so dass diese Pins auch dann, wenn sie nicht explizit für als I²C-Leitungen konfiguriert wurden, sondern standardmäßig als GPIO-Leitungen (GPIO0, GPIO1) definiert sind, stets einen High-Pegel aufweisen, solange sie nicht extern auf Low gezogen werden.

Die Generierung des Taktsignals wird immer von einem Master-IC vorgenommen. Dabei kann jeder Master sein eigenes Taktsignal erzeugen, sobald er für die Datenübertragung verantwortlich ist. Mit den AND-Verknüpfungen über die SCL-Leitung findet eine synchronisierte Kombination der einzelnen Taktsignale statt, wodurch Teilnehmer mit unterschiedlichen Taktraten am Bus verwendet werden können und die Erlangung der Buszugriffsrechte (Arbitration) durchgeführt wird.

Findet keine Busaktivität statt, befinden sich die Signale SDA und SCL auf High-Pegel. Die Datenübertragung beginnt mit dem Übergang des Datensignals (SDA) von High nach Low, während SCL auf High verbleibt, was als Start Condition bezeichnet wird.

Die Pegel für High und Low sind nicht fix, sondern aufgrund der unterschiedlichen Chiptechnologien (bipolar, NMOS, CMOS), mit denen die Chips aufgebaut sein können, abhängig von der Betriebsspannung V_{DD}. Ein Low (V_{IL}) entspricht 0,3 V * V_{DD} und ein High (V_{IH}) 0,7 V * V_{DD}.

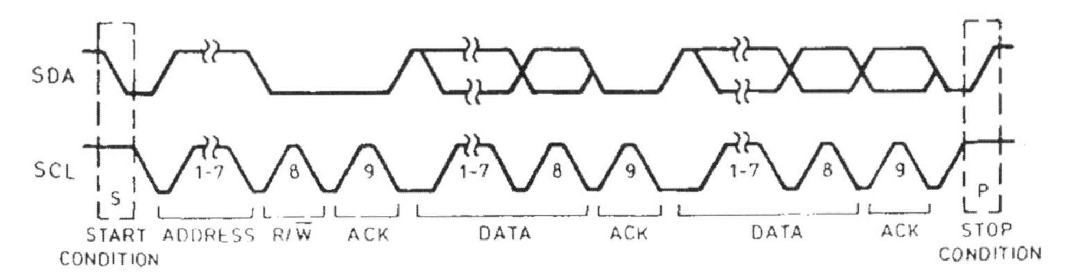

Abbildung 6.22: Die Datenübertragung beginnt mit einer Start- und endet mit einer Stoppbedingung.

Die übertragenen Daten sind nur dann gültig, wenn sich SCL auf High-Pegel befindet. Mit jedem Taktimpuls wird ein Bit übertragen. Das Ende der Datenübertragung (Stop Condition) ist durch einen Low-High-Übergang des Datensignals gekennzeichnet, wobei SCL wieder High-Pegel aufweist.

Nach der Startbedingung (Start Condition) folgt eine 7-Bit-lange Slave-Adresse, die in Abhängigkeit vom jeweiligen I²C-Bus-Bauelement in gewissen Grenzen in der Schaltung angepasst werden kann (vg. Abbildung 6.24). Außerdem gibt es eine Erweiterung für ein 10-Bit-Adressierungschema, welches allerdings kaum verwendet wird. Es können sowohl Einheiten mit einer 7-Bit als auch mit einer 10-Bit-Adressierung am gleichen I²C-Bus eingesetzt werden.

Das MSB wird sowohl bei der Adresse als auch bei den Daten immer zuerst auf dem Bus übertragen. Mit dem darauf folgenden R/W-Bit wird die Datenübertragungsrichtung festgelegt, wobei jede Datenübertragung mit *Acknowledge* bestätigt wird. Der Master setzt hierfür die SDA-Leitung auf High und erwartet vom Slave, dass er nach der Datenübertragung das SDA-Signal auf Low zieht. Geschieht dies nicht, bricht der Master die Übertragung ab (Stop Condition). Ist ein Master hingegen der Datenempfänger, belässt der Slave das SDA-Signal auf High, setzt es selbst zurück und führt die *Stop Condition* durch.

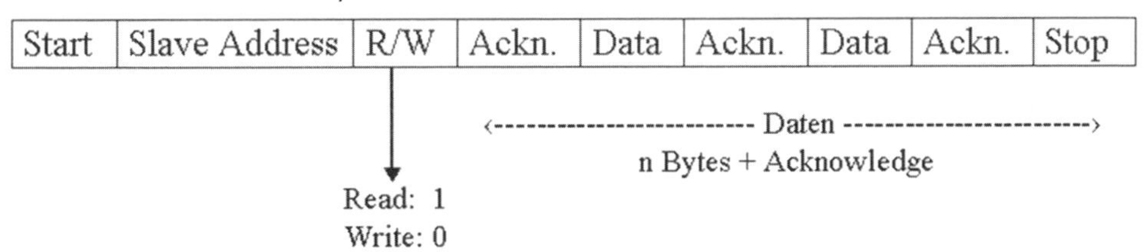

Abbildung 6.23: Datenformat für Lese- und Schreiboperationen

Als Datentelegramm ist ebenfalls eine Kombination aus Lese- und Schreibzugriffen möglich. Nach der ersten *Stop Condition* folgt dann unmittelbar ein zweites Telegramm, welches ebenfalls dem Aufbau laut Abbildung 6.23 entspricht.

Zur Erkennung von Übertragungsfehlern existieren keine speziellen Vorkehrungen, wie etwa Verfahren mit Parität oder Prüfsumme. Dies muss allein durch die Software realisiert werden. In den meisten Fällen werden durch integrierte Tiefpassfilter lediglich hochfrequente Störungen auf der SDA- und der SDC-Leitung unterdrückt.

6.4.3 Adressen

Jedes Bauelement muss am Bus über eine jeweils eigene Adresse verfügen. Die I²C-Bus-Adresse eines Chips kann meist in einem gewissen Bereich durch nach außen geführte Anschlüsse angepasst werden, die entweder an Plus oder die Schaltungsmasse gelegt werden, womit die Adresse bestimmt wird. Die Anzahl der programmierbaren Adressbits hängt von der Anzahl der hierfür vorgesehenen Anschlüsse am IC ab (vgl. Abbildung 6.24). Hat ein IC beispielsweise vier feste und drei programmierbare Adressbits, können insgesamt acht ICs des gleichen Typs in einer Schaltung verwendet werden.

LOGIC DIAGRAM (POSITIVE LOGIC)

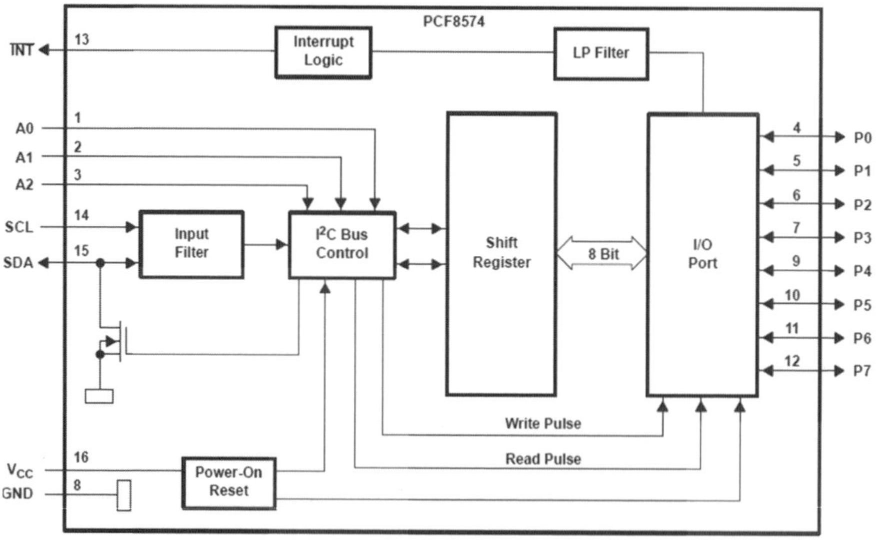

Interface Definition

BYTE	BIT							
	7 (MSB)	6	5	4	3	2	1	0 (LSB)
I²C slave address	L	H	L	L	A2	A1	A0	R/$\overline{W}$
I/O data bus	P7	P6	P5	P4	P3	P2	P1	P0

Abbildung 6.24: Die I²C-Bus-Adresse kann beim Port-Expander PCF8574, der einen 8-Bit-breiten Parallel-Port (P0-P7) bereitstellt, im Adressbereich von 20-27h (Interface Definition) festgelegt werden.

Daneben existieren auch I^2C-Bus-Chips, wie der Luftdrucksensor BMP085 (Abbildung 6.20), bei denen die Adresse bei der Herstellung festgelegt worden ist und nicht geändert werden kann. Für den Fall, dass mehrere dieser Chips am gleichen I^2C-Bus betrieben werden sollen, gibt es – je nach Typ und Hersteller – verschiedene Vorgehensweisen. Die gebräuchlichste Methode ist es dann, alle Chips des gleichen Typs bis auf einen abzuschalten (via XLR-Pin beim BMP085) oder auch schlafen zulegen.

Einige Adressen sind für spezielle Aufgaben vorgesehen, die in der Tabelle 6.4 angeführt sind. Durch die *General Call Address* werden gleichzeitig alle Slaves angesprochen, die, falls sie diese Funktion unterstützen, mit einem *Acknowledge* antworten. Die anderen ICs können diese Adresse einfach ignorieren. Der *General Call Address* folgt ein zweites Byte, welches die eigentliche Aktion festlegt und auch als Reset-Funktion dient.

Tabelle 6.4: Reservierte Adressen und deren Funktionen.

Slave Adresse	R/W	Bezeichnung	Bedeutung/Funktion
0000 000	0	General Call Address	Verschiedene Funktionen inklusive Reset
0000 000	1	Start Byte	Beginn des Datenframe, kein Acknowledge
0000 001	X	CBUS Address	Für CBUS-ICs
0000 010	X	Reserved	Reserviert für andere Busformate
0000 011	X	Reserved	Reserviert für zukünftige Entwicklungen
0000 1XX	X	HS-Mode	High Speed Mode Master Code
1111 0XX	X	10-Bit-Mode	10-Bit Slave-Adresse
1111 1001	1	Device ID	Auslesen der Device ID (NXP, Ramtron, Analog Devices, STM, On Semic., Fujitsu)
1111 1XX	X	Reserved	Reserviert für zukünftige Entwicklungen

Das LSB (B) des zweiten Bytes hat noch eine besondere Bedeutung. Enthält dieses Bit eine Null, gelten die in der Tabelle 6.4 angegebenen Funktionen, enthält es hingegen eine Eins, stellt dies einen *Hardware General Call* dar.

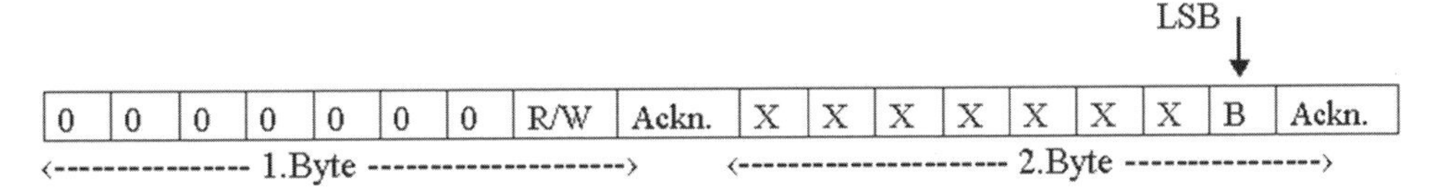

Abbildung 6.25: Entspricht das erste Byte der »General Call Address« (00000000), legt ein zweites Byte die darauffolgende Aktion fest.

Master-ICs, die keine Slave-Adresse aussenden können (Master Transmitter), wie beispielsweise ein Tastatur-Scanner, verwenden beispielsweise diese Funktion. Weil dieser Master seinen Adressaten nicht kennt, verwendet er lediglich den *Hardware General Call*, gibt seine Adresse dem System bekannt und sendet seine Daten. Die weitere Verarbeitung übernimmt dann ein anderer Master im System.

6.4.4 Programmierung

Wie bei der SPI-Schnittstelle erläutert, wird für Nutzung des I^2C-Bus ebenfalls die Freigabe (siehe Blacklist) des dazugehörigen Moduls (i2c_bcm2708) benötigt. Nach einem Neuboot kann mit der folgenden Eingabe die I^2C-Bus-Unterstütung angezeigt werden.

```
pi@raspberrypi ~ $ ls /sys/bus/spi/devices
```

Die beiden Einheiten (i2c-0, i2c-1) müssen ebenfalls im Verzeichnis /dev vorhanden sein, damit sie als Geräte (device) behandelt werden können, was bei den Einstellungen für die SPI-Schnittstelle automatisch passiert, während dies beim I^2C-Bus manuell durchzuführen ist mit:

```
pi@raspberrypi ~ $ sudo modprobe i2c-dev
```

Daraufhin steht ein neues Verzeichnis mit zwei i2c-Einträgen (Abbildung 6.26) zur Verfügung. Prinzipiell müsste *modprobe* nach jedem Boot neu aufgerufen werden. Praktischer erscheint es, wenn dieses Modul, was genauso mit dem SPI-Modul durchgeführt werden kann, in *modules* mit eintragen wird, woraufhin es beim jedem Boot automatisch mit geladen wird.

```
pi@raspberrypi ~ $ ls /sys/bus/i2c
devices  drivers  drivers_autoprobe  drivers_probe  uevent
pi@raspberrypi ~ $ ls -l /dev/i2c*
ls: Zugriff auf /dev/i2c nicht möglich: Datei oder Verzeichnis nicht gefunden
pi@raspberrypi ~ $ sudo modprobe i2c-dev
pi@raspberrypi ~ $ ls -l /dev/i2c*
crw------- 1 root root 89, 0 Jun 16 10:53 /dev/i2c-0
crw------- 1 root root 89, 1 Jun 16 10:53 /dev/i2c-1
pi@raspberrypi ~ $
```

Abbildung 6.26: Anlegen des Moduls im Verzeichnis /dev

Obwohl der Raspberry Pi lediglich eine einzige I^2C-Schnittstelle am GPIO-Port besitzt, tauchen hierfür zwei Einträge auf, wie es in der Abbildung 6.26 zu erkennen ist. Dies ist dem Umstand geschuldet, dass es hier einen Unterschied zwischen der ersten und der zweiten Platinenversion gibt. Prinzipiell verfügt der Raspberry Pi tatsächlich über zwei I^2C-Schnittstellen, wobei sich die zweite am *Camera Serial Interface* (CSI, Kapitel 3.11) befindet. Die Schaltung hierfür ist bei der zweiten Version geändert worden und die die beiden Interfaces sind gegeneinander getauscht, was zwar nichts an der Anschlussbelegung (SDA: Pin 3, SCL: Pin 5) am Connector ändert, jedoch die software-technische Zuordnung beeinflusst. Bei der aktuellen

Platinenversion (Revision 2) wird mit /dev/i2c-1 die I^{2}C-Schnittstelle am GPIO-Connector angesprochen.

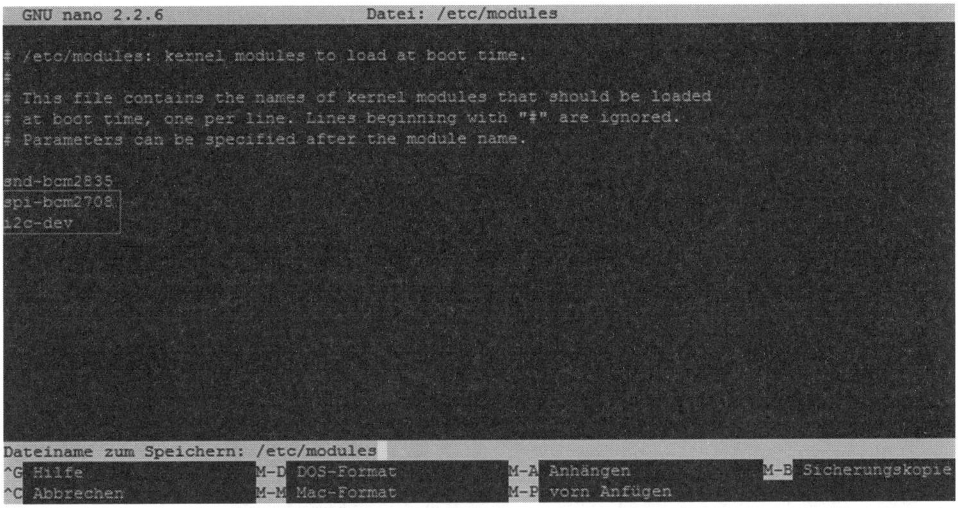

```
GNU nano 2.2.6                    Datei: /etc/modules

# /etc/modules: kernel modules to load at boot time.
#
# This file contains the names of kernel modules that should be loaded
# at boot time, one per line. Lines beginning with "#" are ignored.
# Parameters can be specified after the module name.

snd-bcm2835
spi-bcm2708
i2c-dev

Dateiname zum Speichern: /etc/modules
^G Hilfe          M-D DOS-Format      M-A Anhängen        M-B Sicherungskopie
^C Abbrechen      M-M Mac-Format      M-P vorn Anfügen
```

Abbildung 6.27: Eintragen der I^{2}C- und der SPI-Module in /etc/modules, damit sie nach jedem Boot automatisch zur Verfügung stehen.

Grundsätzlich kann die Kommunikation wie bei SPI mit *Input/Output Controls* (siehe oben Systemzugriff mit Input/Output Controls) erfolgen, wie es im Folgenden beispielhaft gezeigt ist.

```
#include <linux/i2c-dev.h>

// Bus Device oeffnen, File Descriptor fd zuweisen
fd = open("/dev/i2c-1", O_RDWR);

int rc // Return Code

// Devive mit der Adresse 30 selektieren
rc = ioctl(fd, I2C_SLAVE, 0x30);

// Einzelnes Byte (in &byte) schreiben
char byte = 0;
n = write(fd, &byte, 1); //n = gesendete Byteanzahl

// Einzelnes Byte (in &byte) lesen
n = read(fd, &byte, 1); //n = empfangene Byteanzahl

close(fd)
```

Die I^{2}C-Programmiermöglichkeiten sind im Vergleich zu SPI umfassender und lassen sich mit einem Standard-Chip zugleich einfacher durchführen, weil keine besonderen Betriebsarten oder bausteinspezifische Einstellungen notwendig sind. Außerdem gibt es für die I^{2}C-Schnittstelle bessere Dokumentationen und einige separate Tools, wovon sich insbesondere das *Command Line Tool* mit der Bezeichnung *i2c-tools* als nützlich erweist, welches wie folgt zu installieren ist.

```
pi@raspberrypi ~ $ sudo apt-get update && apt-get install i2c-tools
```

Wie bei den anderen Installationen auch ist auf jeden Fall zuvor die Datenbank zu aktualisieren (apt-get update), was mit der obigen, kombinierten Befehlszeile auch gleich erledigt wird.

Damit stehen die folgenden nützlichen Kommandos für den I^{2}C-Test zur Verfügung:

- i2cdetect: Sucht die angeschlossenen I^{2}C-Bus Devices und zeigt deren Adressen an.
- i2cget: Liest einen Registerwert vom Device
- i2cset: Setzt einen Registerwert im Device
- i2cdump: Zeigt die Werte eines Device

Zu diesen einzelnen Befehlen lassen sich mit *man* entsprechende Hilfedateien anzeigen, beispielsweise mit *man i2cget* zum i2cget-Aufruf.

```
pi@raspberrypi ~ $ i2cdetect -y 1
     0  1  2  3  4  5  6  7  8  9  a  b  c  d  e  f
00:          -- -- -- -- -- -- -- -- -- -- -- -- --
10: -- -- -- -- -- -- -- -- -- -- -- -- -- -- -- --
20: 20 -- -- -- -- -- -- -- -- -- -- -- -- -- -- --
30: -- -- -- -- -- -- -- -- -- -- -- -- -- -- -- --
40: -- -- -- -- -- -- -- -- 48 -- -- -- -- -- -- 4f
50: 50 -- -- -- -- -- -- -- -- -- -- -- -- -- -- --
60: -- -- -- -- -- -- -- -- -- -- -- -- -- -- -- --
70: -- -- -- -- -- -- -- --
pi@raspberrypi ~ $ i2cget -y 1 0x48
0xa9
pi@raspberrypi ~ $
```

Abbildung 6.28: Detektierung angeschlossener I^{2}C-Bus-Chips und Lesen eines Registers vom Chip mit der Adresse 48h

Neben der Programmierung in C per I/O-Controls (i2c-dev.h) existieren natürlich noch weitere Möglichkeiten. Beispielsweise können fcntl-Routinen (fcntl.h) eingesetzt werden, die die I/O-Controls in einfachere I^{2}C-Aufrufe wie *write* und *read* »verpacken«. Im folgenden Kapitel ist hierfür ein Beispiel gezeigt. Eine spezielle Phyton-Bibliothek ist für die Programmierung des I^{2}C-Bus ebenfalls verfügbar (`https://github.com/HappyFox/Python-i2c`).

6.4.5 Applikation

Im Gegensatz zu SPI gibt es mit I^{2}C-Bauelementen selten Probleme bei der Ansteuerung, was an dem wesentlich genauer gefassten Standard liegt. Wie erwähnt, befinden sich die notwendigen Pull-Up-Widerstände standardmäßig auf der Raspberry Pi-Platine und sind in einer eigenen Schaltung deshalb nicht notwendig. Möglicherweise macht es dennoch Sinn, welche vorzusehen, um den Signalpegel gegebenenfalls etwas anpassen zu können, was jedoch nur dann notwendig werden kann, wenn mehrere Chips mit dem I²C-Bus verbunden sind.

Zu beachten ist stets, dass jeder am Bus verwendete Chip eine eigene Adresse besitzen muss und dass der Takt nicht zu hoch gewählt wird, der typischerweise 100 kHz (100 kBit/s, vgl. Tabelle 6.3) beträgt, wie es beim Raspberry Pi auch als Voreinstellung gilt. Der Takt sollte sich stets am langsamsten Chip, der am Bus angeschlossen ist, orientieren, denn die schnelleren können üblicherweise auch mit einem geringeren Takt umgehen. Gleichwohl ist stets die Taktangabe (bzw. die spezifizierte Datenrate, die sich hiermit ergibt) im jeweiligen Datenblatt des Chips von Bedeutung, denn es ist keineswegs sichergestellt, dass mit einem Takt, der nicht einem Standard (Tabelle 6.3) entspricht, zuverlässig gearbeitet werden kann.

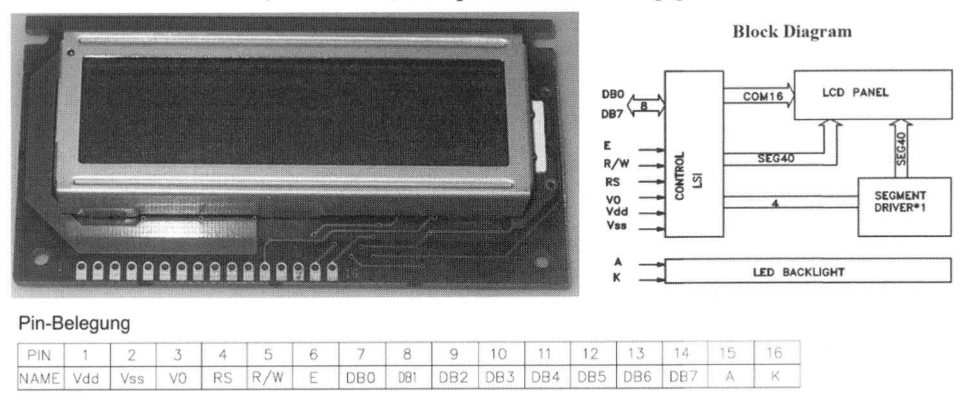

PIN	1	2	3	4	5	6	7	8	9	10	11	12	13	14	15	16
NAME	Vdd	Vss	VO	RS	R/W	E	DB0	DB1	DB2	DB3	DB4	DB5	DB6	DB7	A	K

Abbildung 6.29: Ein derartiges handelsübliches und preisgünstiges zweizeiliges LCDisplay lässt sich mit der Schaltung ansteuern.

In der obigen Abbildung ist eine Applikation mit vier Chips gezeigt, die per I²C-Bus angesteuert werden. Gemäß der Abbildung 6.28 sind sie alle vier korrekt erkannt worden. Mit der Schaltung (Abbildung 6.29) sind eine Vielzahl von Applikationen möglich, denn neben einem Temperatursensor und einem vierkanaligen A/D-Wandler, der außerdem noch einen D/A-Wandler beinhaltet, ist hier ein Clock/Calendar-Chip vorgesehen. Damit verfügt der Raspberry Pi über eine Echtzeituhr, wie es insbesondere für Emdedded-Anwendungen, die nicht direkt mit dem Internet kommunizieren können oder sollen, nützlich ist.

- DS1621 (Adresse 48h): Temperatursensor
- PCF8591 (Adresse 4Fh): Vierkanaliger A/D-Wandler, einkanaliger D/A-Wandler
- PCF8583 (Adresse 50h): Clock/Calendar
- PCF8574 (Adresse 20h): 8 Bit I/O-Expander

Damit die Uhr auch ohne vorhandene Betriebsspannung (3,3 V) weiterläuft, ist zur Energiespeicherung ein Goldcap-Kondensator (RTCcap, 1F) auf der Platine vorgesehen. Jedes Mal, wenn die Spannungsversorgung für die Schaltung zur Verfügung steht, wird der Kondensator (nach)geladen.

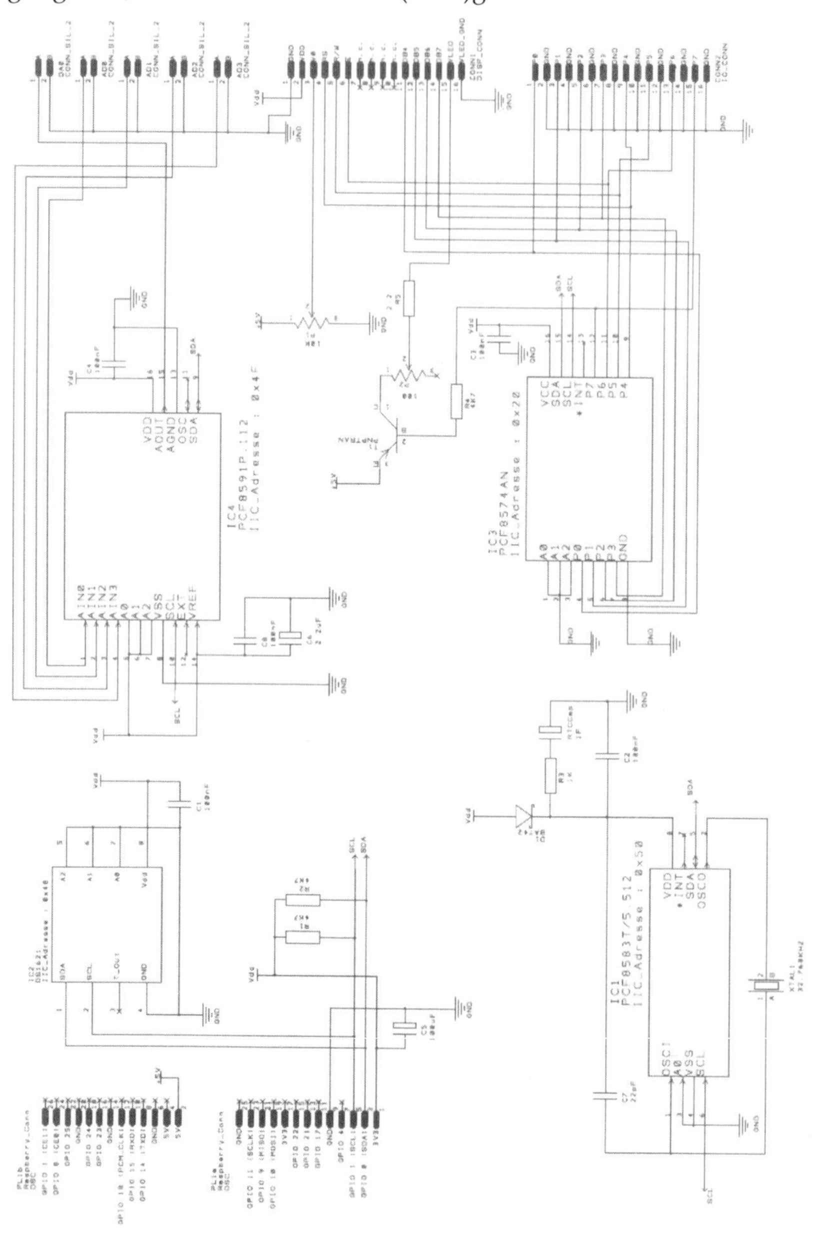

Abbildung 6.30: Die Schaltung erweitert den Raspberry Pi um einen Temperatursensor, um eine Echtzeituhr, um digitale und analoge Ein- und Ausgänge und kann ein preisgünstiges LC-Display ansteuern.

Der 8 Bit I/O-Expander (siehe auch Abbildung 6.24) ist einer der klassischen I²C-Bus-Chips, der einen parallelen 8 Bit-Port für den Anschluss unterschiedlicher digitaler Bauelemente (LED, Taster, Relais etc.) bildet. Diese Signale sind an den Connector IO-CONN gelegt.

Der Port-Expander hat in der Schaltung noch eine zweite Funktion, denn am Connector DISP_CONN kann ein übliches preisgünstiges LC-Display (Abbildung 6.29) angeschlossen werden, so dass der Raspberry Pi damit über eine eigene Anzeige verfügt. Passende Displays (z.B. TC1602E-01) sind bereits ab ca. 5 € bei den bekannten Elektronik-Firmen wie Pollin oder Reichelt erhältlich. Im Grunde genommen können hier alle zum Standard-Controller HD44780 kompatiblen Displays mit zwei Zeilen à 16 Zeichen angeschlossen werden. Die Ansteuerung erfolgt dabei im 4-Bit-Modus (Nibble Mode), so dass nur die Datenleitungen DB4-DB7 des Displays verwendet werden.

Das Potentiometer P1 (10 k, CT) ist für die Einstellung des Kontrastes und das Potentiometer P2 (100 Ω, BL) mit dem Transistor für die Einstellung der Hintergrundbeleuchtung (Back Light) des Displays zuständig. Die Platine ist so ausgelegt, dass der PCF8574 entweder als universeller Port-Expander oder als LCD-Interface arbeitet, wofür die beiden unterschiedlichen Kontaktleisten vorhanden sind, wovon jeweils nur eine verschaltet werden darf.

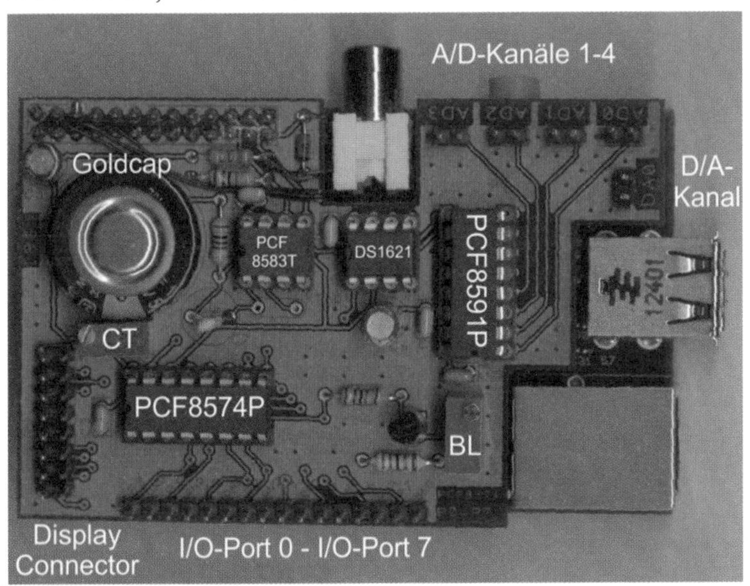

Abbildung 6.31: Die Platine, hier in der voll bestückten Vorversion.

In der Abbildung 6.31 ist die Platine gezeigt, die direkt auf das Raspberry Pi-Board aufgesteckt wird. Dabei sind hier ganz bewusst keine SMD-Bauelemente verwendet worden, sondern kostengünstige ICs im DIP-Gehäuse, die in passende Fassungen eingesteckt werden, was den Nachbau sehr erleichtert.

Die Platine muss natürlich nicht voll bestückt werden, sondern nur jeweils mit denjenigen Chips und den dazugehörigen peripheren Bauelementen (R, C, Quarz, Potis etc.), die tatsächlich eingesetzt werden sollen.

Für die Inbetriebnahme ist es zunächst wichtig, dass alle bestückten Chips korrekt erkannt werden, wie es in der Abbildung 6.28 dargestellt ist. Je nach gewünschter Applikation ist die Software unterschiedlich zu gestalten. Dabei empfiehlt es sich zunächst, möglichst viele Ausgabezeilen (mit printf) vorzusehen, um die korrekte Abarbeitung der einzelnen Schritte kontrollieren zu können. Als Beispiel ist im Folgenden anhand eines C-Programms gezeigt, wie die Kommunikation mit dem Temperatursensor DS1621 unter der Verwendung der zwei erwähnten I²C-Bibliotheken funktioniert.

```
#include <stdio.h>
#include <stdlib.h>
#include <linux/i2c-dev.h>
#include <fcntl.h>

int main(void){
int device_ds1621; //Platzhalter fuer das geoeffnete Geraet
        const int i2c_address=0x48;        //Chipadresse
        int32_t temperatur;                //Temperaturvariable
        const char *i2cDevice = "/dev/i2c-1"; //Fuer Boardversion 2

        // I2C-Interface oeffnen
        if((device_ds1621 = open(i2cDevice, O_RDWR)) < 0 ) {
        printf(" Das I2C-Interface konnte nicht geoeffnet werden!
        \n");
        exit(1);
        }
        printf("Das I2C-Interface wurde erfolgreich geoeffnet.
       \n");

        // I2C-Bus-Adresse zuweisen
        if(ioctl(device_ds1621, I2C_SLAVE, i2c_address) < 0 ){
        printf(" Die Zuweisung der I2C-Bus-Adresse ist
                fehlgeschlagen! \n");
        exit(1);
        }
```

```
printf("Die I2C-Bus-Adresse wurde erfolgreich gesetzt.
\n");

// Chip in den Contiuous Mode versetzen
if(i2c_smbus_write_byte_data(device_ds1621, 0xAC, 0x00) < 0
){
printf(" Setzen des Continuous Mode fehlgeschlagen! \n");
exit(1);
}
printf("Der Ds1621 wurde erfolgreich in den Continuous
Mode gesetzt. \n");

// Messung starten
if(i2c_smbus_write_byte(device_ds1621, 0xEE) < 0 ){
printf(" Die Messung konnte nicht gestartet werden! \n");
exit(1);
}
printf("Die Messung wurde erfolgreich gestartet. \n");

// Temperatur lesen
if((temperatur = i2c_smbus_read_byte_data(device_ds1621,
0xAA)) < 0 ){
printf(" Lesen der Temperatur fehlgeschlagen! \n");
exit(1);
}
printf("Die Temperatur betraegt %d Grad Celsius! \n",
int8_t)temperatur);

// Messung beenden
if(i2c_smbus_write_byte(device_ds1621, 0x22) < 0 ){
printf(" Die Messung konnte nicht beendet werden! \n");
exit(1);
}
printf("Die Messung wurde beendet. \n");

// I2C-Interface schliessen
close(device_ds1621);

// Programm beenden
```

```
        exit(0);
}
```

```
pi@raspberrypi ~/SensorBoard $ nano DS1621_KOM.c
pi@raspberrypi ~/SensorBoard $ gcc DS1621_KOM.c -o DS1621_KOM
pi@raspberrypi ~/SensorBoard $ ./DS1621_KOM
Das I2C-Interface wurde erfolgreich geoeffnet.
Die I2C-Bus-Adresse wurde erfolgreich gesetzt.
Der DS1621 wurde erfolgreich in den Continuous Mode gesetzt.
Die Temperaturmessung wurde erfolgreich gestartet.
Die Temperatur betraegt 34 Grad Celsius.
Die Messung wurde beendet.
pi@raspberrypi ~/SensorBoard $
```

Abbildung 6.32: Kompilieren und Ausführen des Messprogramms für den I²C-Temperatursensor

Stichwortverzeichnis

6502-CPU 2
8 Bit I/O-Expander 197

A/D-Wandler 195
Access Point 137
Acorn 2
Acorn RISC Machine 57
Adhoc-Modus 136
Adressklassen 122
Advanced Packaging Tool, apt 47
Advanced Risc Machines 59
Advaned Risc Machines, ARM 57
ALSA soundcard driver-package 101
Android 106
ANSI C 143
ANSI-C 163
Antistatikhülle 9
apt-get-Manager 48
Arbitration 188
Arch Linux ARM 96
Arduino 5, 172
ARM1176JZ-F-Prozessorkern 148
ARM1176JZF-S 8
ARM-Architektur 56
ARM-Core ARM1176JZF-S 61
ARM-Familie 59
ARM-Prozessoren 3, 56, 95
ARM-Rechenkerne 57
ARM-Speicherbereich 173
Assembler 148
Audio- und Videoplayer 104
Audioeinstellungen 102
Audiokabel 100
Audiooptionen 102
Audiosignal 99
Audioverbindung 74
Ausführungsrechte 41
Auto Negotiation 84

Ball Grid Array, BGA 56
Bash-Programmierung 149
Bash-Scripts 149
BBC Micro 56
BBC Micro 3
BCM2835 8, 55, 62, 74, 80, 170, 173
Beispielprogramme in C 163
Betriebssysteme 95
Bibliotheken 154
BIOS 51
BIOS Setup 51
BIOS-Update 51
Blacklist 182, 192
Boot 192
Bootpartition 36
Boot-Teil 35
Breadboards 170
Breakout Kit 77
Broadcast 122
Broadcom 55
Broadcom BCM2835 28, 33
Buszugriffsrechte (Arbitration) 188

Cache-Speicher 61
Cambridge 1
Camera Serial Interface, CSI 192
C-Compiler, gcc 145
CD/DVD-ROM-Laufwerk 114
Central Processing Unit, CPU 56
Cinch-Adapter 100
Cinch-Stecker 68
Clock/Calendar-Chip 195
Codecs 110
Command Line Tool 193
Common Unix Print System, CUPS 115
Compiler 146
Composite RCA 8
Composite Video 68
Computer-Boards 6
Computermonitor 14
Configure Keyboard 24
Cortex 60
Cortex-M0 61
cpuinfo 105
CUPS-Konfigurationsseite 115

CUPS-Konfigurationsseite 117

D/A-Wandler 195
Daemon Tools 99
Dateisystem 33
Datum 26
DDC (Display Data Channel) 71
Debian 33
Debian Squezze 33
Debian Wheezy 33
Debug Interface 61
Delphi XE4 148
DHCP 29
Digital Analog Converter, DAC 72
Digital Visual Interface (DVI) 68
Digital Visual Interface, DVI 68
Direct Sequence 134
Domain Name Service, DNS 123
DOS-Programme 148
Dotted Decimal Notation, DDN 121
Druckfunktionalität 114
DVI/HDMI-Anschluss 16
DVI-Adapter 101
DVI-HDMI-Adapter 14
Dynamic Host Configuration Protocol, DHCP 117

EEPROM-Controller 84
Eingabegeräte 14
Embedded Processors 60
Embedded System 1
Embedded Systems 80
Embedded-Systeme 151
Emdedded-Anwendungen 195
Entpacker 98
Ethernet-Standard 118
Extensions 37

FAT32-Format 35
FAT-Partition 51
Festplatte 35
File Allocation Table 35
File Transfer Protocol, FTP 130
Firmware 50
Flash 51
Floating Point Unit 33, 62, 95
Floating-Point 28
Free Pascal 149
Frequency Hopping 134
FRITZ! Box 138
fstab 112
Full-Duplex-Übertragung 179

Gadgeteer-Board 6
Gadgeteer-Plattform 151
Gateway 121
gcc 162
gcc-Compiler 148
General Purpose Clock 173
General Purpose Input Output, GPIO 74
Gertboard 172
Github 53
GNOME-Desktop 151
GNU C-Compiler 163
GParted Live 99
GPIO 49
GPIO-Anschlüsse 169
GPIO-Connector 193
GPIO-Kontaktleiste 75
GPIO-Leitungen 188
GPIO-Pins 170
GPIO-Port 165
GPIO-Schnittstellen 75
GPIO-Signale 173
GPIO-Treiber 173
GPIO-Unterstütung im Kernel 175
Grafikeinheit 68
gutenprint 117

Hardwareprogrammierung 143
HDMI (High Definition Multimedia Interface) 14
HDMI-Buchse 70
HDMI-Schaltung 71
HDMI-Verbindung 68, 100
Heimcomputer 2
High bandwith Digital Content Protection, HDCP 14

home directories 38
Hostadresse 121
Host-Adresse 121
Hostadressen 122

I/O-Controls 194
I²C-Bauelement 187
I²C-Bus 72, 185, 186
I²C-Bus 78
I²C-Bus XE 185
I²C-Bus-Adresse 190
I²C-Bus-Bauelemente 189
I²C-Bussystem 187
I²C-Schnittstelle 192
ICANN 120
Idle 154
IDLE 21
IEEE 801.11 133
IEEE-WLAN-Standards 134
Image Writer-Programm 98
Input/Output Controls 193
Input/Output Controls, IOCTL 184
Integrated Development Environment, IDE 154
Inter Integrated Circuit Bus 185
Interactive Mode 156
Interfaces-Datei 124
Internet-Adressklassen 122
Interpreter-Spache 155
IP Next Generation 121
IP-Adresse 124
IP-Adressse, Aufbau der 121

Java Development Kit, JDK 150
Java Runtime Enviromment (JRE) 150
Java-Dialekt 5
Joint Test Action Group, JTAG 85
JTAG-Interface 8

Kapazitätsbeschränkung 23
Kernel 38
Kernel Images 51
Kernel-Modul 101
Kernel-Software 52
Klinkenstecker 99
Kommandozeilen-Historie 40
Kommandozeilen-Komplettierung 41
Kompilierung 163
Konfigurationsprogramm 19
Konfigurierung 23
Kontrollstrukturen 158

LC-Display 197
Leuchtdioden 166
Lightweight X11 Desktop Environment, LXDE 21
Linux Kernel 173
Linux-Befehle 33
Linux-Betriebssystem 10
Linux-Dateibaum 36
Linux-Distribution 1
Linux-Distributionen 40
Linux-Format ext4 35
Linux-Programme 49
Linux-Tasten 42
Linux-Treiber 115
Lochrasterplatine 173
Log-Datei 110
Logout 22
Loopback 122
Luftdrucksensor 187
LXDE 21, 41
LXDE-Desktop 25, 100, 106, 129, 152
LXTerminal 22

MAC Eingine 82
Machine Instruction Format, MIF 146
MacOS 153
MacOS-Applikationen 148
make 101
Make-Files 163
Maschinensprache 146
MCM, Multi Modulation Carrier 134
Mediacenter 108
Mediadaten 104
Microsoft .NET Framework 151
Microsoft-Technologien 148
microUSB-Anschluss 8

Microwire 183
Midnight Commander 44
Midnight CommanderXE 44
Midori 21, 49
Mikrocontroller 143
Mnemonics 145
mnemonischen Codes 145
Mobile Units 136
modprobe 167, 192
Monitor 14
Monitor 100
Monitorabstimmung 23
Monitormenü 15
Mono 151
Mounten 35, 112
Multimedia SoC 56
Multiple Input Multiple Output 135

nano 161, 166
NET Micro Framework 6
Netbook 109
Network Information Center 120
Netzteil 11
Netzwerkanschluss 80
Netzwerkeinheit 84
Netzwerk-Interface 83
Norton Commander 44

OFDM 134
OnBoard-LED 166
Opcodes 145
Open Source Community 68
OpenELEC 108
Open-Source-Software 96
Orthogonal Frequency-Division Multiplex-Verfahren, OFDM 134
Overclocking 27

Panel-Link 69
Password 25
PC-Kabelverbindungen 169
PC-Mainboards 186
Peripheriebus 185
Perl 150
Pfostenleiste, Expansion Header 165
PHP5 150
Physical Layer 82
Pi Cobbler 170
PiFace-Board 172
Platine 1
Polyfuses 7, 86
Processing 5
Programmiersprache 160
Programmiersprache C 145
Programmierung 143
Pull-Up-Widerstände 194
PuTTY 127
PWM-Ausgangssignal 78
PWM-Signale 74
pygame-Bibliothek 158
Pygame-Module 154
Python 3, 153
Python Games 21
Python Games 154
Python-Bibliothek 184
Python-Bibliothek 177
Python-Entwicklungsumgebung 21
Python-Programmierung 158
Python-Shell 155
Python-Versionen 154

Raspberry Login 20
Raspberry Pi 3
Raspberry Pi Foundation 3, 49, 55, 75, 79, 105
Raspberry Pi-Boards 7
Raspberry Pi-Hardware 79
Raspberry Pi-Platine 172
Raspberry Pi-Schaltung 55
Raspbian 33, 37, 95, 106
Raspbian-Betriebssystem 62
Raspbmc-Installation 106
raspi-config 19, 31
raspi-config 23
RCA Jack 68
Reboot 183
Rechte verändern 47
Rechtemaske 46

Reduced Instruction Set Computer, RISC 96
Repositories 52
Repository 48
Reset-Impuls 90
Reset-Switch 92
ROM, Read Only Memory 50
root 47
root 23
Root-Dateisystem 23
root-Rechte 178
Root-Rechte 183
Root-Verzeichnis 36
Router 29

Samsung 55
SCART-Anschluss 68
Schleifen 158
Schreibdatenrate 66
Schreibschutz 64
Scratch 21, 152
SD Card, Aufbau 65
SD Cards 64, 66
SDHC Card 64
SD-Karte 1
SD-Karteninterface 67
SDRAM 51, 55
SDRAM-Parameter 186
SDXC Card 64
Secure Shell 29
Secure Shell, SSH 126
Serial Peripheral Interface (SPI) 178
Serial Peripheral Interface, SP) 78
shebang line 157
STP 118
Skriptsprachen 149
Smartphone 12, 108
SoC 51
SoC, System on Chip 56
socket API 159
Sockets 6
Soft Float 96
Software 33
Spannungsversorgung 63
Speicheraufteilung 27
SPI 178
SPI-Schnittstelle programmieren 192
SPI-Schnittstellen 183
SSH-Server 126
SSH-Verbindung 29
Standardbibliothek 161
startx 31, 41
Steckplatinen 170
STP-Kabel 118
Subnet 121
Subnet-Mask 122
sudo 23
Superuser 23
System Management Bus, SMB 186
System On Chip, SoC 62

TAP Controller 85
Tastatureinstellungen 24
Tastenkombinationen bei Linux 42
TDMS-Kanäle 69
Tight VNC 128
Transition Minimized Differential Signaling Protocol, TDMS 69
Trigger-Bedingungen 166
Turbo Pascal 148
Twisted Pair-Anschluss 84
Twisted Pair-Buchse 117

Uhrzeit 26
USB-Festplatte 111
USB-Geräte 80
USB-Gerätedaten 114
USB-Hub 12, 81
USB-Laufwerkstypen 110
USB-Schaltung 85
USB-Stick 35

Very Secure FTP Daemon 131
Verzeichnisbaum 39
Verzeichnisse unter Linux 38
VGA-Signale 68
Video Core IV 8
Video-Anpassung 24

Video-Codec H.264 107
VideoCore IV 68
Video-Formate 105
Videoformate konvertieren 109
Video-In-Eingang 68
Virtual Network Computing, VNC 30, 128
VLC Media Player 104
VLC-Player 108

Web Browser 21
WiFi Config 22
WiFi Config 139
Wi-Fi Dongle 18
Wi-Fi-Dongle 138
Win32DiskImager 98
WinSCP 130
Wireless Local Area Networks 133
WLAN 108
WLAN Access Point 140
WLAN-Adapter 29, 135, 138
WLAN-Realisierungen 137

XBian 108
XBox Media Center, XBMC 106
XScale-Prozessoren 57
X-Window 45

YATSE 108

Zeichensätze 25
Zeitzone 26
Zero Gecko 61
Zugriffsrechte 42